职业院校机电类专业中高职衔接系列教材(中职)

PLC技术与变频器技术应用项目教程

(三菱系列)

主　编　刘伦富　张道平

副主编　李相华　李相逵

参　编　侯守军　蔡继红

西安电子科技大学出版社

内容简介

本书以三菱公司的FX系列PLC和变频器FR-E540(E740)为例，介绍了PLC的基础知识和编程软件的应用，并以梯形图的形式介绍了PLC的各种指令及编程方法，以及通用变频器的基本操作方法。

全书共七个项目，内容包括PLC基础知识、三菱全系列PLC的GX Developer ver.8编程软件的使用、三菱PLC基本指令编程、步进指令及编程方法、功能指令的应用、通用变频器的基本操作、物料搬运/分拣自动控制设备的组装与调试等。

本书可作为职业技术院校机电、电气自动化、电子信息专业的教学用书，也可作为中级电工培训教材和工程技术人员的参考书。

图书在版编目(CIP)数据

PLC技术与变频器技术应用项目教程：三菱系列 / 刘伦富，张道平主编.
—西安：西安电子科技大学出版社，2018.8(2020.9重印)
ISBN 978-7-5606-4951-1

Ⅰ.① P…　Ⅱ.① 刘…　② 张…　Ⅲ.① PLC技术—教材　② 变频器—教材
Ⅳ.① TM571.6　② TN773

中国版本图书馆CIP数据核字(2018)第147070号

策划编辑　秦志峰　杨丕勇
责任编辑　曹　锦　秦志峰
出版发行　西安电子科技大学出版社(西安市太白南路2号)
电　　话　(029)88242885　88201467　　邮　　编　710071
网　　址　www.xduph.com　　电子邮箱　xdupfxb001@163.com
经　　销　新华书店
印刷单位　咸阳华盛印务有限责任公司
版　　次　2018年8月第1版　2020年9月第2次印刷
开　　本　787毫米×1092毫米　1/16　　印　张　13.5
字　　数　315千字
印　　数　2001～4000册
定　　价　32.00元
ISBN 978-7-5606-4951-1 / TM
XDUP 5253001-2

西安电子科技大学出版社

职业院校机电类专业中高职衔接系列教材(中职)

编审专家委员会名单

前　言

在现代工业自动化控制系统中，以可编程序控制器(PLC)控制和变频器调速为主体的新型电气控制系统逐步取代了传统的继电接触器电气控制系统，并广泛应用于各个领域。为了适应现代企业机电设备安装、维修对技术人员的要求，我们编写了本书。

本书以三菱公司的 FX 系列 PLC 和变频器 FR-E540(E740)为例，按项目的形式编排知识点，以工作实践为主线，以任务驱动引领教学，引导学生“做中学，学中做”，逐步提高学生的认识能力和实践技能，以达到培养学生“零距离”上岗的目的。本书的主要特点如下：

1．以继电接触器电气控制系统知识为基础编写 PLC 应用技术的内容，以实践活动为任务，引导学生先进行初步的实践操作，然后理解知识点，之后再进行深入的实践操作，以提高学生的应用技能以及解决实际问题的能力。

2．实践任务从简单到复杂，以大量的图文形式表述知识点与实践操作，力求通俗易懂，让学生一读就会，达到举一反三的目的。

3．项目六“通用变频器的基本操作”兼顾了 FR-E540 增/减键设置参数和 FR-E740 旋钮设置参数的方法，用图表达变频器的接线、操作方法及相应的 LED 显示，并配合文字说明操作步骤和方法，图文结合，可以提高学生的理解能力和学习的积极性。

4．项目七中任务二“YL-235A 型光机电设备的组装与调试”是综合技能训练，旨在提高学生在机械装配、应用 PLC 和变频器方面的综合技能，让学生领悟一个复杂工程的具体做法。

本书由湖北信息工程学校刘伦富、张道平担任主编，十堰市郧阳科技学校李相华和阳新县中等职业技术学校李相逵担任副主编，参编人员有湖北信息工程学校侯守军和蔡继红。

由于编者水平有限，书中不妥之处在所难免，敬请读者批评指正。

编　者

2018 年 3 月

目　录

项目一　PLC 基础知识

【项目概述】

可编程序控制器(PLC)，是 20 世纪 60 年代发展起来的现代工业自动化控制装置，与机器人、CAD/CAM 并称为现代工业自动化控制的三大支柱。PLC 编程方法简单易学，其使用的梯形图编程语言和表达方式与我们所熟悉的继电接触器电路图相似。

本项目主要介绍 PLC 的组成与三菱公司(简称三菱)系列 PLC 的结构、外端子功能和输入/输出(I/O)接线方式及方法，PLC 输入/输出软继电器、软触点的意义及其在编程中的使用。

任务一　认 识 PLC

【任务目标】

(1) 了解 PLC 的发展历程、分类及其在生产中的应用。

(2) 理解 PLC 的基本概念、基本构成及 PLC 控制的优越性。

【任务分析】

继电接触器控制系统主要采用继电器、接触器、开关或按钮等控制电动机的启停、反向与调速等操作。它用导线将各种继电器、定时器、计数器及其触点按一定的逻辑关系连接起来，控制电动机拖动各种生产机械。这种以硬件接线(简称硬接线)方式构成的继电接触器控制系统至今仍在使用，但这种控制系统有许多固有的缺点：一是该系统利用布线逻辑来实现各种控制，需要使用大量的机械触点，系统运行的可靠性差；二是当生产工艺流程改变时需要改变大量的硬件接线，为此需要耗费许多人力、物力和时间；三是功能局限性大，能耗高。随着科技的发展、生产的变化及生产工艺的改进，人们需要一种新的工业控制装置来取代传统的继电接触器控制系统，使电气控制系统工作更可靠、维修更容易，更能适应经常变化的生产工艺要求。这种新的工业控制装置就是 PLC。

【知识链接】

1. PLC 的发展历程

1968 年，美国通用汽车公司(GM)在激烈的市场竞争中，为适应汽车生产工艺不断更新的需要，解决因汽车不断改型而重新设计汽车装配线上继电接触器控制系统的控制线路问

题，提出了将继电接触器控制系统的控制容量大的优点与编程逻辑相结合代替继电接触器控制系统的硬接线逻辑的要求。1969年，美国数字设备公司(DEC)根据上述要求研制出世界上第一台可编程序控制器，并在GM公司的汽车生产线上首次应用成功，取得了显著的经济效益。当时人们把它称为可编程序逻辑控制器(Programmable Logic Controller，PLC)。这一时期的PLC主要由分立式电子元件和小规模集成电路组成，它的指令系统简单，一般只有逻辑运算功能。1971年，日本从美国引进了这项新技术，研制出日本第一台可编程序控制器；德国与法国也都相继研制出自己的可编程序控制器。中国从1974年开始研制可编程序控制器，并于1977年开始工业应用。

随着大规模集成电路(LSI)和微处理器在PLC中的应用，可编程序控制器的功能不断增强，它不仅能执行逻辑控制、顺序控制、计时及计数控制，还增加了算术运算、数据处理、通信等功能，具有处理分支、中断、自诊断的能力，即更多地具有了计算机的功能，并作为一个独立的工业设备成为主导的通用工业控制器。近年来，PLC的发展趋向于小型化、网络化、兼容性和标准化。

2. PLC的结构

1) PLC的外部结构

这里以FX_{1N}-40MR PLC为例来介绍。其外部结构如图1-1所示，它由输入端子、输出端子、电源端子、输入LED指示灯、输出LED指示灯、通信接口等组成。

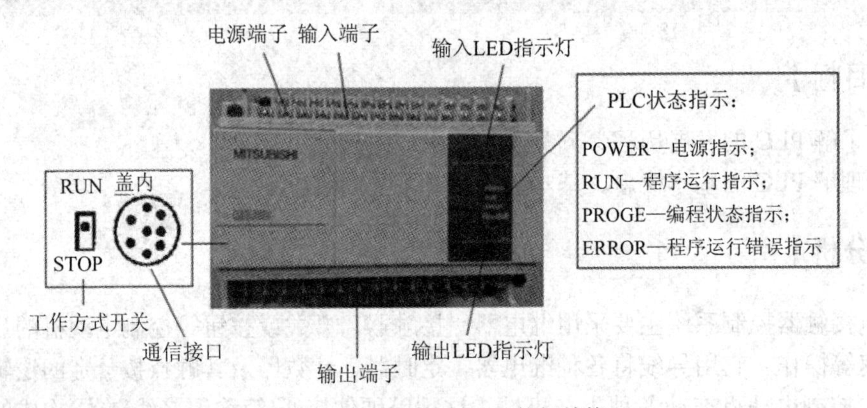

图1-1 FX_{1N}-40MR PLC外部结构

2) PLC的内部构成

PLC型号品种繁多，但实质上都是一台用于工业控制的专用计算机。其组成与一般计算机相似，主要由CPU模块、存储器、输入/输出(I/O)模块、电源模块、通信接口及编程器组成。PLC的内部结构如图1-2所示。

(1) CPU模块。CPU即中央处理器，是PLC的控制中枢，由运算器、控制器和寄存器等组成。CPU主要完成的工作有：PLC本身的自检；以扫描方式接收来自输入单元的数据和状态信息，并存入相应的数据存储区；执行监视程序和用户程序，进行数据和信息处理；输出控制信号，完成指令规定的各种操作；响应外部设备(如编程器、可编程序终端)的请求；指挥用户程序的执行。

(2) 存储器。PLC中的存储器主要用于存放系统程序、用户程序和工作状态的各种数据。

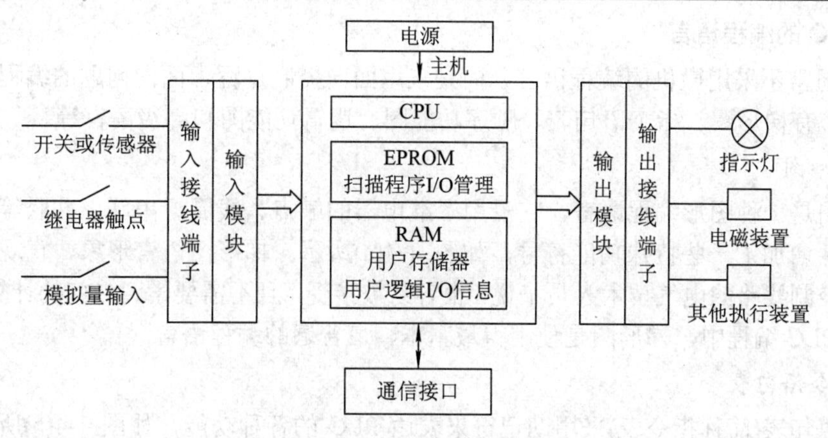

图 1-2　PLC 的内部结构

(3) 输入/输出模块。PLC 的控制对象是工业生产过程，PLC 与生产过程的联系是通过 I/O 模块来实现的。生产过程中有两大类变量：数字量和模拟量。输入模块的作用是接收各种外部控制信号，输出模块的作用是根据 PLC 运算结果驱动外部执行机构。

(4) 电源模块。PLC 的电源模块将交流电源转换成 CPU 模块、存储器、输入/输出模块等所需的直流电源，是整个 PLC 的能源供给中心，它的好坏直接影响到 PLC 的功能和可靠性。

(5) 通信接口。通信接口是 PLC 与外界进行通信的通道，如与编程器、个人电脑及其他通信设备之间的通信。

(6) 编程器。编程器可将用户程序写到 PLC 的用户程序存储区，它的主要任务是输入、修改和调试程序，并可监视程序的执行过程。编程器有电脑编程器和简易编程器(手持式编程器)。图 1-3 所示分别为手持式编程器与电脑编程线缆。目前，手持式编程器只能采用指令助记符进行编程。在编程和监视程序的执行过程中使用手持式编程器不如使用电脑编程器方便，现在已经较少使用了。电脑编程一般是在通用的计算机上添加适当的软件包对 PLC 进行编程。

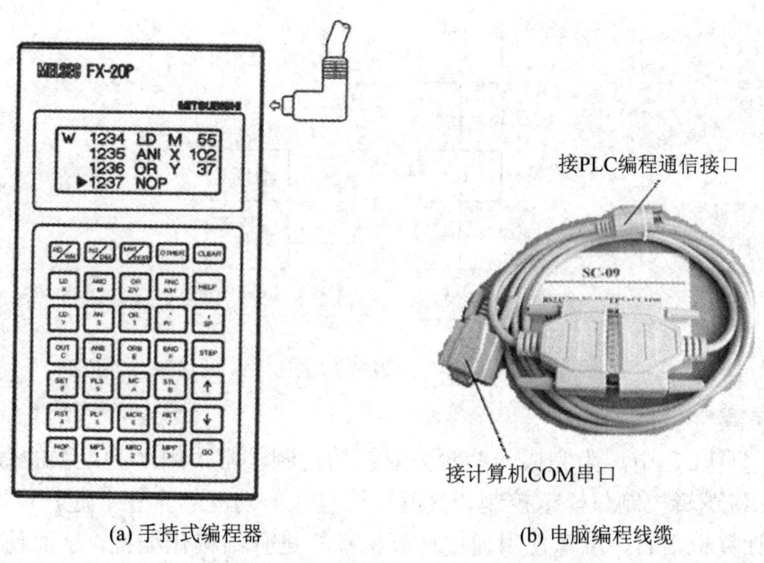

(a) 手持式编程器　　(b) 电脑编程线缆

图 1-3　手持式编程器与电脑编程线缆

3. PLC 的编程语言

PLC 通常不采用微机的编程语言，而是采用面向控制过程、面向问题的编程语言。这些编程语言有梯形图、指令语句表、顺序功能图、逻辑功能图和高级语言等。

1) 梯形图

梯形图是一种图形编程语言，它沿用了继电器的触点、线圈、串联、并联等术语和图形符号，并增加了一些特殊功能符号，如图 1-4(a)所示。梯形图语言形象、直观，对于熟悉继电器控制线路的电气技术人员来说，很容易被接受，且不需要学习专门的计算机知识，因此，在 PLC 编程中，梯形图是使用得最基本、最普遍的编程语言。

2) 指令语句表

指令语句表(简称指令表)采用助记符来表达 PLC 的各种功能，如图 1-4(b)所示。它类似于计算机中的汇编语言，但又比汇编语言通俗易懂。通常每条指令语句由地址(编程器自动分配)、操作码(指令)和操作数(数据或元器件编号)三部分组成。

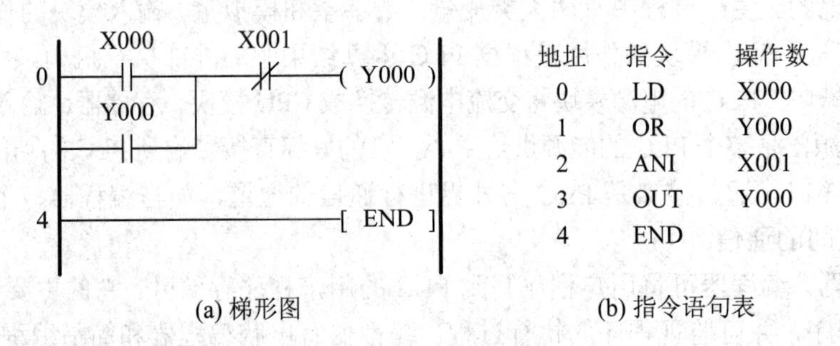

地址	指令	操作数
0	LD	X000
1	OR	Y000
2	ANI	X001
3	OUT	Y000
4	END	

(b) 指令语句表

图 1-4　PLC 的编程语言

3) 顺序功能图

顺序功能图是采用工艺流程图进行编程的。对于工厂中从事工艺设计的技术人员来说，用这种方法编程非常方便。图 1-5 所示为顺序功能图。

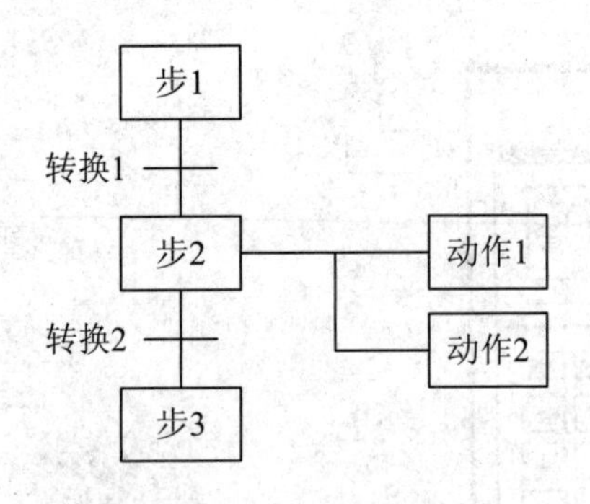

图 1-5　顺序功能图

4) 高级语言

在一些大型 PLC 中，为完成一些较为复杂的控制，常采用功能很强的微处理器和大容量存储器，将逻辑控制、模拟控制、数值计算与通信功能结合在一起，再配备 BASIC、Pascal、C 等计算机语言，可像使用通用计算机那样进行结构化编程，从而使 PLC 具有更强的功能。

4. PLC 控制的优越性

1) 与继电器控制系统的比较

PLC 与继电器控制系统相比较，有以下特点：

(1) 传统的继电器控制系统只能进行开关量的控制，而 PLC 既可进行开关量的控制，又可进行模拟量的控制，还能与计算机组成网络，实现分级控制。

(2) 传统的继电器控制系统采用导线将继电器、接触器、按钮等元件连接起来实现一定的逻辑功能或“程序”，控制系统的程序就在接线之中。PLC 控制系统的程序存放在存储器中，系统要完成的控制任务是通过存储器中的程序来实现的。其程序是由程序语言表达的。控制程序的修改不需要改变控制器的输入/输出接线(即硬接线)，而只需要通过编程器改变存储器中某些语句的内容即可。图 1-6 所示为继电器控制系统框图，图 1-7 所示为 PLC 控制系统框图。显而易见，PLC 控制系统的输入/输出部分与传统的继电器控制系统的基本相同，差别仅在于控制部分。继电器控制系统是用硬接线将许多继电器按某种固定方式连接起来完成逻辑功能的，所以其逻辑功能不能灵活改变，并且接线复杂，故障点多。而 PLC 控制系统是通过存放在存储器中的用户程序来完成控制功能的。在 PLC 控制系统中，用户程序代替了继电器控制电路，可以通过灵活、方便地改变用户程序来实现控制功能的改变，从而在根本上解决了继电器控制系统中控制电路难以改变逻辑关系的问题。

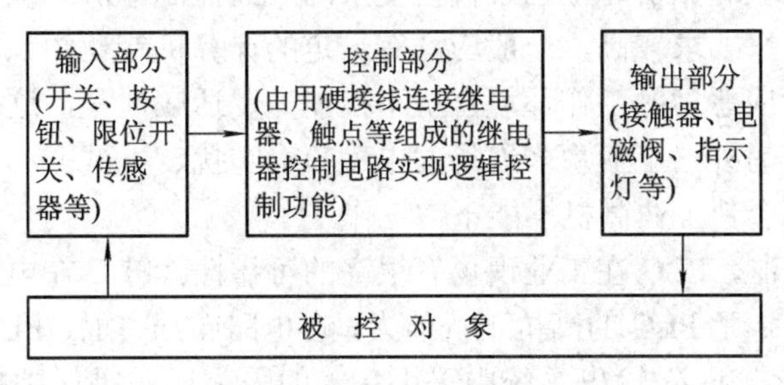

图 1-6　继电器控制系统框图

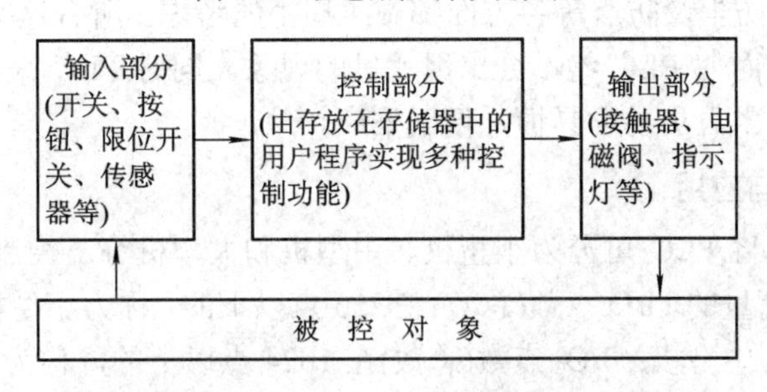

图 1-7　PLC 控制系统框图

下面以控制电动机单向运行电路为例进一步说明两种系统的不同。图 1-8(a)所示为其主电路。图 1-8(b)所示为接触器控制电路，要实现控制功能需按图完成接线，若改变功能则必须改动接线。图 1-8(c)所示为使用 PLC 完成同样功能需进行的接线，即只需将启动按钮 SB1、停止按钮 SB2、热继电器 KH 接入 PLC 的输入端子，将接触器 KM 线圈连接到 PLC 的输出端子即可，具体的控制功能是按照输入 PLC 的用户程序来实现的，不仅接线简单，而且在需要改变功能时不用改动接线，只要改变程序即可，非常方便。

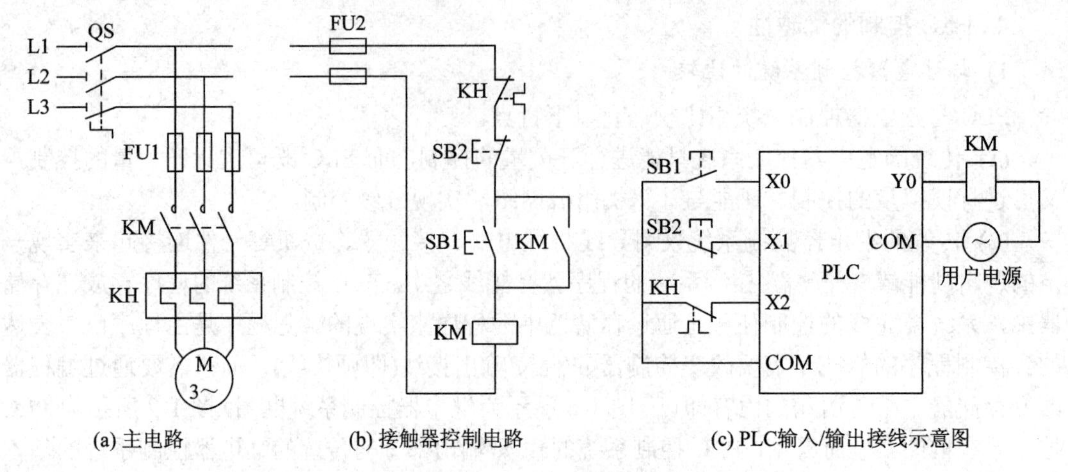

图 1-8　接触器控制与 PLC 控制电动机单向运行电路

(3) 两者触点的数量不同。继电器的触点数较少，一般只有 4～8 对；PLC 采用的是“软继电器”，因此可供编程用触点数有无限对。

2) 与工业微机控制系统的比较

工业微机在要求快速、实时性强、模型复杂的工业控制中占有优势，但是，对使用工业微机的人员技术水平要求较高，一般应具有一定的计算机专业知识。另外，工业微机在整机结构上还不能适应恶劣的工作环境，抗干扰能力及适应性差，这是工业微机在工业现场控制的致命弱点。另外，工业生产现场的电磁辐射干扰、机械振动、温度及湿度的变化以及超标的粉尘，都会使工业微机不能正常工作。

针对工业顺序控制，PLC 在工业现场有很高的可靠性。PLC 在电路布局、机械结构及软件设计等各方面决定了 PLC 的高抗干扰能力。在电路布局方面，PLC 都采用大规模与超大规模的集成电路，在输入/输出系统中采用完善的隔离通道等保护功能；在电路结构上 PLC 对耐热、防潮、防尘及防震等各方面都做了周密的考虑。所有这些都使 PLC 具有非常高的抗干扰能力，从而使 PLC 绝不会出现死机的现象。同时 PLC 采用梯形图语言编程，使熟悉电气控制的技术人员易学易懂，便于推广。

5. PLC 的分类与应用

根据控制规模可将 PLC 可分为小型机、中型机和大型机等。控制规模是以 PLC 的输入/输出(I/O)点数来衡量的，I/O 点数(总数)在 256 点以下的，称为小型机；I/O 点数在 256～1024 点之间的，称为中型机；I/O 点数(总数)在 1024 点以上的，称为大型机。一般来说，输入/输出点数多的 PLC，其功能也相应较强。

目前，在世界先进工业国家中，PLC 已经成为工业控制的标准设备，它的应用几乎覆盖了所有的工业企业。PLC 广泛应用于机械、汽车、冶金、石油、化工、轻工、纺织、交通、电力、电信、采矿、建材、食品、造纸、军工、家电等各个领域。

【任务实施】

认真观察三菱公司 FX_{2N}(简称 FX_{2N})系列 PLC，说明其组成部分及各部分的作用。

【思考练习题】

1-1-1　PLC 是________________________________的简称，是一种工业控制装置。它用控制________代替继电器的_______电路，主电路_______。

1-1-2　PLC 从外形上看，由____和通信接口等构成。PLC 的内部____构成。

1-1-3　PLC 的控制规模是以__________________衡量的，根据控制规模可将 PLC 分为_______、_______和________等。

1-1-4　PLC 的编程语言有_________、___________、__________、_________，其中最常用的语言是_______________________。

1-1-5　与继电器控制系统比较，PLC 有哪些优越性？

任务二　PLC 的输入/输出单元与接线方式

【任务目标】

(1) 了解 PLC 的输入/输出(I/O)单元接口电路和 PLC 的等效电路。

(2) 懂得三菱公司 FX(简称 FX)系列 PLC 接线端子分布特点与 I/O 接线方式、方法。

(3) 理解 PLC 输入/输出软继电器、软触点的意义及其在编程中的使用。

【任务分析】

PLC 是一种工业自动化控制装置，它是如何获取工业现场被控对象的信息，又是如何按要求控制被控器件或装置的呢？这些全都离不开 PLC 的输入/输出单元。

【知识链接】

1. PLC 的输入/输出(I/O)单元硬件结构

1) PLC 输入/输出(I/O)端子

图 1-9 所示分别为三菱公司 FX_{1N}、FX_{2N} 系列 PLC 输入/输出(I/O)接线端子布局情况，图中接线端子的输出侧均用粗线区分输出与相应的 COM 端子。在图 1-9(a)中，输出端子侧左边的 24+与 COM 端子是 PLC 对外输出的 DC +24 V 电源(图(b)中在输入侧)，用于给相应的传感器(如接近开关、压力传感器等)供电，该电源 COM 端子与输入端子 COM 是相通的或者可以连接起来。输出端子侧 COM0 与 Y0，COM1 与 Y1，COM2 与 Y2、Y3，…，COM5 与 Y14～Y17 等构成多组输出，这样安排输出端的 COM 主要是考虑负载电源的种类较多，而输入端电源的类型相对较少。如果输出侧电源种类较少，那么可以将相应的 COM 端连接起来使用。

注意：图 1-9 中“ • ”表示空端子，请不要接线。

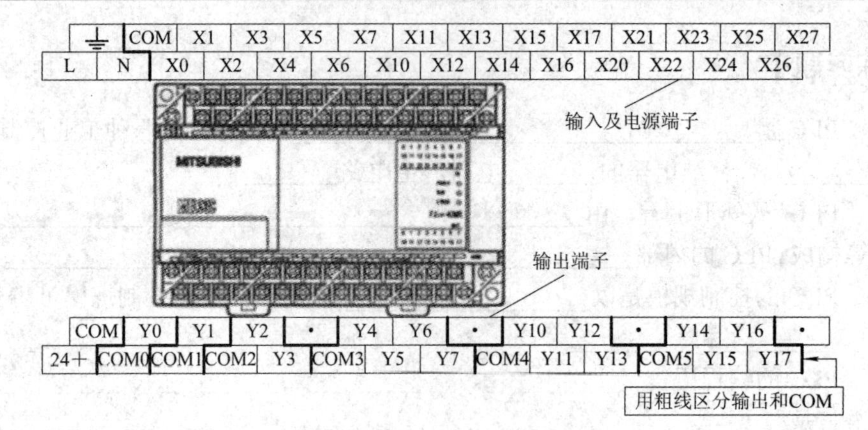

(a) FX_{1N}-40MR PLC面板与接线端子图

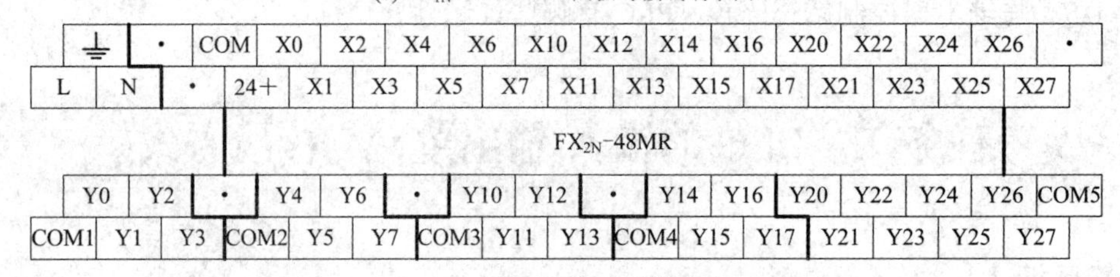

(b) FX_{2N}-48MR PLC接线端子图

图 1-9　FX 系列 PLC 接线端子图

2) 输入/输出单元

PLC 的输入/输出单元又称 PLC 的输入/输出接口电路。PLC 在程序的执行过程中需调用外部各种控制信号，如各种开关量(状态量)、数字量或模拟量等都是通过输入接口电路进入 PLC 的；而程序执行结果又通过输出接口电路控制外围设备。输入/输出接口电路一般都通过光电隔离和滤波把 PLC 与外部电路隔开，以提高 PLC 的抗干扰能力。

(1) 输入接口电路(输入单元)。通常，输入接口电路按所使用电源不同有三种类型：直流输入(DC 12 V 或 24 V)、交流输入(AC 100～120 V 或 200～240 V)和交-直流输入(交直流 12 V 或 24 V)。用户外部输入设备可以是无源触点，如按钮、行程开关、主令开关等，也可以是有源器件，如传感器、接近开关、光电开关等。

图 1-10 所示为直流 24 V 输入接口电路原理图。

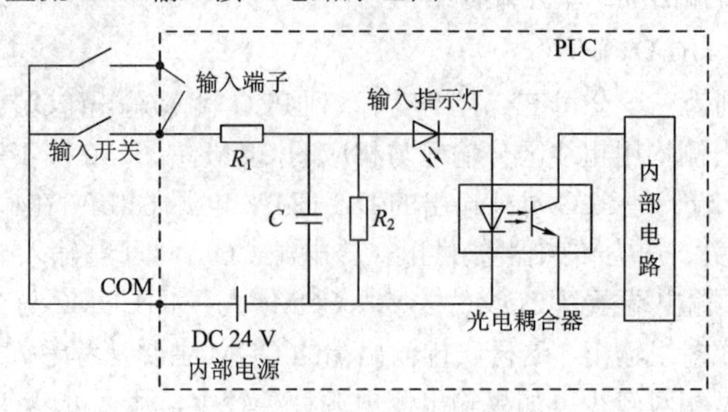

图 1-10　直流 24 V 输入接口电路原理图

图 1-10 中，直流电源由 PLC 内部提供(有的 PLC 需外部提供，如欧姆龙 PLC)。当 PLC 外部输入开关接通时，输入指示灯及光电耦合器的发光二极管发光，光敏三极管因基极有

电流而导通，集电极电平变低，装在 PLC 面板上的输入指示灯(LED)显示某一输入端口有信号输入。当 PLC 外部输入开关不接通时，输入指示灯及光电耦合器的发光二极管因无电流流过而不发光，光敏三极管因无基极电流而截止。图中，R_1、C 及 R_2 组成输入滤波电路，以消除高频干扰，光电耦合器与外部电路实现电隔离。输入信号通过输入单元进入 PLC 内部供 PLC 程序调用。

(2) 输出接口电路(输出单元)。PLC 通过输出接口电路向现场控制对象输出控制信号。为适应不同负载的需要，各类 PLC 的输出接口电路有三种形式：继电器输出、晶体管输出和晶闸管输出，分别如图 1-11(a)、(b)和(c)所示。

在图 1-11(a)中，当 PLC 输出接口电路中的继电器受内部电路驱动使线圈得电时，其触点闭合，电流通过外接负载而使负载工作，同时输出指示灯亮，表示该输出点接通。继电器输出适用于交直流负载，使用方便，负载电流可达 2 A，可直接驱动电磁阀线圈。但因为有触点，其使用寿命不长，因此在需要输出点频繁通、断的场合(如脉冲输出等)，应选用晶体管或晶闸管输出电路。

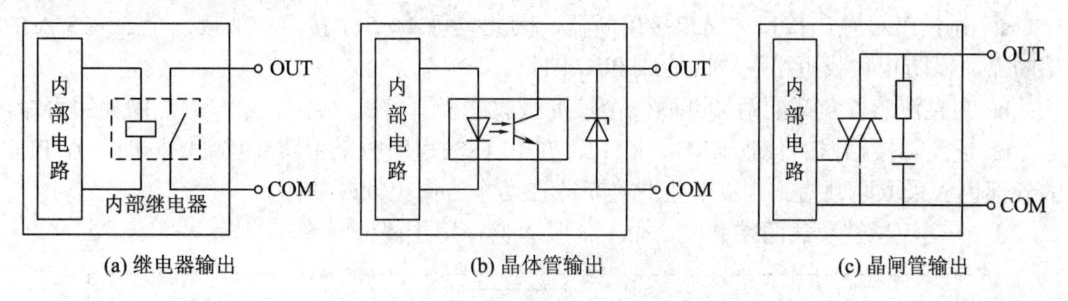

(a) 继电器输出　(b) 晶体管输出　(c) 晶闸管输出

图 1-11　PLC 输出接口电路的三种形式

晶体管输出：负载电流约为 0.5 A，响应时间小于 1 ms，负载只能选择 36 V 以下的直流电源。

晶闸管输出：一般采用三端双向晶闸管输出，其耐压较高，带负载能力强，响应时间小于 1 ms，但晶闸管输出应用较少。

(3) 输入/输出单元接线方式。

① 输入单元接线方式。按 PLC 的输入单元与用户设备接线方式的形式，输入单元接线方式可分为汇点式输入接线方式和分隔式输入接线方式两种基本形式，如图 1-12 所示。

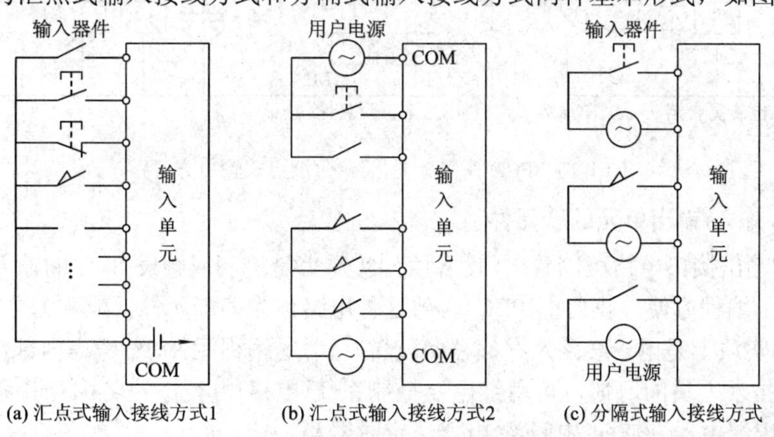

(a) 汇点式输入接线方式1　(b) 汇点式输入接线方式2　(c) 分隔式输入接线方式

图 1-12　PLC 输入单元接线方式

汇点式输入接线方式是指输入回路有一个公共端(汇集端)COM，它的所有输入点为一组，共用一个公共端和一个电源，如图 1-12(a)所示的直流输入单元。由于 PLC 的输入端用于连接按钮、开关及各类传感器，这些器件的功率消耗都很小，一般可以采用 PLC 内部电源为其供电。另外，汇点式输入接线方式也可将全部输入点分为几个组，每组有一个公共端和一个单独的电源，如图 1-12(b)所示。汇点式输入接线方式可用于直流或交流输入单元，交流输入单元的电源由用户提供。

分隔式输入接线方式如图 1-12(c)所示，它是将每个输入点单独用各自的电源接入输入单元，在输入端没有公共的汇点，每个输入器件之间是隔离的。

② 输出单元接线方式。根据输出单元与外部用户输出设备的接线形式，输出单元接线方式分为汇点式输出方式和分隔式输出方式两种基本形式，如图 1-13 所示。它可以把全部输出点汇集成一组，共用一个公共端 COM 和一个电源；也可以将所有的输出点分成 *N* 组，每组有一个公共端 COM 和一个单独的电源。这两种形式的电源均由用户提供，具体可根据实际负载确定选用直流或交流电源。

a. 由于 PLC 输出接口电路未接熔断器，因此，每 4～5 个接点应加接一个 5～15 A 的熔断器，以防止负载短路等原因造成 PLC 的损坏。

b. 在直流感性负载的两端并联一个浪涌吸收二极管 VD，会大大延长触点的使用寿命。

c. 正反转接触器的负载 KM1、KM2，在 PLC 的程序中采用软件互锁的同时，在 PLC 的外部也应采取联锁措施，以防止此类负载在两个方向上同时动作。

d. 在交流感性负载两端并联一个浪涌吸收器，用于降低噪音。

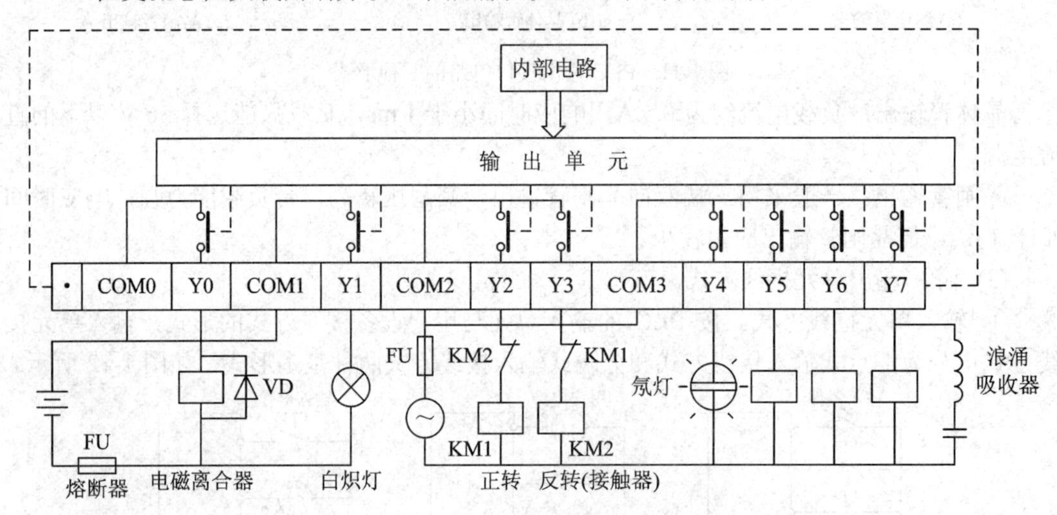

图 1-13 PLC 输出单元接线图(汇点式输出方式)

2. PLC 输入/输出单元的软元件

由输入/输出接口电路可以看出，输入信号实质上是控制或触发 PLC 的输入接口电路使之工作。为了编程方便，我们把 PLC 内部这种电路称为编程元件，或称为“软元件”。它在 PLC 内部实质上是电子线路及存储器(编程时只考虑编程元件，不考虑内部电路或结构)。考虑到工程技术人员的习惯，可用继电器控制系统(电路)中类似的名称对其命名，即输入继电器、输出继电器、辅助(中间)继电器、定时器等。

1) 输入继电器(X)

输入继电器(X)是 PLC 从机外接收控制信号的接口，实质上它是输入接口电路。每个输入继电器都与相应的 PLC 输入端相连，即每个输入端对应一个输入继电器。如图 1-14 所示，输入端子 X0 对应用于输入继电器 X0。每个输入继电器有无数对常开(动合)触点和常闭(动断)触点供编程时使用。输入继电器的线圈只能由外部信号来驱动，不能由内部程序(指令)驱动。因此，我们编写的梯形图中只能出现输入继电器的常开、常闭触点，而不能出现输入继电器的线圈，如图 1-15 所示。

FX 系列 PLC 输入继电器编号采用八进制数表示，如 X0～X7、X10～X17……

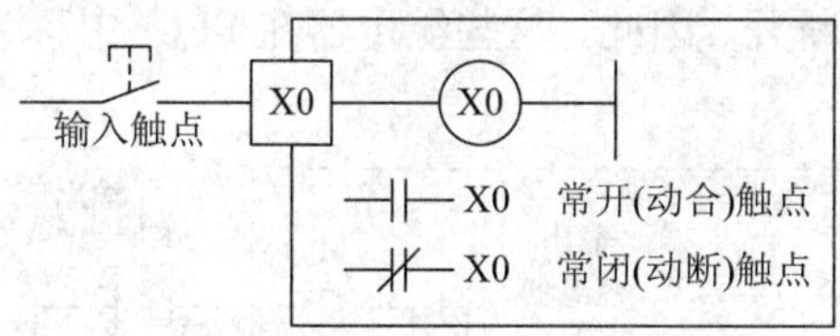

图 1-14　输入继电器电路

图 1-15　输入继电器在编程中的使用

2) 输出继电器(Y)

输出继电器(Y)是 PLC 向机外负载输出信号的端口，它与输出端子是一一对应的，是 PLC 中唯一具有外部触点且能驱动外部负载的继电器。输出继电器(Y)的触点分外部输出触点和内部触点两种。外部输出触点(继电器触点、晶闸管、晶体管等输出元件)接到 PLC 的输出端子上，且为常开触点，如图 1-16 所示，输出继电器 Y0 对外输出触点 Y0(常开)与 PLC 的输出端子相连；内部触点分为常开、常闭触点，可供程序重复调用无数次(说明：本书为方便描述，将 X000、X001…表述为 X0、X1、…；将 Y000、Y001、…表述为 Y0、Y1…)。输出继电器的线圈只能由程序驱动，当继电器的线圈被驱动时，其对应的触点动作：常开触点闭合，常闭触点断开。对外常开触点闭合，机外负载就被驱动，但对外常开触点不在梯形图中表示出来。梯形图中只表示被驱动的输出继电器线圈和内部常开、常闭触点。如图 1-17 所示，梯形图中的 X0 是输出继电器 Y0 的工作条件，当 X0 接通时，Y0 线圈被驱动置 1(线圈得电)，PLC 对外输出触点闭合，驱动外部负载；同时内部常开触点 Y0 闭合，驱动输出继电器 Y1 的线圈置 1(线圈 Y1 得电)。当 X0 断开时，Y0 复位(线圈失电)，内部常开触点 Y0 恢复断开状态，Y1 复位。

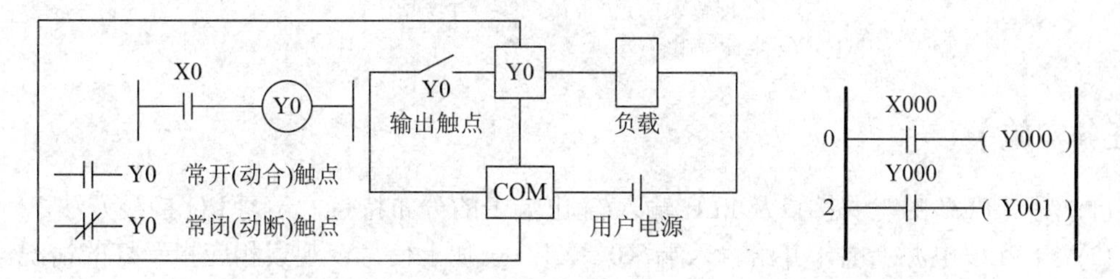

图 1-16　输出继电器电路　　　　　图 1-17　输出继电器在编程中的使用

FX 系列 PLC 输出继电器编号也采用八进制数表示，如 Y0～Y7、Y10～Y17……

上述图中，—┤├— (常开触点)、—┤/├— (常闭触点)是 PLC 内的软触点，在编程时可以重复使用。—○—或—( )—是软继电器的线圈，人工绘制 PLC 梯形图或功能图时一般采用

前者，后者是三菱公司 PLC 编程软件中的线圈符号。

3. PLC 的等效电路

一般工程技术人员都比较熟悉继电器控制系统，因而在此基础上了解 PLC 的等效电路，对学习 PLC 很有帮助。图 1-18 所示为 PLC 控制系统等效电路，它包括三个部分：收集被控设备(开关、按钮、传感器等)的信息或操作命令的输入(单元)部分，运算、处理来自输入部分信息的内部控制电路和驱动外部负载的输出(单元)部分等。图中，X0、X1、X2 为 PLC 输入继电器，Y0 为 PLC 输出继电器。需要说明的是，图中的继电器并不是实际的继电器，它实质上是电子线路和存储器中的每一位触发器。该位触发器为“1”态，相当于继电器接通；若该位触发器为“0”态，则相当于继电器断开。因此，这些继电器在 PLC 中称为“软继电器”。

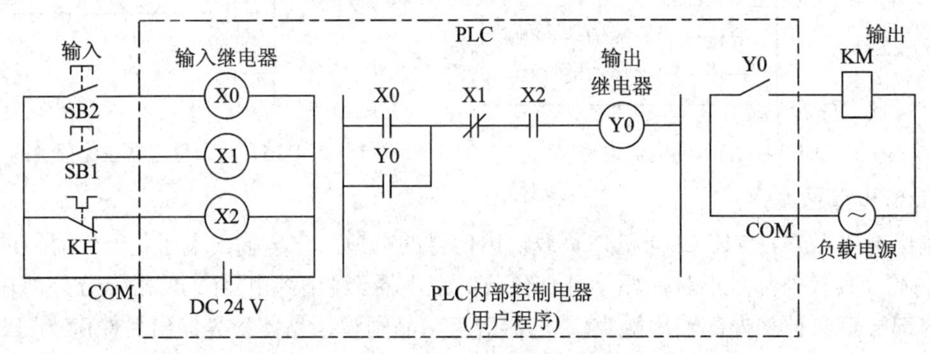

图 1-18　PLC 控制系统等效电路

4. FX 系列 PLC 型号的意义

三菱公司 FX 系列 PLC 型号的意义如下：

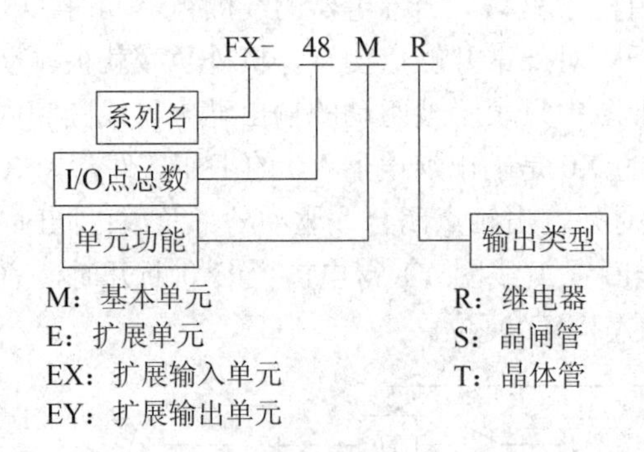

【任务实施】

(1) 观察 PLC 的电源接点及 PLC 输入/输出端子的分布特点，学习 I/O 接线方法。

(2) 给 PLC 电源上电，并给输入端 X0、X1、…加上信号，观察相应指示灯的情况。

(3) 由教师向 PLC 写入一段程序并运行，观察 PLC 输出指示灯的情况。

【思考练习题】

1-2-1　外部控制信号通过____________进入 PLC，PLC 又通过____________向现

场控制对象输出控制信号，完成自动控制任务。

1-2-2　外部输入信号通过输入端子经 *RC* 滤波和________________进入 PLC 内部，提高了 PLC 的抗干扰能力。

1-2-3　PLC 的输出单元有________、________、__________三种类型。其中，________输出，承载电流较大，适用于交-直流负载，但因有触点，使用寿命不长。

1-2-4　PLC 的输入接线方式有____________________，输出接线方式有____________________。

1-2-5　编写梯形图时______(能，不能)出现输入继电器的线圈，______出现输入继电器的常开、常闭触点；输出继电器的线圈只能由程序驱动，当继电器的线圈被驱动时，其对应的触点动作：常开触点闭合，常闭触点断开，但触点____(能，不能)在梯形图中表示出来。梯形图中只表示被驱动的__________和内部常开、常闭触点。

1-2-6　观察 FX_{1N}-40MR PLC 的接线端子，其输出端分哪几组？

1-2-7　画出 PLC 输入/输出接线方式图。

1-2-8　PLC 输出端接负载时应注意哪些实际问题?

1-2-9　PLC 输入/输出软继电器中存在 X8、X9、Y8、Y9 吗？它们是如何编号的？

1-2-10　简述 PLC 输入/输出软继电器的意义，它们是如何被驱动的？

本 项 目 小 结

1．可编程序控制器简称为 PLC，它用程序代替继电器控制系统中的控制电路，使线路接线、逻辑程序设计、修改和调试等变得快捷方便。它广泛应用于机械、冶金、石油、化工、轻工、电力、建材、造纸、军工等各个领域。

2．PLC 与计算机的组成基本相同，它由中央处理器 CPU 模块、存储器、电源模块、输入/输出模块和通信接口等组成。

3．PLC 的编程语言较多，如指令语句表、梯形图、顺序功能图和其他的高级语言等，但最常用、最易理解的是梯形图和顺序功能图。

4．输入接口是 PLC 从机外接收控制信号的接口电路，它采用光电耦合器与外部电路实现电隔离，以提高 PLC 的抗干扰能力。编程时，输入接口用输入继电器(X)的常开、常闭触点表示。

5．输出接口和输入接口一样也是一种接口电路，是 PLC 向机外负载输出信号的端口，它与输出端子是一一对应的。输出接口在编程时，用输出继电器(Y)表示，是 PLC 中唯一具有外部触点且能驱动外部负载的继电器。它的触点分外部输出触点和内部触点两种。外部输出触点分为继电器触点、晶闸管、晶体管等输出元件。外部输出触点直接连接到 PLC 的输出端子上且为常开触点。

6．PLC 输入/输出接线方式分为汇点式和分隔式两种基本接线形式。输出接线方式要根据负载的电源等级、电源类别是否相同来确定。

项目二　三菱全系列PLC的GX Developer ver.8编程软件的使用

【项目概述】

GX Developer ver.8是三菱公司设计的在Windows环境下使用的编程软件，支持当前所有三菱系列PLC进行编程。编程软件是编程人员、技术维修人员必须掌握的基本工具，它可进行程序编辑、PLC内程序的读取、运行监视与程序调试等。

本项目主要介绍三菱全系列PLC的GX Developer ver.8编程软件的安装方法和利用编程软件进行工程文件管理、程序编辑、检查及运行监视和程序调试等。

任务一　三菱GX Developer ver.8编程软件的安装与项目管理

【任务目标】

(1) 学会一般应用软件的安装方法。
(2) 会进行项目文件的新建、保存与打开操作。

【任务分析】

可编程序控制器在工业自动化控制中得到广泛应用，除自身控制性能优越外，也与它的编程软件简单易学，易于推广是分不开的。本任务学习PLC编程软件的安装与项目管理。

【知识链接】

1. 三菱全系列PLC的GX Developer ver.8编程软件的安装

GX Developer ver.8编程软件的安装步骤：

(1) 安装通用环境。三菱公司设计的大部分软件都要先安装“通用环境”，否则不能继续安装。一般下载文件解压到英文路径，如C:\GX Developer，不要修改原英文名。解压后得到3个文件夹：Melsec、My Installations、SW8D5C-GPPW-C。首先，进入SW8D5C-GPPW-C\EnvMEL文件夹，单击“SETUP.EXE”进行通用环境的安装。

(2) 安装主程序。进入SW8D5C-GPPW-C文件夹，单击“SETUP.EXE”安装主程序。

在安装过程中，输入相关信息后总是单击“下一步”按钮。在输入个人信息的对话框中，可以随意填写内容。输入 GX Developer 序列号 570-986818410 或 998-598638072，接着出现选项“结构化文本(ST)语言编程功能”，建议勾选。注意：“监视专用 GX Developer”在这里不能勾选，否则软件只能监视，这是很重要的一步。其后两个选项可以勾选，最后单击“下一步”按钮即可成功安装。

具体安装过程如图 2-1 所示。

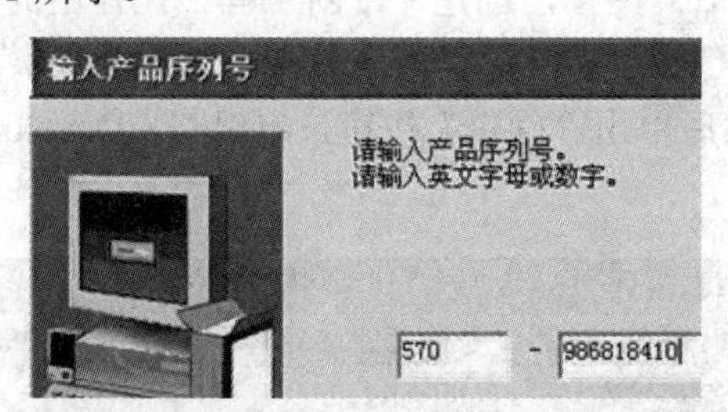

(a) 输入产品序列号

(b) 勾选“结构化文本(ST)语言编程功能”

(c) 不勾选“监视专用GX Developer”

(d) 勾选“MEDOC打印文件的读出”和“从Melsec Medoc格式导入”选项

图 2-1　安装过程示意图

2. 工程文件管理

GX Developer ver.8 编程软件的界面已汉化，其具有丰富的工具箱和直观、形象的视窗界面。编程时，既可用键盘操作，也可用鼠标操作。

1) 打开编程软件

打开 GX Developer ver.8 编程软件一般有两种方法。

方法一：单击“开始”→“所有程序”→“MELSOFT 应用程序”→“GX Developer”，打开 GX Developer 编程软件界面。

方法二：在桌面上用鼠标左键双击 GX Developer ver.8 编程软件的快捷图标 ，即可打开其编程软件。

2) 创建一个新工程

在编程界面单击菜单栏中的“工程(F)”→“创建新工程(N)…”，如图 2-2 所示；或者单击工具栏中的新建文件 图标，创建一个新工程。在弹出的“创建新工程”对话框中“PLC 系列”下选择“FXCPU”，“PLC 类型”下选择“FX2N(C)”，“程序类型”中选择“梯形图”，如图 2-3 所示，然后单击“确定”按钮，出现 GX Developer 的编程界面，如图 2-4 所示。

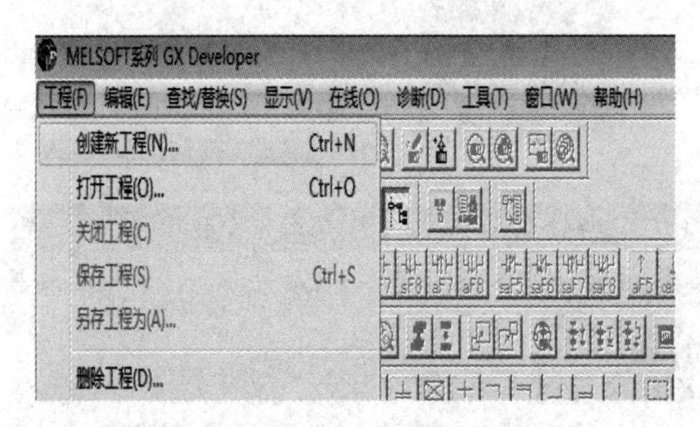

图 2-2　创建新工程的方法

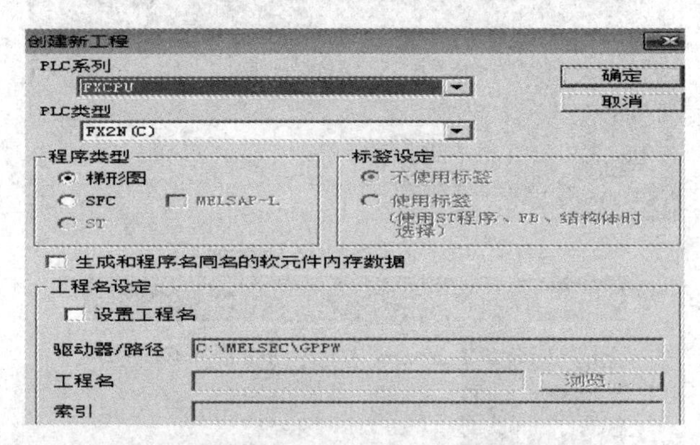

图 2-3　创建新工程对话框参数设置

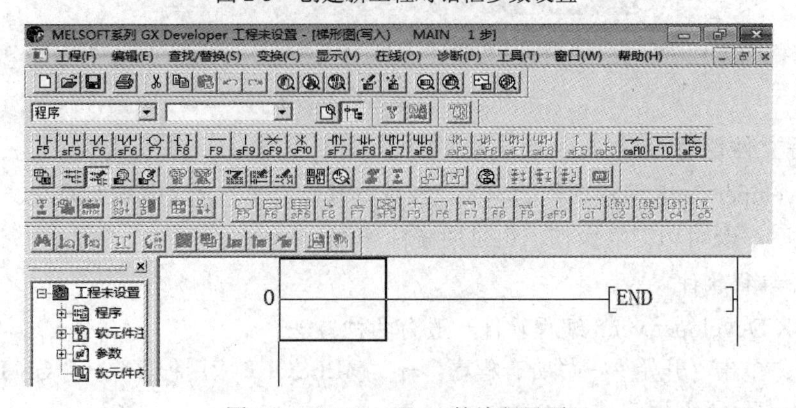

图 2-4　GX Developer 的编程界面

“创建新工程”对话框中“工程名”设置说明：工程名用作保存新建的数据，在生成工程前需要设定工程名，可单击复选框选中；在生成工程后设定工程名时，需要在“另存工程为(A)…”中设定。

3) 保存工程文件

在做工程程序设计前，应该在 D 盘或其他盘建立一个文件夹，如以课题为名建立文件夹或者以自己的名字命名文件夹，比如 LLF 文件夹等，这样所做的工程程序设计就可以保存到这个文件夹中。在做工程程序设计时，要及时保存项目文件，以防突然停电而丢失数据。具体方法是在 GX Developer 编程界面中，单击菜单栏中的“工程(F)”→“保存工程(S)”进行保存，如图 2-5 所示；或者单击工具栏中的保存图标，在出现的界面中选择保存工程文件的路径并填写工程文件名称。

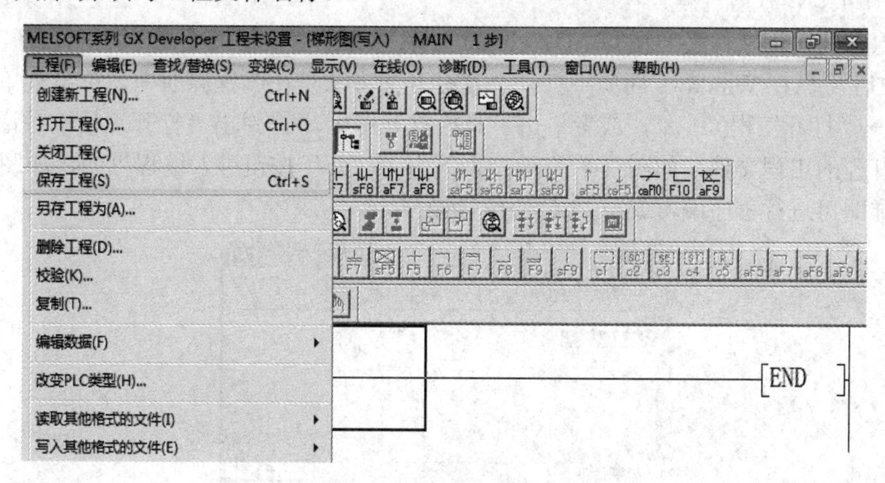

图 2-5　保存工程文件的方法

保存路径：单击工程驱动器下的倒三角形，选择 d：盘，并拉动其下方的滚动条找到要存放的文件夹 LLF，如图 2-6(a)所示；双击文件夹 LLF，则保存路径为“D：\LLF”文件夹，填写工程文件的名称，如图 2-6(b)所示，单击“保存”按钮；弹出“新建工程”确认对话框，如图 2-7 所示，然后单击“是”，确认新建工程，进行存盘。

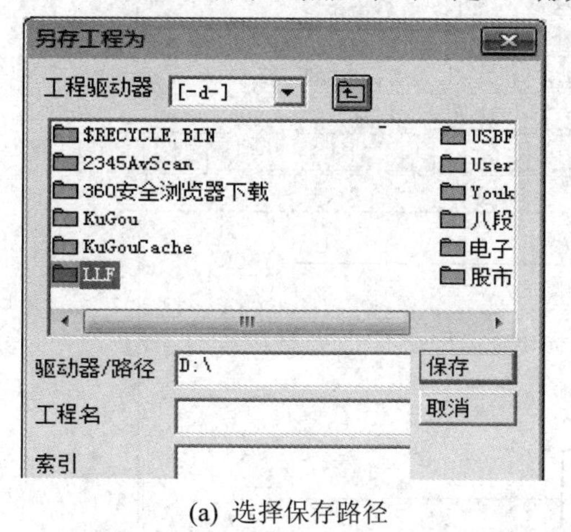

(a) 选择保存路径

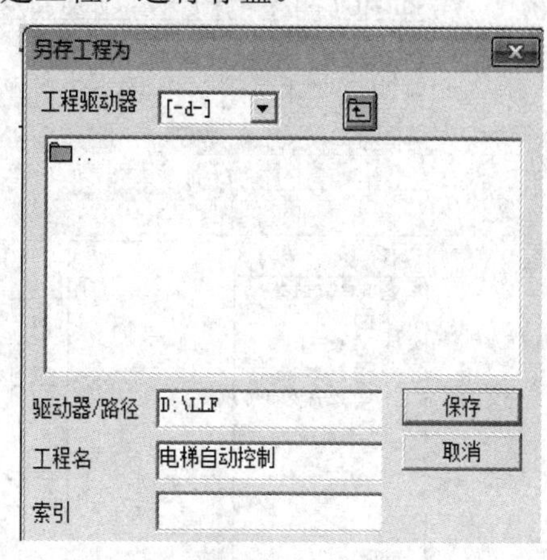

(b) 填写工程文件名称

图 2-6　选择保存工程文件的路径及工程文件名称的填写

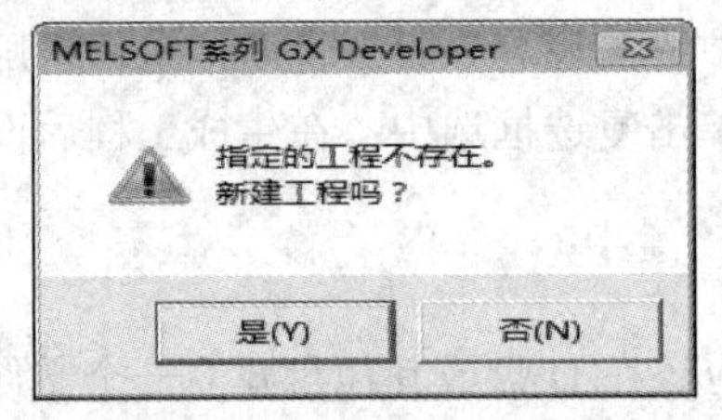

图 2-7　新建工程确认对话框

注意：如果打开以前的工程文件编辑“保存工程(S)”，则会覆盖原先的工程文件。当打开以前的工程文件编辑修改后，如果要保留原工程文件，可用“另存工程为(A)...”选项将工程文件名称修改后再保存，或者保存到其他文件夹。

4) 打开已保存的工程文件

已保存的工程文件必须在 GX Developer ver.8 编程软件的编程界面中才能打开，它不像 Office 文件可以在 Windows 环境下打开。其打开的方法是在编程界面中，单击菜单栏“工程(F)”→“打开工程(O)...”，或者单击工具栏打开图标，弹出“打开工程”对话框，选择所要打开的工程文件，如图 2-8 所示；再单击“打开”按钮进入编程界面，如图 2-9 所示。这样即可进行程序编辑或与 PLC 通信等操作。

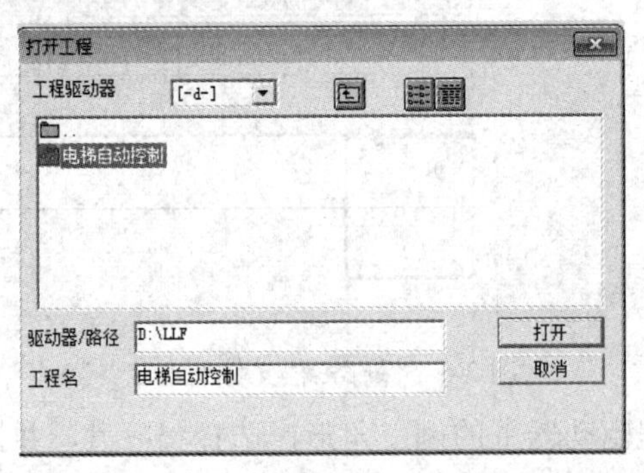

图 2-8　打开已保存的工程文件

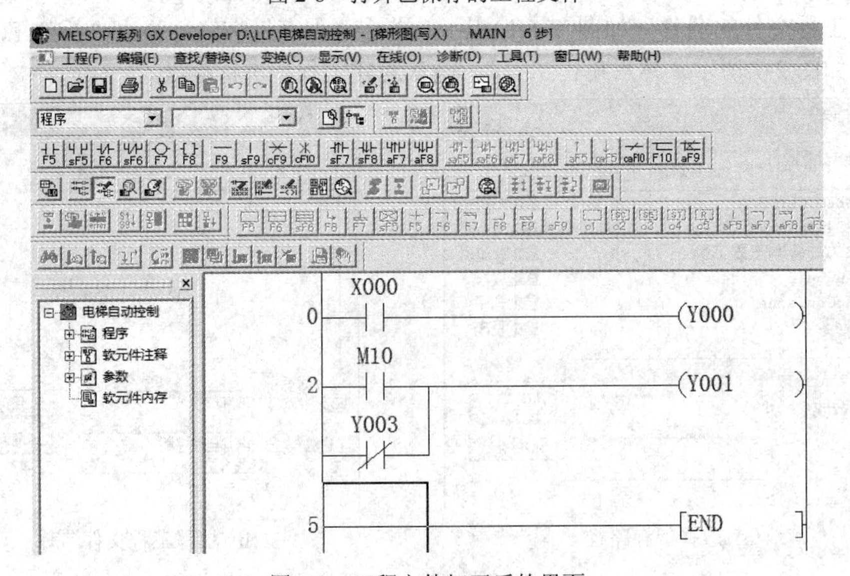

图 2-9　工程文件打开后的界面

如果要求把工程文件保存到另外的地方，那么可以选择“另存工程为(A)…”。在 GX Developer 编程界面，单击“工程(F)”→“另存工程为(A)…”，在弹出的界面中选择保存工程文件的路径并填写工程文件的名称等。

5) 删除工程

将已保存在计算机中的工程文件删除，操作比较简单。在菜单栏中选择“工程(F)”→“删除工程(D)…”，弹出“删除工程”对话框，如图 2-10 所示；单击将要删除的工程文件名，按 Enter 键，或单击“删除”或双击将要删除的工程文件名，弹出删除确认对话框，如图 2-11 所示；然后单击“是”按钮，确认删除工程，否则返回上一层对话框。

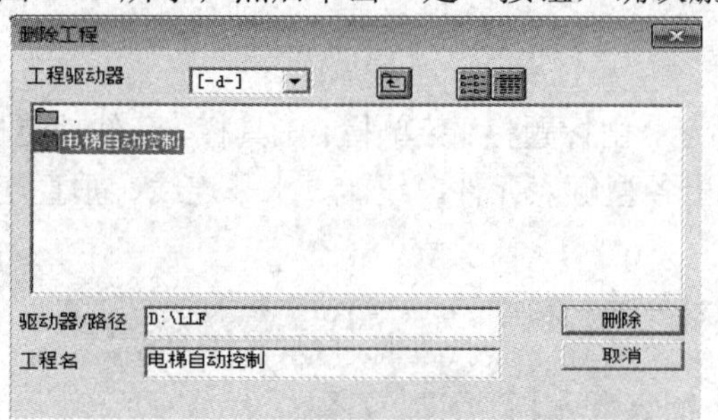

图 2-10　删除工程文件对话框

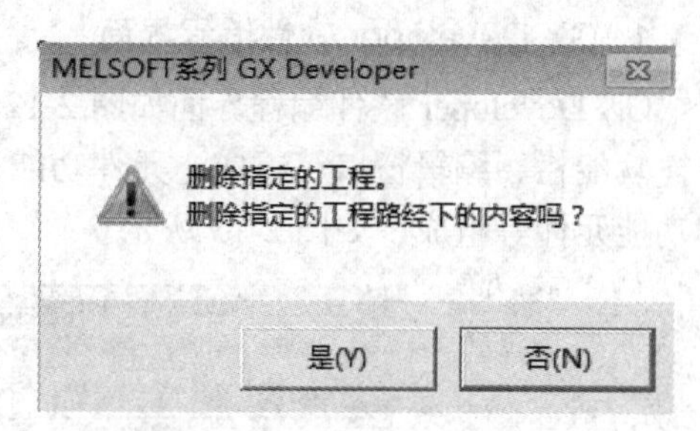

图 2-11　删除工程确认对话框

【任务实施】

(1) 安装 GX Developer ver.8 编程软件。

(2) 在 D 盘新建一个文件夹，文件夹的名称以你的姓名拼音缩写命名。在 GX Developer 编程界面中新建工程文件并保存到上述文件夹中；打开上述保存的工程文件，另存到其他文件夹中。

(3) 删除(2)中新建的工程文件。

【思考练习题】

2-1-1　在安装一般的应用软件时，如果选择默认形式和路径，那么在安装过程中只需单击“________”和“_______”按钮即可。

2-1-2　创建新工程时，PLC 类型的选择必须与_________同类型，程序的类型选择一般是_______。

2-1-3　用 GX Developer ver.8 编程软件编写的工程文件须在_______________下打开。

2-1-4　保存工程文件时，一般先在 D 盘新建一个文件夹，如读者的姓名______；保存文件时，保存路径为____________；然后，填写________，单击“_____”按钮并确认。

任务二　三菱 GX Developer 编程软件的应用

【任务目标】

(1) 掌握 GX Developer 编程软件各菜单的功能和工具栏各图标的作用。

(2) 能顺利进行PLC梯形图程序的编写操作和程序的监视、测试。

【任务分析】

PLC编程软件可进行PLC程序编辑、调试和程序运行状态监视等。目前，PLC编程普遍采用计算机编程，操作时可联机，也可脱机离线编程，因此必须熟练掌握PLC编程软件计算机操作方法。

【知识链接】

1. GX Developer软件编程界面

GX Developer软件编程界面如图2-12所示，由标题栏、菜单栏、工具栏、元件功能栏、快捷功能栏、编辑窗口等组成。元件功能栏由各型触点元件、线圈、水平连线、垂直连线和功能元件等组成，如图2-13所示。

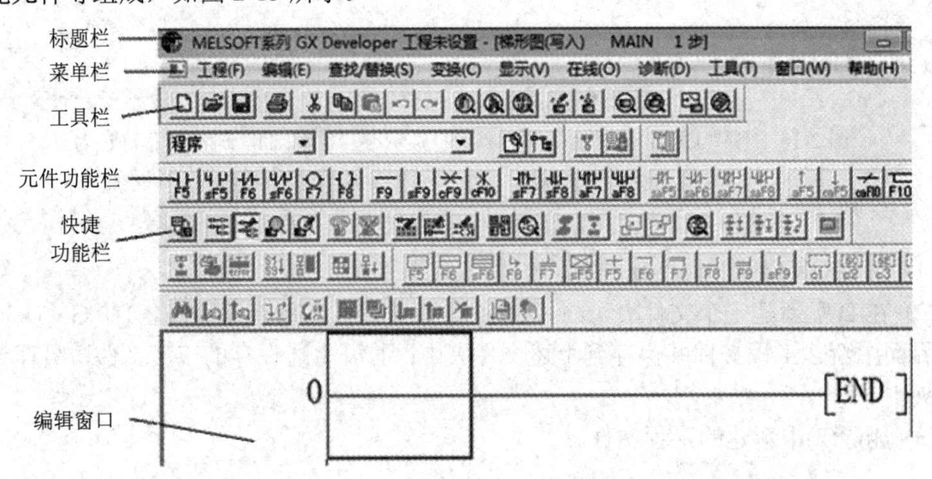

图2-12　GX Developer软件编程界面

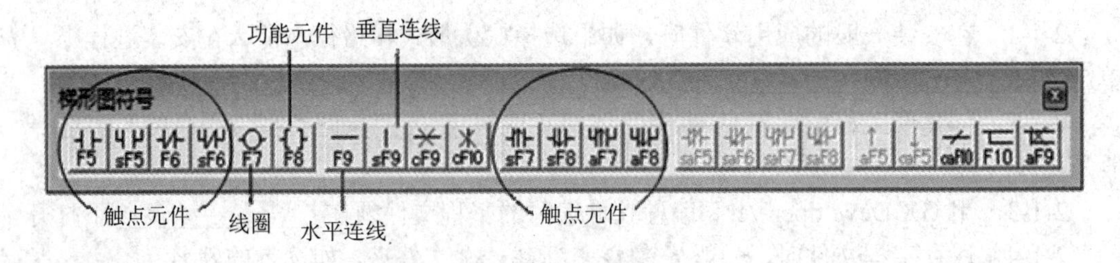

图2-13　元件功能栏梯形图符号

2. 放置元件

GX Developer编程软件提供了梯形图、指令语句表、逻辑功能图SFC三种编程语言，其中梯形图是用户最常用的编程语言。

在梯形图编程界面，可根据需要从元件功能栏中选择需要的触点元件、线圈、水平/垂直连线、功能元件等。例如，选择(单击)常开触点，在弹出的“梯形图输入”对话框中用键盘输入相应的软元件号，如“X0”，如图2-14所示。如果输入的元件有多项，则各项之

间用空格隔开，如“T0　K100”，如图 2-15 所示。梯形图输入元件对话框中的字母符号不区分大小写。

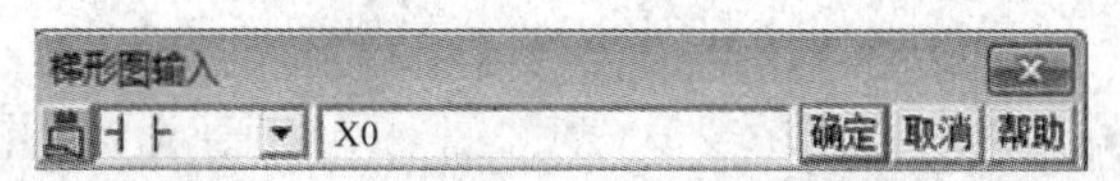

图 2-14　“梯形图输入”框(只需要输入单项)

图 2-15　“梯形图输入”框(需要输入多项)

注意：线圈和功能元件放置在每行的最后，触点元件放在它们的前面，触点元件、线圈或功能元件之间用连线连接起来。

GX Developer 编程软件还提供了丰富的编辑功能，如行/列插入、行/列删除、复制、粘贴、剪切等。

3. 程序的转换

编写完成的梯形图要保存或传送到 PLC 中运行时，必须转换格式。一般在程序编写的过程中需边编写边保存，因此，必须在程序的编写过程中进行格式转换。具体方法是单击菜单栏中的“变换(C)”，或者单击工具栏中的转换图标 或 (前者为批量转换，后者为即时转换)，转换过程也可以对所编写的梯形图程序进行语法检查，如果没有错误，其将被转换格式，同时编程界面梯形图由灰色变成白色，如图 2-16 所示。如果梯形图有错误，则出现错误信息提示。如果在没有完成转换的情况下关闭梯形图编辑界面，则该梯形图不能被保存。

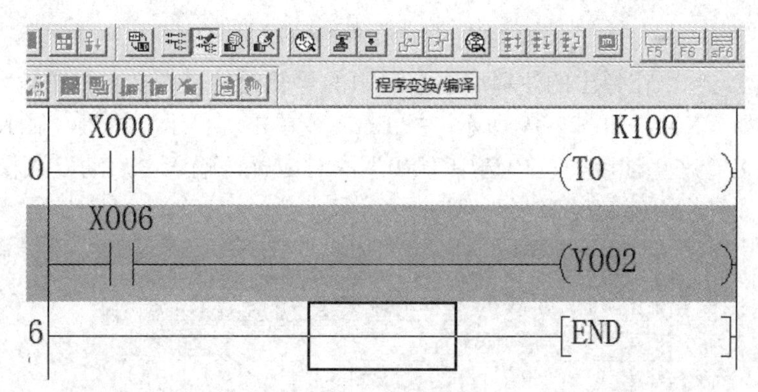

图 2-16　程序的转换

4. 创建软元件注释

软元件注释分为通用注释和程序注释两种。通用注释又称工程注释，如果在一个工程中创建了多个程序，则通用注释在所有的程序中有效。程序注释是程序内的有效注释，它是一个注释文件，在特定程序中有效。创建软元件注释的操作步骤如下：

(1) 通用注释的选择。单击菜单栏中的“显示(V)”→下拉菜单选项，如图 2-17 所示，选择“工程数据列表(P)”。单击窗口左边“软元件注释”前的“+”标记，再双击“树”下的“COMMENT”(通用注释)，如图 2-18 所示。

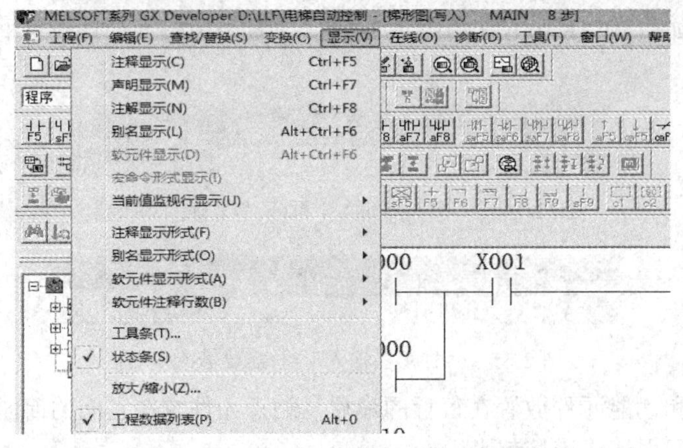

图 2-17　选择“工程数据列表”的方法

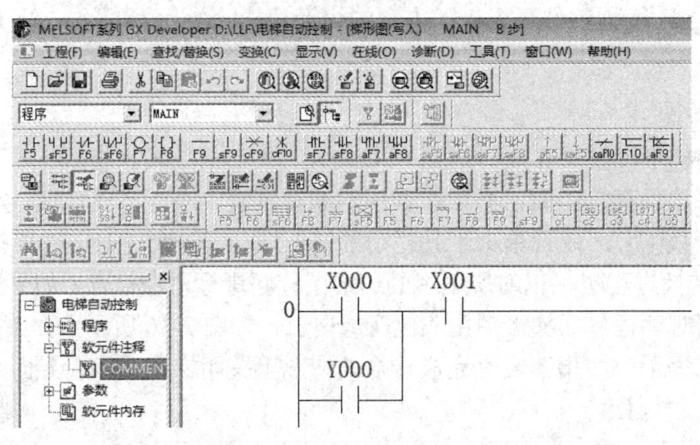

图 2-18　选择通用注释的方法

(2) 注释软元件。在弹出的注释编辑窗口中的“软元件名”文本框中输入需创建注释的软元件名，如“X0”，如图 2-19 所示；按 Enter 或单击“显示”按钮，显示出所有“X”系列的软元件名。在“注释”栏中选中“X0”的对应行，输入“启动”注释，如图 2-20 所示。注意：注释栏不能超过 32 个字符。

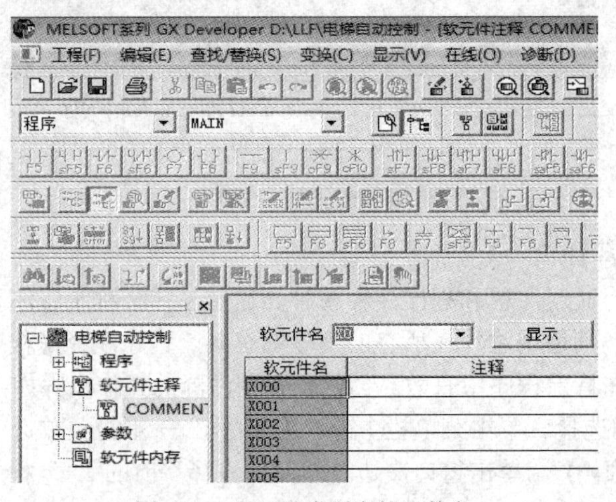

图 2-19　显示同类所有软元件名

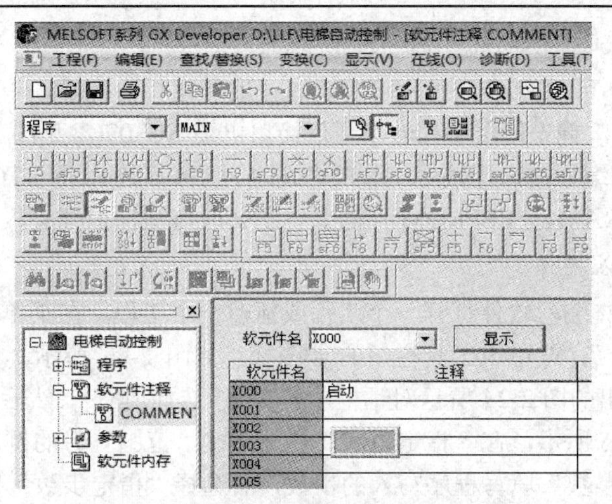

图 2-20　注释软元件名

(3) 查看注释软元件名。双击“工程数据列表(P)”中的“MAIN”，显示出梯形图窗口；在菜单栏中选择“显示(V)”→“注释显示(C)”，分别如图 2-21 和图 2-22 所示。这时，在梯形图窗口中可看到“X0”软元件下面有“启动”注释显示。

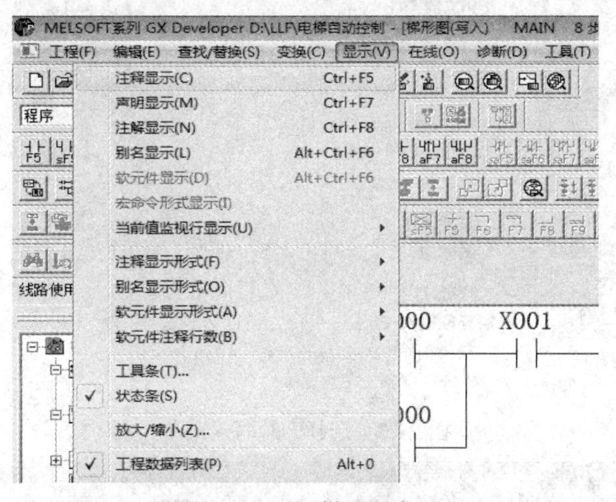

图 2-21　显示梯形图窗口

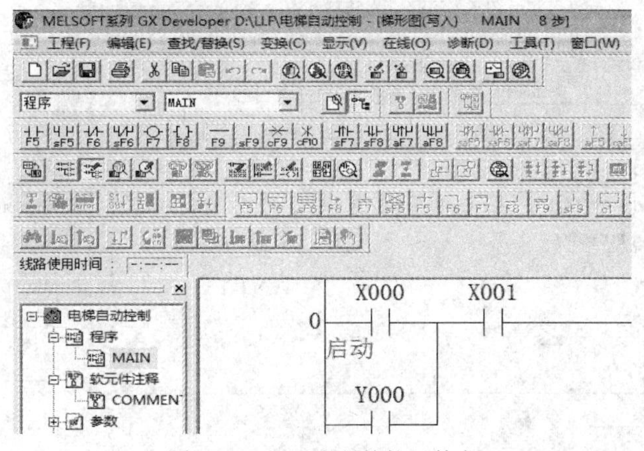

图 2-22　显示注释的软元件名

5. 在线

通过在线操作，可对 PLC 进行程序写入、读取和运行监视等。

对 PLC 操作前，首先使用编程转换通信接口电缆 SC-09(参见图 1-3(b))将编程电脑的 COM 串口和 PLC 的编程接口连接好。将 PLC 通电，把 PLC 的 RUN/STOP 开关扳动到 STOP 位置。如果使用了 RAM 或 EEPROM 存储卡，那么应将写保护开关扳动到 OFF 位置。

1) PLC 程序写入操作

用 GX Developer 编程软件打开一个工程或新建一个工程，在菜单栏中选择“在线(O)”→“PLC 写入(W)...”，或单击工具栏中的图标，如图 2-23 所示，将程序写入到相应类型的 PLC 中。在弹出的图 2-24 所示对话框中，单击“选择所有”，然后选择该对话框中“程序”选项，如图 2-25 所示，在“指定范围”栏下单击“范围”旁的倒三角符号，选择“全范围”(或者“指定步数”填写程序写入的步数，而选择“指定步数”操作可缩短程序传输时间)。

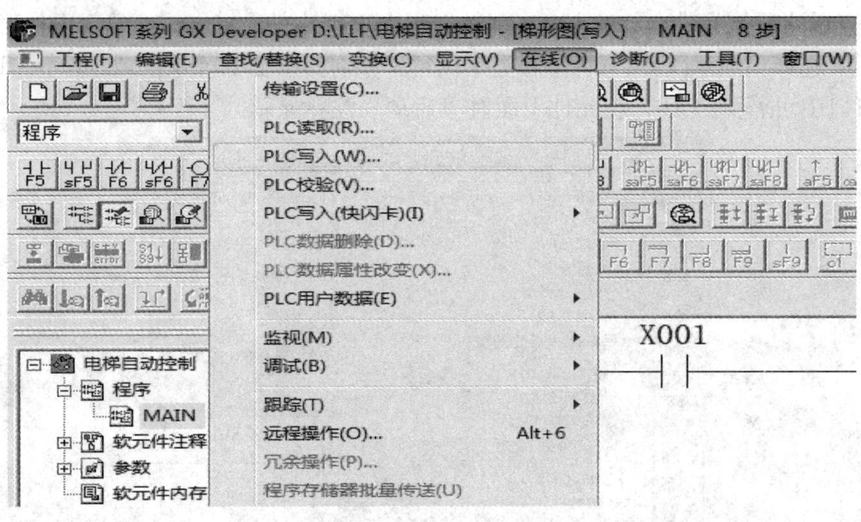

图 2-23　选择 PLC 写入菜单

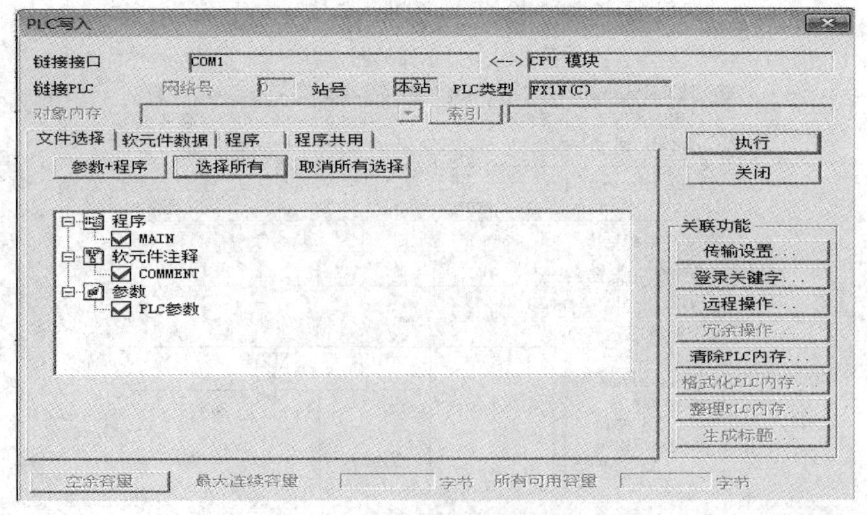

图 2-24　“选择所有”选项

2) 通信设置与测试

写入 PLC 程序必须进行通信设置与通信测试。

(1) 通信设置。在图 2-25 中，单击“传输设置…”，弹出如图 2-26 所示的对话框，设置 PLC 通信接口、项目、其他站。如果采用计算机与 PLC 直接连接，那么应选择串口通信。如果采用 USB 接口，双击图 2-26 界面中第一个图标“Serial USB(串行 USB)”，观察出现的新界面中 COM 端口，若 COM 端口与“我的电脑(计算机)”中的“资源管理器”显示的 COM 端口不一致，则修改为与当前计算机端口一致，并单击选择“RS—232C”，再单击“确定”按钮。对于 CPU 项目和其他站点，可对设定界面中的下划线文字双击，进行相应的详细设置，图标显示的连接为可选项，当图标显示为黄色时表示已选。

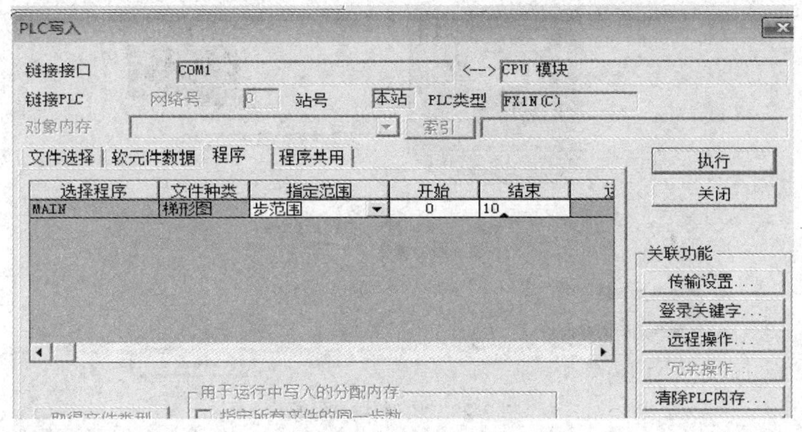

图 2-25　选择程序写入的步数

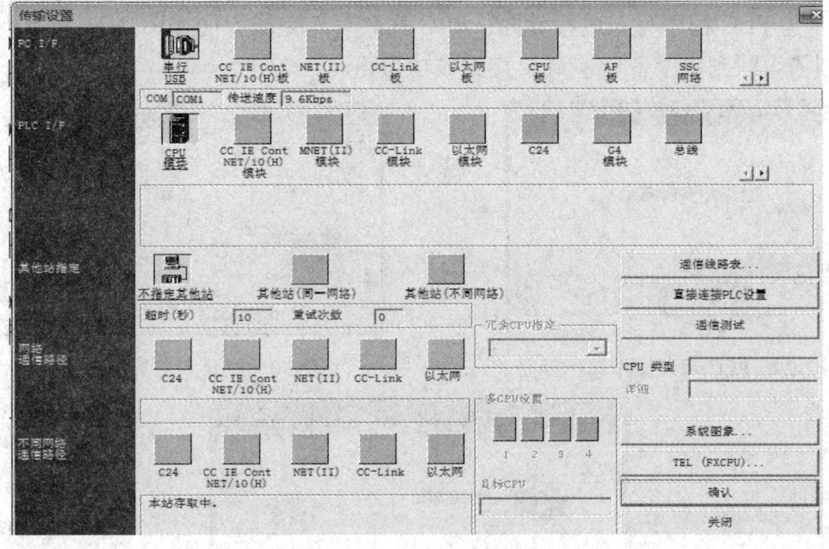

图 2-26　通信设置

(2) 通信测试。单击“通信测试”按钮，如图 2-27 所示，显示通信测试成功；如果不成功，则需要重新检查、设定通信设置，直至成功为止。然后单击“系统图像…”[1]，核对

① 在图 2-26 和图 2-28 中，该软件界面错把“图像”写成了“图象”，请读者注意。

系统构成图像，检查串口与PLC的CPU通信，如图2-28所示。

图2-27　通信测试成功

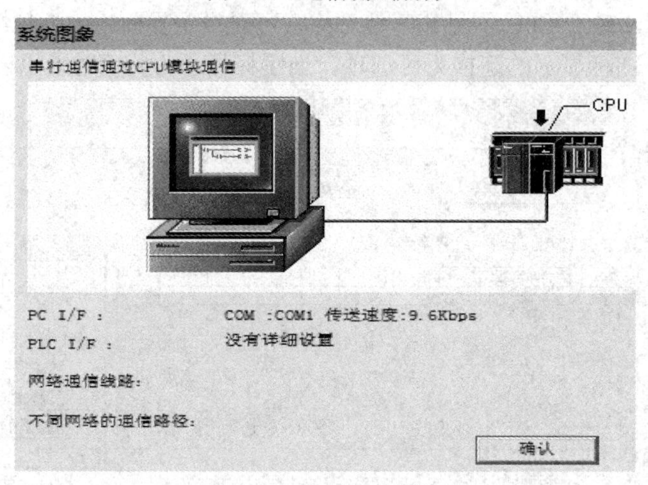

图2-28　核对构成图像

通信设置与测试完成后，可单击“执行”按钮，选择是否写入操作，如图2-29所示。图2-30所示为PLC程序写入过程界面；PLC程序写入完成界面如图2-31所示。如果写入不成功，则需返回到以上各步检查，直到成功为止。

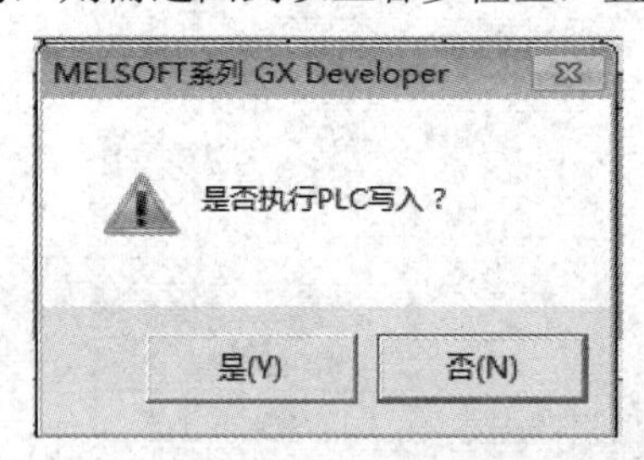

图2-29　PLC写入操作选择界面

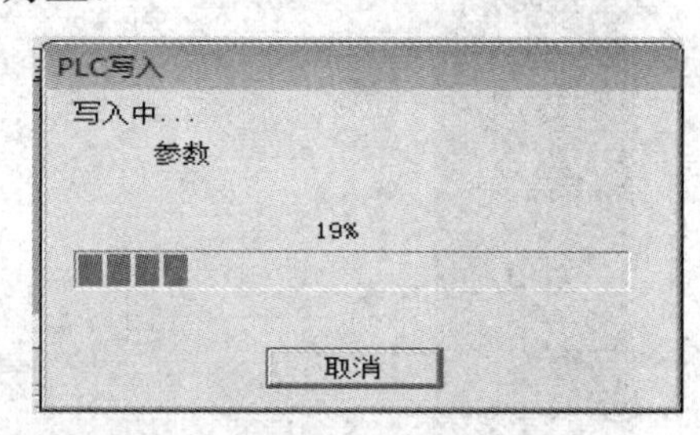

图2-30　PLC程序写入过程界面

图2-31　PLC程序写入完成界面

说明：通信设置与测试可以放在PLC程序写入操作之前进行。

3) PLC 内程序的读取

当 PLC 内有程序时，可将 PLC 程序读取到相应的软件中，操作步骤与写入的类似。在 GX Developer 编程软件中创建一个新工程，在菜单栏中选择“在线(O)”→“PLC 读取(R)…”，或者单击工具栏中的图标，即可将 PLC 中的程序读取到计算机中。

4) 运行监视

在 GX Developer 编程软件中，打开 PLC 中正在运行的程序，在菜单栏中选择“在线(O)”→“监视(M)”→“监视模式(M)”，如图 2-32 所示，可在计算机上观察到 PLC 的运行情况。置 ON 的元件，其梯形图符号显示为蓝色，如图 2-33 所示。在监视窗口上方显示 PLC 扫描时间，如图 2-34 所示。3 ms 表示监视 PLC 的 CPU 最大扫描时间；STOP 表示监视 PLC 的 CPU 运行状态；黑圆点表示监视实行状态，它在监视实行中会闪烁。

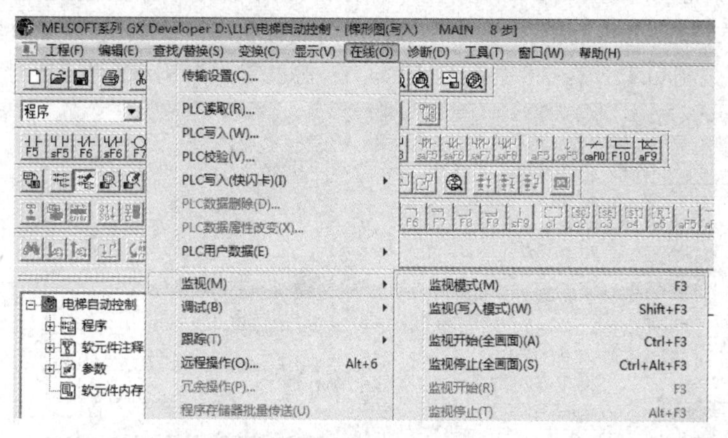

图 2-32　监视模式操作方法

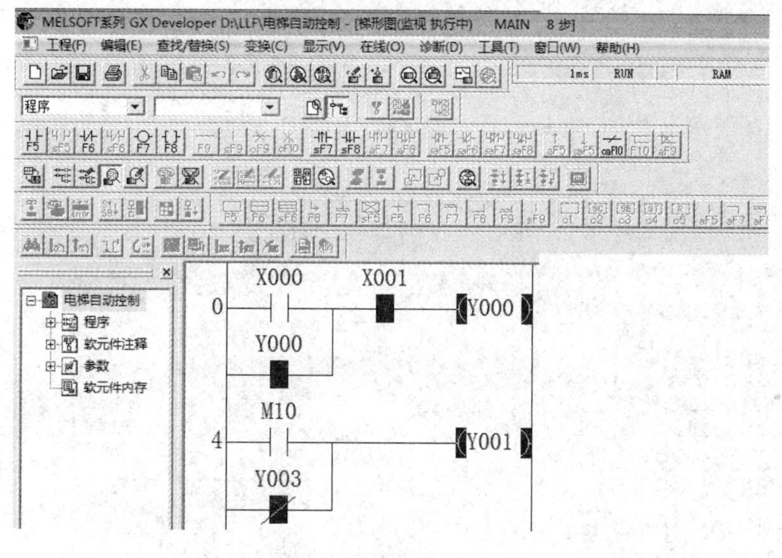

图 2-33　监视状态界面

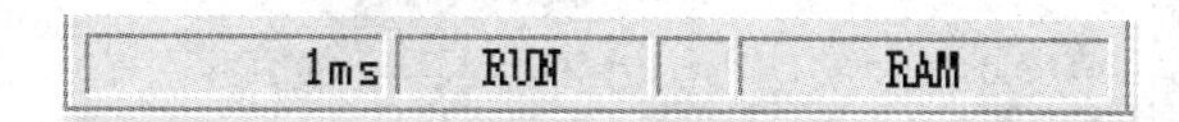

图 2-34　PLC 扫描时间状况显示

5) 远程操作

写程序或运行 PLC 程序时，需扳动 PLC 上的操作 RUN/STOP 开关，次数多了，容易把它损坏。采用该软件的“远程操作”，既方便又克服了损坏硬件的问题。

在 GX Developer 工程界面，在菜单栏选择“在线”，在下拉菜单选项中单击“远程操作”选项，根据需要选择 RUN 或者 STOP，等待相应的指示灯亮起后单击“关闭”即可。

6. 程序调试

程序调试的功能是将创建的工程程序写入 PLC 后再通过软元件测试来调试程序。在菜单栏中选择“在线(O)”→“调试(B)”→“软元件测试(D)…”，如图 2-35 所示；或者单击工具栏上的快捷图标，进入调试状态。以电梯自动控制工程为例，将程序运行于监视模式，在图 2-36 所示对话框的“软元件”文本中输入需要调试的软元件，单击选项“强制 ON”或“强制 OFF”、“强制 ON/OFF 取反”，观察位软元件的运行状态，检查用户程序是否正确。如输入 X0，单击“强制 ON”，在 X0 强制 ON 后，Y0 等就置为 ON，梯形图符号显示为蓝色。

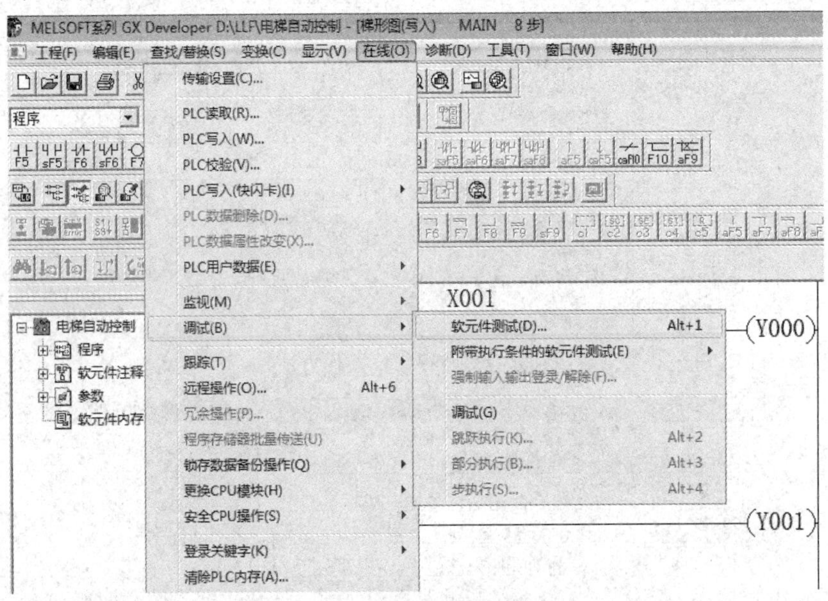

图 2-35　程序调试选项窗口

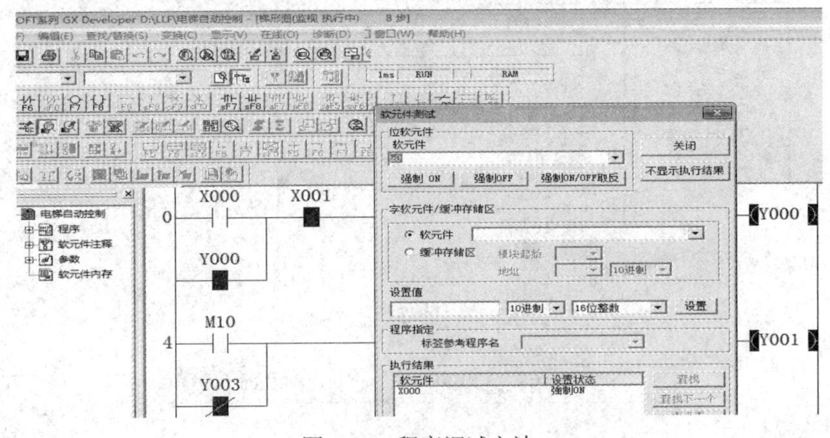

图 2-36　程序调试方法

7. 在监视状态下修改梯形图程序

当 PLC 与计算机通信良好且显示为梯形图时，在菜单栏中选择“在线(O)”→“监视(M)”→“监视(写入模式)(W)”，如图 2-37 所示；或者单击工具栏中的图标，启动程序“监视(写入)模式”，在这种模式下就可以在线修改程序，并实时写入 PLC，改变 PLC 运行状态。在所弹出的对话框中可确认相应选项和进行 PLC 校验，分别如图 2-38 和图 2-39 所示。

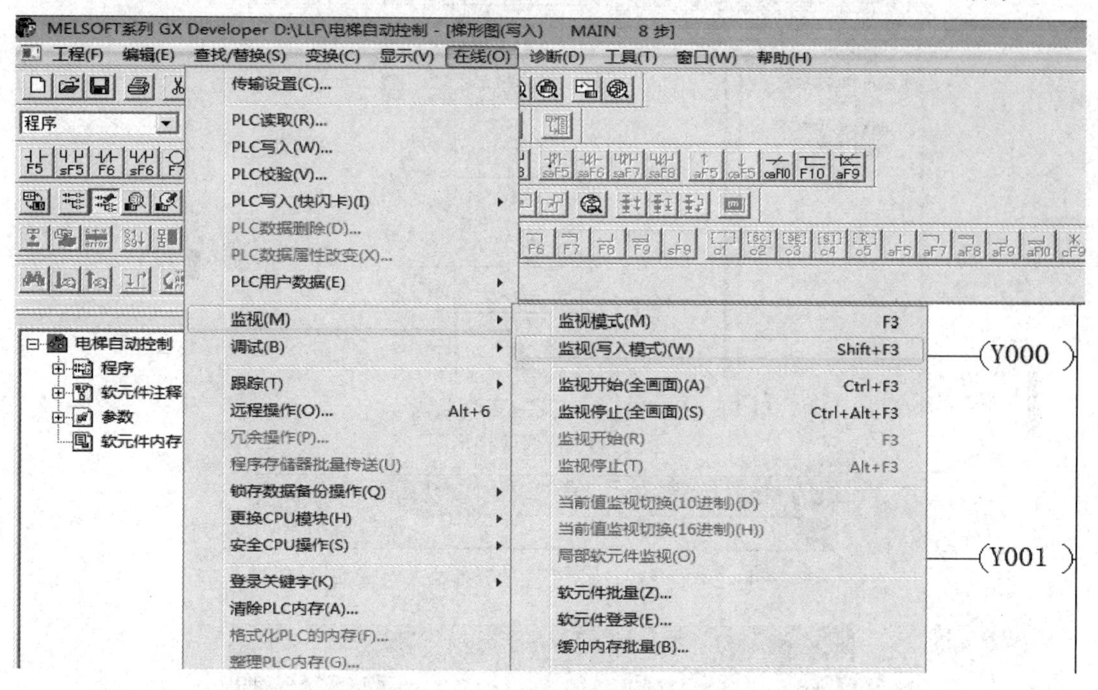

图 2-37　监视(写入模式)操作方法

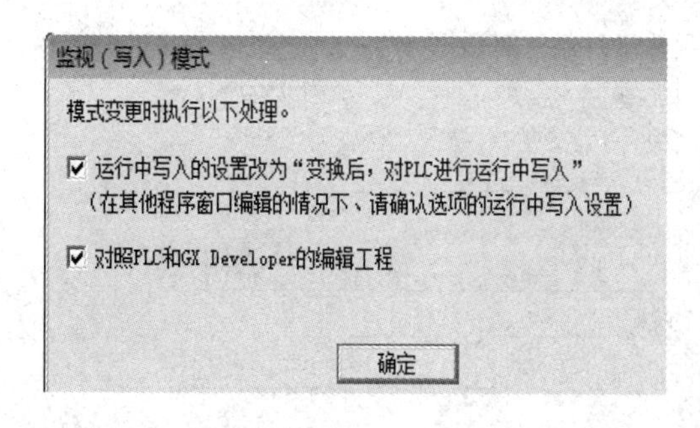

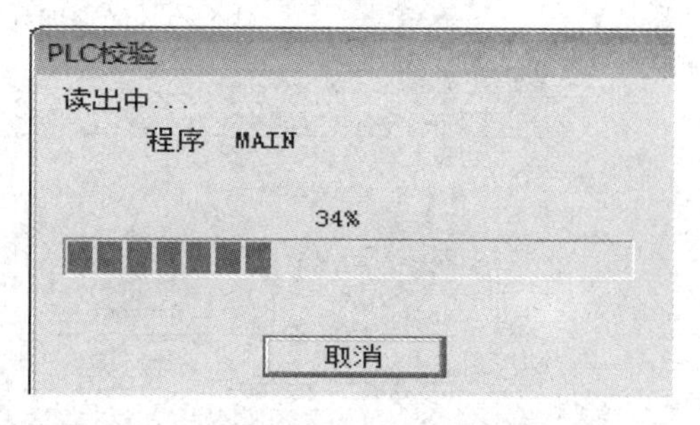

图 2-38　监视(写入)模式下确认选项　　　图 2-39　PLC 校验

现以将图 2-40 中所示 Y003(光标处为选中)修改为 X003 为例，双击“Y003”，出现“梯形图输入”对话框，如图 2-41 所示；将 Y003 修改为 X003，其他不变，如图 2-42 所示，然后单击“确定”按钮。此时修改处变成灰色(等待变换)，如图 2-43 所示；单击菜单栏中的“变换(C)”→“变换(运行中写入)(R)”，弹出变换确认对话框，如图 2-44 所示。在变换结束后，数据已写入，单击“确定”按钮即可，如图 2-45 所示。

在图 2-46 中可以看到，Y003 已改为 X003。在 PLC 上接通 COM 与 X3，此时窗口的 X3 动断(常闭)触点显示为断开状态，如图 2-47 所示，说明梯形图程序修改成功。

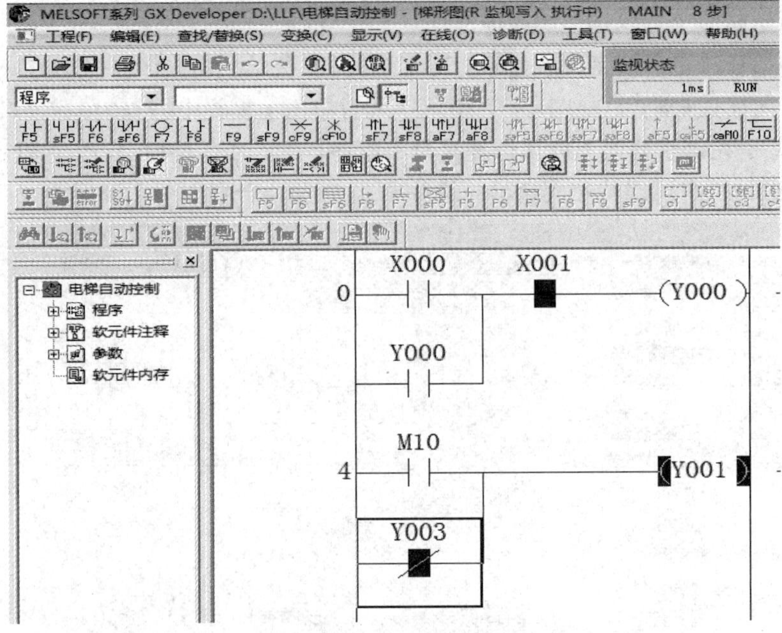

图 2-40　待修改梯形图

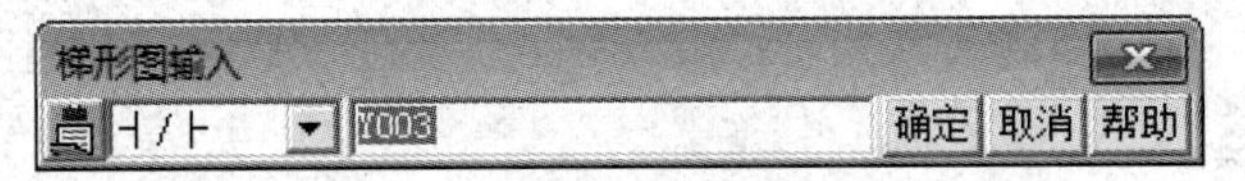

图 2-41　待修改梯形图软元件输入对话框

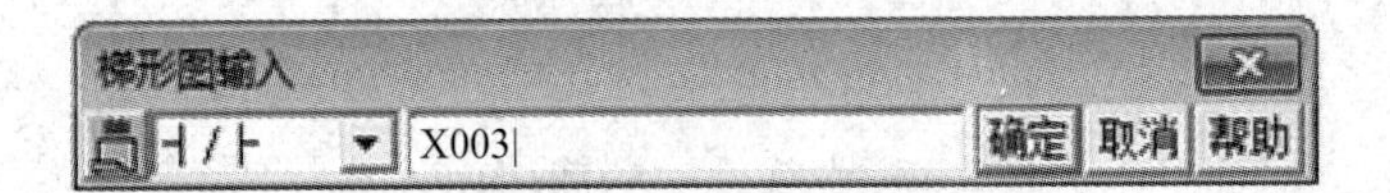

图 2-42　梯形图软元件修改输入对话框

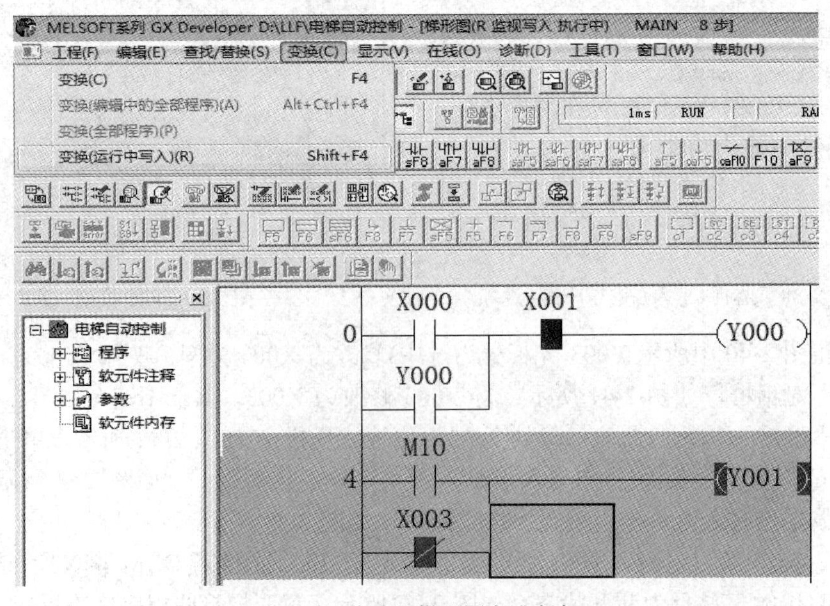

图 2-43　修改处梯形图变成灰色

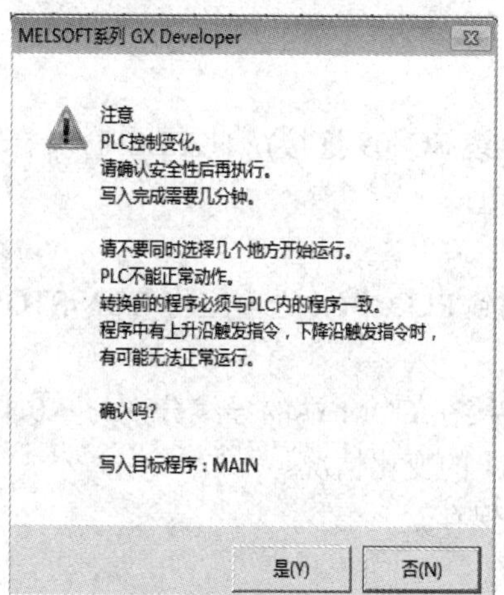

图 2-44 变换确认对话框

图 2-45 变换结束确认对话框

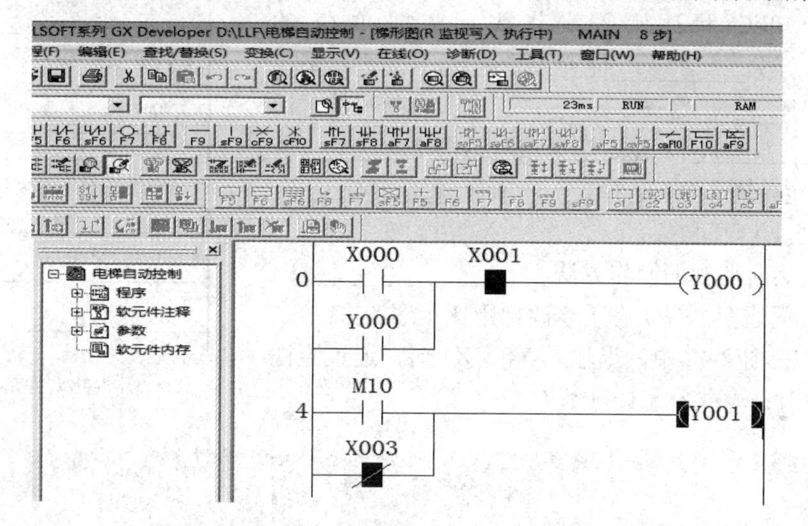

图 2-46 Y003 成功修改为 X003

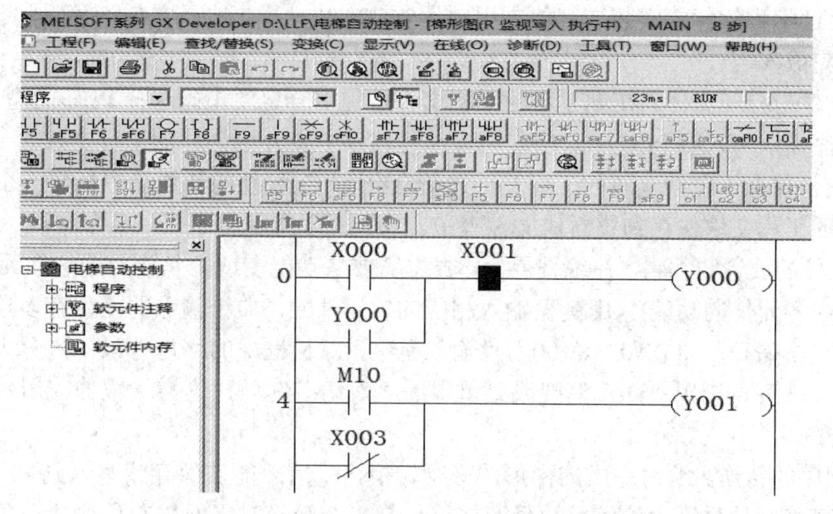

图 2-47 梯形图程序修改成功

【任务实施】

(1) 做好编程电脑与PLC的通信连接(用电缆SC-09连接)，将PLC输入端子的公共端COM连接一根线备用。给PLC电源端子通上电。

(2) 将图2-48所示的梯形图输入到电脑中。

(3) 将编写完成的梯形图转换、传送(写入)到PLC中(传送前应将RUN/STOP开关扳动到STOP位置)。

(4) 在编程界面监视PLC运行状态。用连接在COM端的导线分别与X0、X1相连，观察监视界面中各元件的变化，并讨论X0、X1的变化情况。

(5) 将PLC中的程序读取到编程电脑中并保存。

【思考练习题】

2-2-1　PLC程序写入操作前，应把PLC的RUN/STOP开关__________位置才能进行，具体方法是在菜单栏中选择________→______________，在弹出的对话框中单击____________，然后选择该对话框中_________选项，在“指定范围”栏下选择______或者______________，后者可缩短写入时间。

2-2-2　运行监视的操作方法____________________。

2-2-3　简述在监视状态下修改梯形图程序的方法。

2-2-4　在图2-48中，当输入X0、X1时，通过监视发现它们有什么变化？怎样理解？

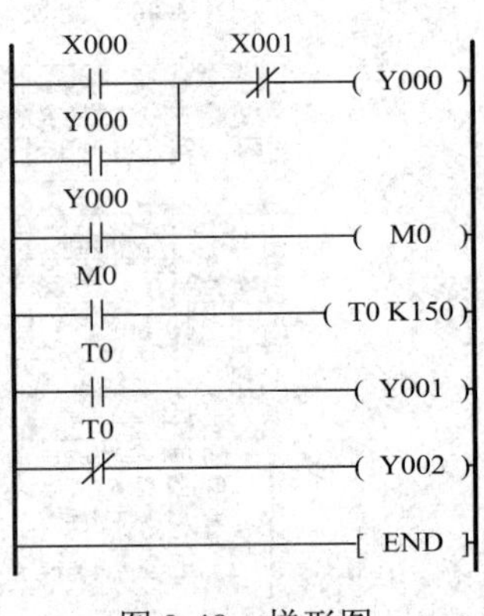

图2-48　梯形图

本项目小结

1. PLC编程软件的安装与其他应用软件安装方法一样，选择安装路径后，按照“下一步”提示完成安装。

2. 新建与打开文件。在创建新的工程文件过程中一定要正确选择PLC的型号，否则，编写的程序无法写入到PLC中。应在相应编程软件中打开已创建的工程文件。

3. 文件保存。在创建新的工程文件之前应在除C盘外的其他盘中新建一个文件夹，将新创建的工程文件保存到该新建文件夹中。

4. 元件的放置与编辑。在编程界面，根据需要从功能图或工具栏等中选取元件时，(熟悉功能图中各元件的功能)，用键盘输入相应的软元件号，如果输入的元件有多项，那么各项之间用空格隔开，如“T0　K100”。“输入元件”对话框中的字母符号不区分大小写。删除连线或元件可直接用“DEL”键或菜单中的“剪切”选项，这与一般的应用软件编辑是相同的。

5. 程序的转换。编写完成的梯形图必须转换格式后才能被保存或写入到PLC中运行，一般在程序编写的过程中边编写边保存较好。梯形图转换时界面由灰色变成白色，如果梯形图有错误，将出现错误信息，此时不能转换。

6. 程序的写入与读取。程序编写完成后，将编程电脑的 COM 串口和 PLC 的编程接口(RS-422)连好，并设置好编程电脑的通信参数和端口。下载程序参数前把 PLC 的 RUN/STOP 开关扳动到 STOP 位置。在写入程序时，在弹出的界面中选择“指定步数”，以减少写入的时间。读取 PLC 中的程序与写入的操作方法类似。

7. PLC 的监视。PLC 的监视可以监测到 PLC 内部元件的运行状态。元件变为蓝色表示接通、运行。在编程界面菜单栏中单击“在线(O)”→“监视(M)”→“监视模式(M)”，或者单击工具栏上监视图标，进入监视界面。

8. 程序调试。将已创建的工程程序写入 PLC 后，通过强制软元件的状态来测试调试程序。在菜单栏中选择“在线(O)”→“调试(B)”→“软元件测试(D)…”，选择“强制 ON”或“强制 OFF”、“强制 ON/OFF 取反”，观察软元件的运行状态，检查用户程序是否正确。运行软元件的梯形图符号显示为蓝色。

项目三　三菱 PLC 基本指令编程

【项目概述】

通过前面介绍已经熟悉了继电接触器控制电路，应用 PLC 内部继电器、定时器、计数器等软元件可将继电接触器控制电路转变为 PLC 梯形图。应用 PLC 基本指令通过计算机对 PLC 进行程序编辑、调试、修改及运行状态的监视。完成编程工作后，安装、连接好 PLC 外部电路即可完成一个 PLC 控制电路。

任务一　三相异步电动机连续运行控制

【任务目标】

(1) 能将用继电器控制的三相异步电动机连续运行电路转变为 PLC 梯形图。
(2) 懂得 PLC 程序设计步骤及 PLC 基本指令的意义与应用。

【任务分析】

在“电机与电气控制技术”课程中，我们学习了由继电器、接触器、按钮(或开关)等组成的继电接触器控制系统控制电动机的启动、反向、调速、停车等操作，对用接触器控制三相异步电动机连续运行的电路比较熟悉，如图 3-1 所示。下面将介绍用 PLC 实现三相异步电动机连续运行控制。

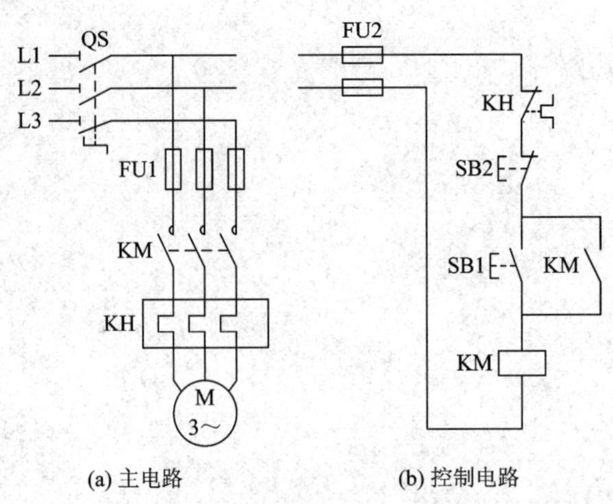

(a) 主电路　　(b) 控制电路

图 3-1　接触器控制三相异步电动机连续运行的电路

【知识链接】

1. 主电路

PLC 实现三相异步电动机连续运行控制的主电路与用接触器控制三相异步电动机连续运行的电路是一样的，不再赘述。

2. 控制电路

在继电器控制电路中，接触器 KM 的线圈由相关触点连接的电路驱动，如图 3-1(b)所示。在 PLC 控制电路中，KM 线圈与 PLC 输出继电器 Y 的输出点(Y0、Y1、Y2…)相连接，由 PLC 驱动。这里设定 Y0 与 KM 线圈相连接。启动按钮 SB1、停止按钮 SB2、热继电器 KH 常闭触点等作为输入量分别与 PLC 的输入端子 X0、X2、X4 相连接。因此，可确定 I/O 地址(编号)的分配，参见表 3-1。

表 3-1　I/O 地址(编号)分配表

输入(I)		输出(O)	
地址编号	名称与代号	地址编号	名称与代号
X0	启动按钮 SB1	Y0	KM 线圈
X2	停止按钮 SB2		
X4	热继电器 KH		

3. 常闭触点输入在梯形图中的处理

在继电器控制电路中停止按钮总是采用常闭触点。在 PLC 控制电路中，如果输入端(X0、X1、…)输入常闭触点，如图 3-2 中 X2、X4，则它们对应的输入继电器线圈(X2)、(X4)得电，相应的常开、常闭触点动作，即常开触点闭合、常闭触点断开，但在梯形图中只能出现输入继电器的常开、常闭触点，而不能出现输入继电器的线圈。因此，如果 PLC 的输入为常闭触点，则其在梯形图中应为常开触点，(请理解图 1-14 所示的输入继电器电路和图 1-18 所示的 PLC 控制系统等效电路)。所以，对于停止按钮和热继电器的输入可采用两种方法处理。

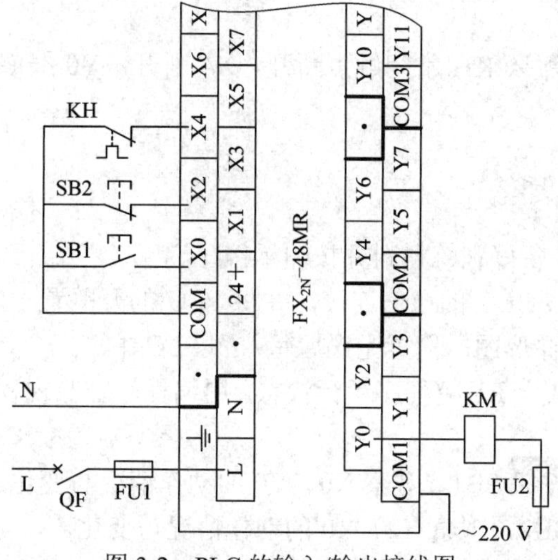

图 3-2　PLC 的输入/输出接线图

方法一：停止按钮和热继电器均采用常闭触点输入，则其在梯形图中应为常开触点(这与继电器控制图相反)。

方法二：停止按钮和热继电器均采用常开触点输入，则其在梯形图中应为常闭触点(这与继电器控制图相同)。生产实践中，停止按钮和热继电器一般采用常闭触点，这样有利于提高操作的灵敏性，保障生产安全。

注意：启动按钮输入触点为常开，其在梯形图中应仍为常开触点。

4. 梯形图程序设计与原理分析

对照继电器控制电路图 3-1(b)进行梯形图程序设计。输入触点采用上述方法一(即停止按钮和热继电器均采用常闭触点输入)，输出继电器为 Y0 对应 KM，则电动机连续运行控制的梯形图程序设计如图 3-3 所示。

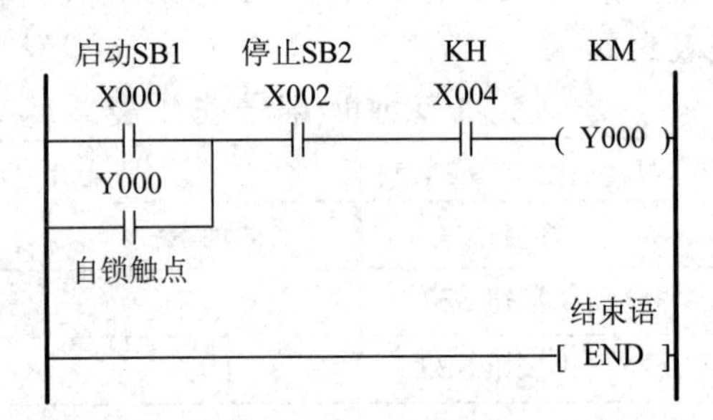

图 3-3　电动机连续运行控制梯形图(方法一)

在图 3-3 中，左右两边的粗竖线为左、右母线，相当于继电器控制电路中的电源线。当 PLC 上电时，由于停止按钮 SB2 和热继电器 KH 采用常闭触点输入，因此对应输入继电器 X2、X4 的线圈得电，其常开触点 X2、X4 闭合。按下启动按钮 SB1，常开触点 X0 闭合，则输出继电器 Y0 线圈得电，Y0 的常开触点闭合自锁，使交流接触器 KM 线圈得电，KM 主触点闭合，电动机得电连续运行。

按下停止按钮 SB2，输入继电器 X2 的线圈失电，其常开触点 X2 恢复断开，Y0 线圈失电，Y0 的常开触点恢复断开解除自锁，KM 线圈失电，KM 主触点断开，电动机失电停止运行。

如果电动机过载，那么 KH 常闭触点断开，X4 断开，Y0 线圈失电，电动机失电停止运行。

【任务实施】

(1) 按图 3-2 所示准备好训练材料并按图示接线。

(2) 做好编程电脑与 PLC 的通信连接，并将 PLC 的开关置于 STOP(编程状态)，编写电动机连续运行控制的梯形图，检查无误后写入到 PLC 中。

(3) 将 PLC 的开关置于 RUN(程序运行状态)，用编程电脑监视程序运行情况并观察 PLC 的运行情况。

① 按下/松开启动按钮 SB1，观察 X0、Y0 的动作情况与变化。

② 按下停止按钮 SB2，观察 X2、Y0 的动作情况与变化。

(4) 如果停止按钮和热继电器均采用常开触点输入(即上述方法二)，请编写电动机连续运行控制的梯形图，并重做上述“知识链接”3 的过程。停止按钮和热继电器均采用常开触点输入控制电动机连续运行的梯形图如图 3-4 所示。工作原理请自行分析。

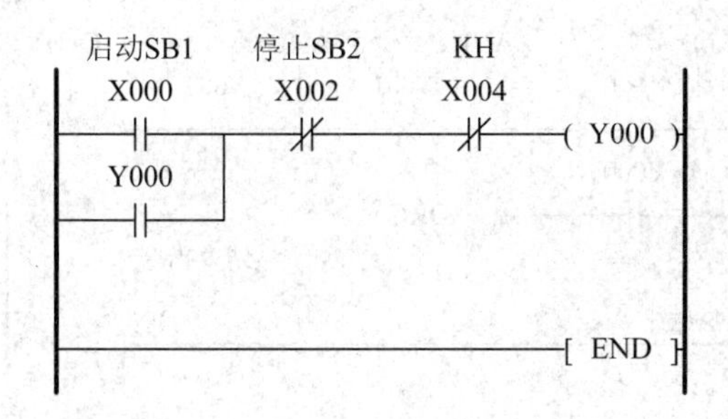

图 3-4　电动机连续运行控制梯形图(方法二)

【知识拓展】

编写电动机连续运行控制梯形图(参见图 3-3 和图 3-4)，变换格式后，单击菜单“显示(V)”→下拉菜单“列表显示”，可以看到对应的指令表，图 3-5 所示分别为对应的指令表(方法一)、(方法二)。

0	LD	X000
1	OR	Y000
2	AND	X002
3	AND	X004
4	OUT	Y000
5	END	

(a) 指令表(方法一)

0	LD	X000
1	OR	Y000
2	ANI	X002
3	ANI	X004
4	OUT	Y000
5	END	

(b) 指令表(方法二)

图 3-5　电动机连续运行控制语句表

指令表又叫语句表程序，用于手持式编程器编写程序(现在基本上不采用手持式编程器编写程序，本书不再介绍其使用方法)，其中各指令的含义如下：

(1) LD、LDI 指令。LD 与 LDI 指令分别用于常开、常闭触点与左母线的连接，其操作的目标元件(操作数)为 X、Y、M、T、C、S。具体使用分别如图 3-6、图 3-7 所示。

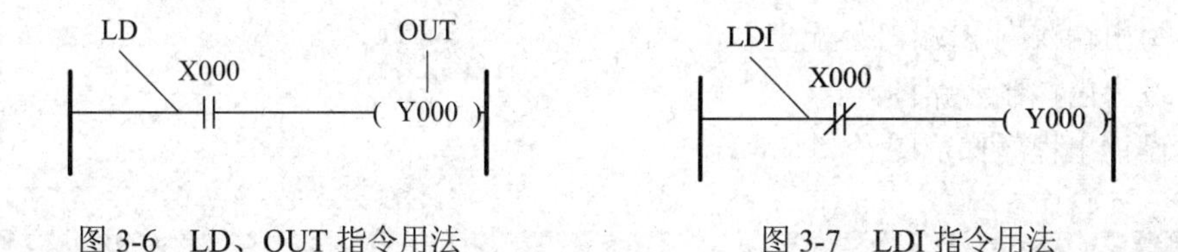

图 3-6　LD、OUT 指令用法　　　　图 3-7　LDI 指令用法

(2) OUT 指令。OUT 指令是驱动线圈输出指令，用于程序段的逻辑运算结果去驱动一个指定的线圈，具体使用如图 3-6 所示。它可驱动输出继电器、辅助继电器、定时器、计数器、状态继电器和功能指令等，但不能驱动输入继电器；其目标元件为 X、Y、M、T、C、S。它可并行输出，在梯形图中相当于线圈并联。注意：输出线圈不能串联使用。对定时器、计数器的输出，除使用 OUT 指令外，还必须设置时间常数 K 或指定数据寄存器的地址，其中时间常数 K 要占用一步。

(3) AND 与 ANI 指令。AND、ANI 指令分别用于继电器的常开、常闭触点与其他触点的串联。AND、ANI 指令操作的目标元件为 X、Y、M、T、C、S。具体使用如图 3-8 所示。

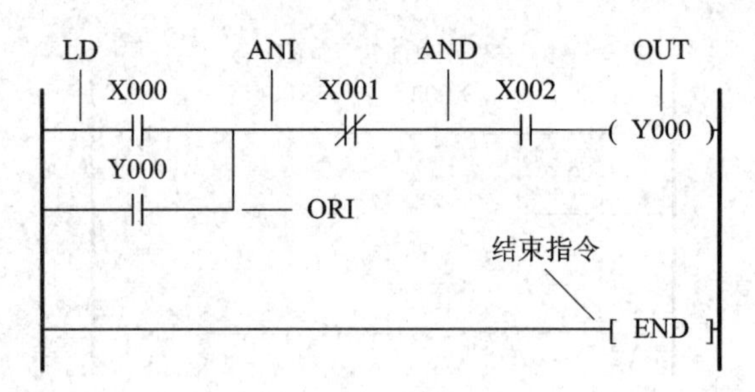

图 3-8　指令的应用

(4) OR 与 ORI 指令。OR、ORI 指令分别用于并联单个常开、常闭触点，表示该指令后的操作元件从此位置一直并联到离此条指令最近的 LD 或 LDI 指令上，并联的数量不受限制，具体使用如图 3-8 所示。

(5) END 指令。END 指令表示程序结束返回程序开始，完整的程序必须有 END 指令，如图 3-8 所示。

【思考练习题】

3-1-1　停止按钮和热继电器的常闭触点在 PLC 的梯形图编程中如何处理？

3-1-2　试一试。在三菱 FXGP-WIN-C 编程界面用键盘输入如下语句指令，观察其梯形图并分析功能。

语句指令：LD　X0；OR　Y0；ANI　X1；OUT　Y0；LD　X2；OR　Y1；ANI　X2；AND　Y0；OUT　Y1；END。

3-1-3　将按钮 SB1、SB2 分别连接到 PLC 的输入接口 X0、X1 上，在输出端口 Y0 上连接指示灯 HL。控制要求：

(1) 按下 SB1 时，HL 灯亮；松开 SB1 时，HL 灯灭。

(2) 按下 SB1 时，HL 灯亮；松开 SB1 时，HL 灯仍亮，按下 SB2 时，HL 灯灭。请完成：

(1) 写出输入/输出端口分配表。

(2) 设计出控制线路图。

(3) 设计出程序梯形图。

任务二　三相异步电动机正反转控制

【任务目标】

(1) 能熟练地将用继电器控制的三相异步电动机正反转控制电路转变为 PLC 梯形图。

(2) 在电脑监视状态下观察 PLC 内部软元件联锁的情形并能理解其意义。

【任务分析】

用按钮、接触器双重联锁控制三相异步电动机的正反向运行，在安装接线时比较繁琐，很容易出错，尤其是按钮联锁部分的接线更是容易出错。如果用 PLC 程序完成控制电路，用 PLC 内部软元件进行联锁，那么安装接线就容易得多了。

【知识链接】

下面介绍 PLC 的工作原理。可编程序控制器由于采用了与微型计算机相似的结构形式，其执行指令的过程与一般的微型计算机相同，但是其工作方式却与微型计算机有很大的不同。微型计算机一般采用等待命令的工作方式，如常见的键盘扫描方式或 I/O 扫描方式，当有键被按下或 I/O 动作时，则转入相应的子程序；若无键被按下，则继续扫描。PLC 则采用循环扫描的方式，其工作过程如图 3-9 所示。

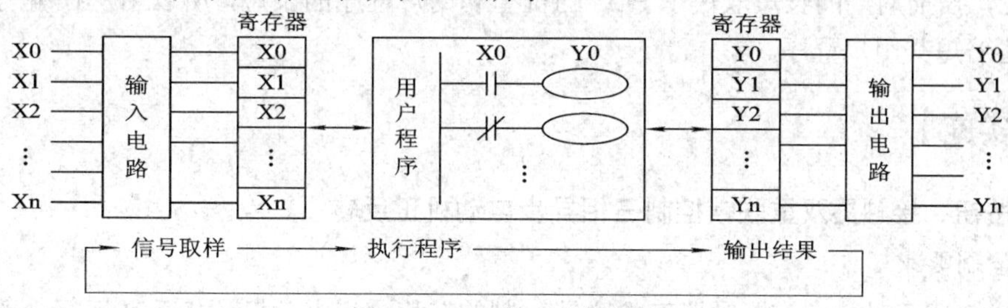

图 3-9　PLC 的工作过程图

1. 初始化

可编程序控制器每次在电源接通时，将进行初始化工作，主要进行清零操作，包括 I/O 寄存器和辅助继电器、定时器、计数器复位等。初始化完成后则进入周期扫描工作方式。

2. 公共处理

公共处理部分主要包括以下内容：

(1) 监视钟清零。主机的监视钟实质上是一个定时器，PLC 在每次扫描结束后使其复位。当 PLC 在 RUN 或 MONITOR 方式下工作时，若定时器检查 CPU 的执行时间超出监视钟的整定时间，则表示 CPU 有故障。

(2) 输入/输出部分检查。

(3) 存储器检查及用户程序检查。

3. 通信

PLC 检查是否有与编程器或计算机通信的要求，若有，则进行相应的处理。如接收由编程器送来的程序、命令和各种数据，并把要显示的状态、数据、出错信息等发送给编程器进行显示等。如果有与计算机通信的要求，那么也在这段时间完成数据的接收和发送任务。

4. 读取现场信息

PLC 在这段时间对各输入端扫描，将各输入端的状态送入输入状态寄存器中，这就是输入取样阶段。以后当 CPU 需查询输入端的状态时，只访问输入寄存器即可，而不再扫描各个输入端。

5. 执行用户程序

PLC的CPU将用户程序的指令逐条调出并执行，以对最新的输入状态和原输出状态(这些状态也称为数据)进行处理，即按用户程序对数据进行算术运算和逻辑运算，然后将运算结果送到输出寄存器中(注意：这时并不立即向PLC的外部输出)，这就是用户程序执行阶段。

6. 输出结果

当可编程序控制器将所有的用户指令执行完毕时，会集中把输出状态寄存器的状态通过输出部件向外输出到被控设备的执行机构，以驱动被控设备，这就是输出刷新阶段。

可编程序控制器经过“公共处理”到“输出结果”这五个阶段的工作过程，称为一个扫描周期。完成一个扫描周期后，又重新执行上述过程，扫描周而复始地进行。在每个扫描周期内，PLC的程序是自上而下、从左到右执行的。扫描周期是PLC的重要指标之一，扫描时间越短，PLC控制的效果越好。

可见，扫描周期的长短取决于PLC的机型和用户程序的长短，所以用户在编写程序时尽可能地缩短其用户程序。

【任务实施】

1. 按钮、接触器双重联锁控制三相异步电动机正反转

1) 控制要求

图3-10所示是按钮、接触器双重联锁控制的三相异步电动机的正反转运行电路，请用PLC实现三相异步电动机正反转控制。

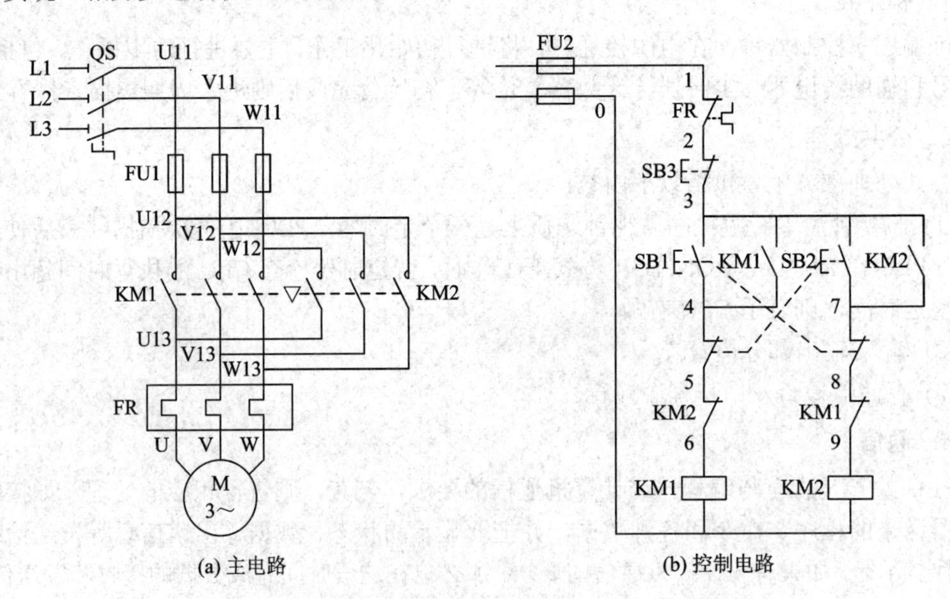

(a) 主电路　　　　(b) 控制电路

图3-10　按钮、接触器双重联锁控制三相异步电动机正反转运行电路

2) 用PLC程序实现三相异步电动机正反转控制的方法与步骤

用PLC控制三相异步电动机的正反转，它的主电路不变，只是用PLC程序完成其控制电路。从本书项目一的任务二中我们知道，PLC的输入继电器X接收到外界信号被驱动

后，其对应的常开软触点闭合、常闭软触点断开。如果将它的常闭软触点连接到相应的电路中就可进行联锁控制。同样地，输出继电器也可这样进行联锁控制。

(1) PLC 的 I/O 地址分配。I/O 地址分配参见表 3-2。

表 3-2　I/O 地址分配表

输入(I)		输出(O)	
地址编号	名称与代号	地址编号	名称与代号
X0	正转启动(正启)按钮 SB1	Y0	KM1 线圈
X1	反转启动(反启)按钮 SB2	Y1	KM2 线圈
X4	停止按钮 SB3/热继电器 KH		

(2) PLC 接线图。PLC 输入/输出接线图如图 3-11 所示。

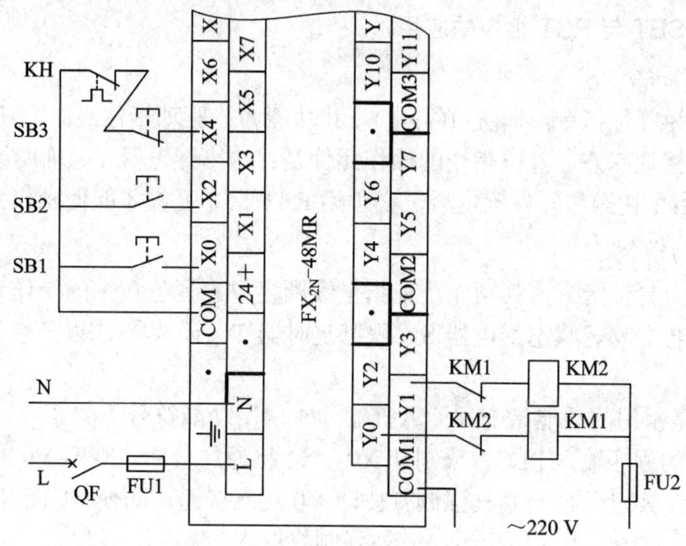

图 3-11　PLC 输入/输出接线图

(3) 控制电路的程序设计。双重联锁的正反转控制电路程序设计如图 3-12 所示。

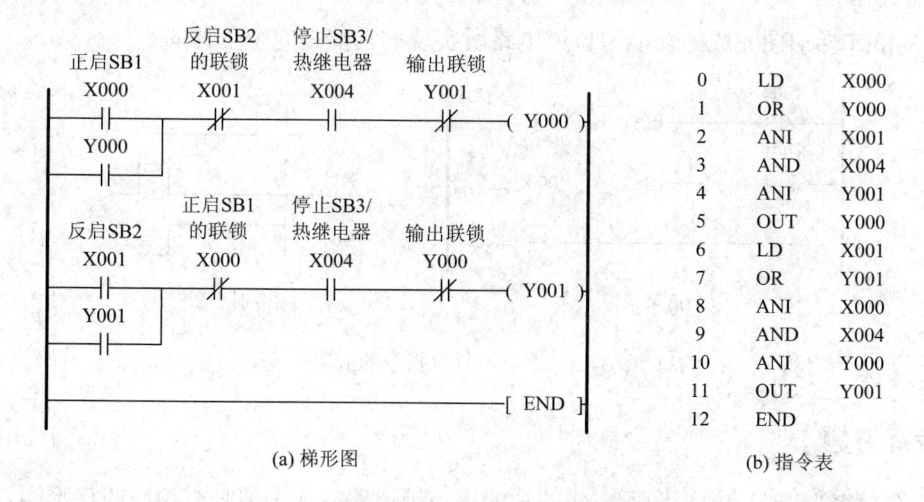

图 3-12　双重联锁的正反转控制电路程序设计

程序说明如下：热继电器 KH 和停止按钮 SB3 均采用常闭触点(串联)，当 PLC 上电时，X4 闭合。按下正转启动按钮 SB1，X0 常开触点闭合，Y0 线圈得电，Y0 常开触点闭合自锁，电动机正转运行，同时 Y0、X0 的常闭触点断开，实现对 Y1 的联锁。反转电路的工作原理与此相同。当按下停止按钮 SB3 或热继电器 KH 动作时，电动机停止。

(4) 程序输入。将所设计的控制电路程序输入到计算机并写入 PLC 中。

(5) 安装接线与调试。按照主电路和 PLC 的 I/O 接线图接线，按要求通电试验并通过计算机监视、调试与修改程序。

提示：在梯形图中已经进行了 Y0、Y1 互锁，但为了在控制程序设计错误或 PLC 受到外界干扰而导致 Y0、Y1 同时输出的情况下，避免正反转接触器 KM1、KM2 同时得电造成主电路短路，所以在 PLC 的外部加上 KM1、KM2 常闭触点进行联锁。这种联锁方式称为“硬联锁”；程序中 Y0、Y1 的常闭触点联锁称为“软联锁”。

2. 小实验：SET 与 RST 指令的应用

1) SET(置位)指令

SET 指令称为置位指令，即置 1(得电)。其功能为：驱动指定线圈，使其具有自锁(或记忆)功能，维持接通状态。置位指令的操作元件是：输出继电器 Y、辅助继电器 M、状态继电器 S。SET 指令使操作元件置位后，必须用 RST 指令复位才能使操作元件失电。

2) RST(复位)指令

RST 指令称为复位指令，其功能是使指定线圈复位。复位指令的操作元件是：输出继电器 Y、辅助继电器 M、状态继电器 S、积算定时器 T、计数器 C 以及字元件 D 和 V、Z 的清零操作。

SET、RST 是常用的功能指令。计算机输入时请用功能符号“[ ]”。

将图 3-13(a)的程序输入 PLC，分别让 X0、X1 接通、分断，观察 Y0 的变化。

程序说明：当 X0 闭合，Y0 被强制置位即 Y0 线圈接通，即使 X0 断开，Y0 也保持接通状态不变，即为自锁。当 X1 闭合，Y0 被强制复位(Y0 失电)，并保持 Y0 失电状态不变，直到下一次 X0 闭合，如图 3-13 中时序图(b)所示。若 X0、X1 同时得电，复位优先，Y0 处于复位状态。

图 3-13(a)梯形图完成的功能与自锁电路所实现的功能是完全一样的。

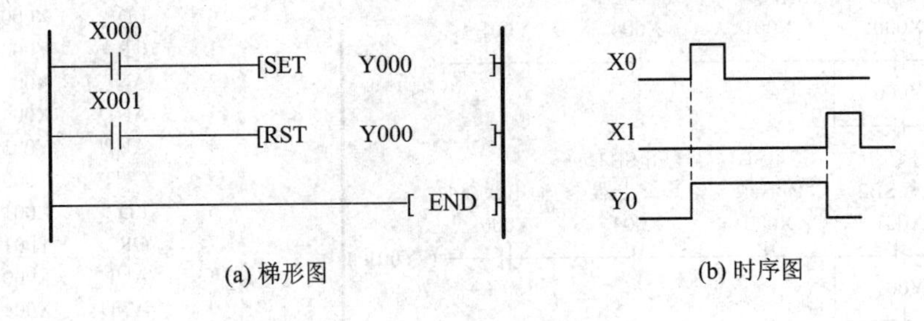

图 3-13　置位、复位指令的应用

【思考练习题】

3-2-1　将图 3-13(a)梯形图所完成的功能用自锁电路完成，请画出相应的梯形图。

3-2-2　简述 PLC 的周期扫描工作方式。

3-2-3　画出按钮联锁或接触器联锁的正反转控制电路的梯形图，并输入 PLC 运行，试问它的 PLC 输入/输出接线图与图 3-11 相同吗？

3-2-4　画出由行程开关控制的自动往返控制电路的 PLC 输入/输出接线图、梯形图。

任务三　三相异步电动机点动与连续控制

【任务目标】

(1) 掌握 FX 系列 PLC 内部辅助继电器在编程中的使用。
(2) 学习 PLC 编程的逻辑思维方法。
(3) 学习输出端采用多个电源等级的接线方法。

【任务分析】

输入/输出(软)继电器是 PLC 与外部设备(或元器件)联系的窗口。但 PLC 内部有很多继电器如辅助(中间)继电器、时间继电器、计数器等，它们既不能用来接收外部的用户信号，也不能用来驱动外部负载，只能用于编制程序，完成一定的功能，这些内部继电器的线圈和接点都只能出现在梯形图中。本任务主要介绍内部辅助继电器的特点、功能及其在编程中的应用方法。

【知识链接】

1. 辅助继电器(M)

PLC 中有许多辅助继电器，其作用相当于继电器控制电路中的中间继电器，常用于中间状态变换、存储或中间信号变换等。辅助继电器线圈的通断状态只能由内部程序驱动，如图 3-14 所示。每个辅助继电器都有无数对常开、常闭触点供编程使用。但它们的触点不能直接输出驱动外部负载，只能用于在程序中驱动输出继电器的线圈或其他继电器的线圈，再用输出继电器的触点驱动外部负载。

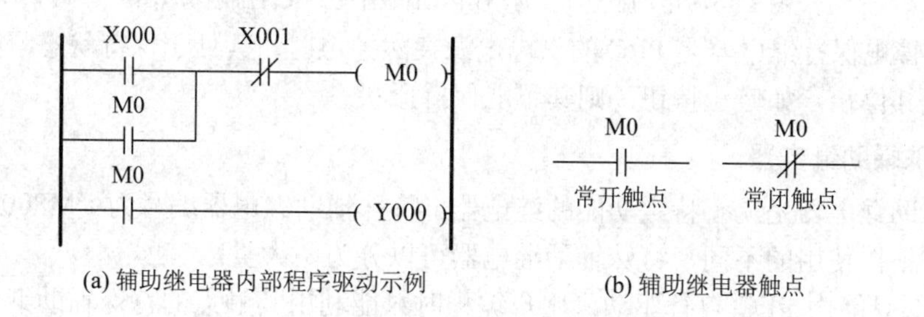

图 3-14　辅助继电器内部程序驱动图

在图 3-14(a)中，X0 = ON→M0 线圈得电置 1，M0 常开触点闭合自锁→M0 线圈保持得电状态→M0 又一常开触点(梯形图第三行)闭合→Y0 线圈得电置 1。继电器 M0 线圈得电置

1，它的常开、常闭触点就动作，这与“硬继电器”在分析问题时完全相同。图 3-14(b)是辅助继电器常开、常闭触点的符号。PLC 中常开、常闭触点及线圈的符号是通用的，标注不同的文字符号，就代表不同的继电器，完成相应的功能。

辅助继电器可分为通用型和掉电保持型两种。

FX 系列通用型辅助继电器的编号为：M0～M499(共 500 点)。

FX 系列掉电保持型辅助继电器的编号为：M500～M1023(共 524 点)。

掉电保持型辅助继电器具有记忆功能，在掉电时，其存储的数据和状态由 PLC 内锂电池保护，不会丢失，当电源恢复供电时即可再现掉电前的状态。在实际生产中，如 PLC 在运行时因某种原因突然停电，但有时需要保持停电前的状态，以使来电后机器可继续进行停电前的工作或保持停电前的状态，这就需要应用掉电保持型辅助继电器。

下面介绍掉电保持型辅助继电器应用的一个例子，图 3-15 所示是一个由电动机驱动的丝杠传动机构及 PLC 控制梯形图。滑块在丝杠上可以左右往复运动，若辅助继电器 M500 及 M501 的状态决定电动机转向(设 M500 为右移控制继电器，M501 为左移控制继电器)，这样在机构突然停电后又来电时电机仍可按掉电前的状态运行，直到碰到限位开关才发生转向的变化。运行过程如下：X0 = ON(左限位)→M500 = ON，M500 的常开触点闭合→Y0 = ON→滑块右移，右移过程若因故停电→滑块停止移动，但 M500 仍为 ON 状态；复电后，因 M500 = ON，滑块继续右移→压合右限位开关 SQ2 后→X1 = ON(右限位)，X1 常闭触点断开，M500 = OFF→Y0 = OFF→滑块停止右移。此时由于 X0 = OFF，X1 = ON，M501 = ON→Y1 = ON→滑块左移……

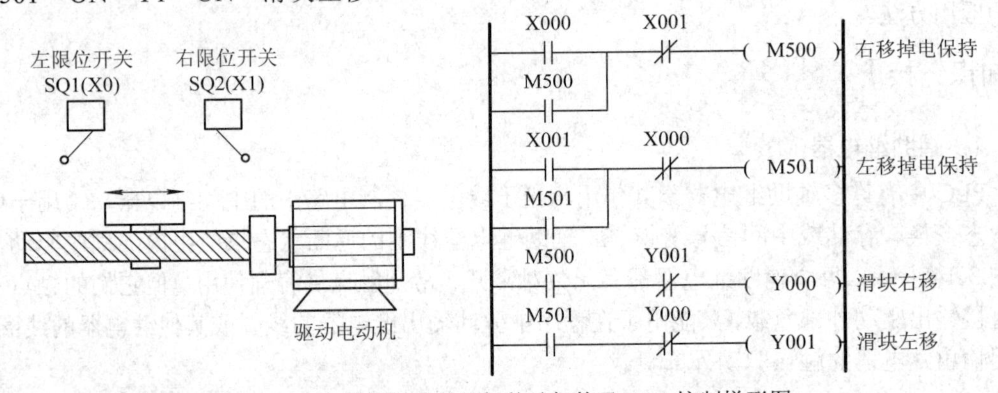

图 3-15　电动机驱动的丝杠传动机构及 PLC 控制梯形图

提示： 掉电保持继电器是 PLC 的供电电源突然掉电时，其处于保持状态。如果是输入外界信号使其停止，如停止按钮，则其不能保持原状态。

2. 特殊辅助继电器

特殊辅助继电器是具有特定功能的继电器。特殊辅助继电器编号为：M8000～M8255，共 256 点。根据使用的不同，特殊辅助继电器可以分为两大类：

(1) 线圈只能由 PLC 自行驱动，用户编程时只能利用其触点的特殊辅助继电器。这类特殊辅助继电器常用作时基、状态标志或专用控制元件出现在程序中。例如：

M8000——运行(RUN)监视，在 PLC 运行时自动接通。当 PLC 运行时，M8000 线圈一直处于接通状态，可以利用其触点驱动输出继电器 Y，在外部监视程序是否处于运行状态。

M8002——初始化脉冲，只在 PLC 开始运行的第一个扫描周期接通。每当 PLC 程序开始运行时，M8002 线圈接通一个扫描周期后即失电。因此，常用 M8002 的触点来将短脉冲信号加至计数器、状态器等进行初始化复位。图 3-16 所示为特殊辅助继电器的工作波形。

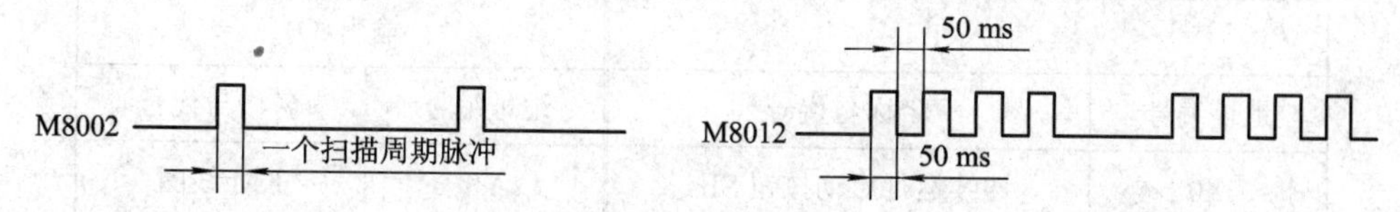

图 3-16　特殊辅助继电器的工作波形

M8012——100 ms 时钟脉冲；M8013——1 s 时钟脉冲。当 PLC 运行时，M8012、M8013 分别产生周期为 100 ms、1 s 的时钟脉冲。将它们的触点与输出继电器 Y 串联，可产生相应的闪烁信号；若将它们的时钟脉冲信号送入计数器作为计数信号，可起到定时器的作用。

类同的还有 M8011——10 ms 时钟脉冲，M8014——1 min 时钟脉冲。

(2) 可驱动线圈型特殊辅助继电器，这类特殊辅助继电器的线圈可由用户驱动，线圈驱动后，PLC 将做特定动作。例如：

M8034——禁止全部输出。当 M8034 线圈得电，所有输出继出器对外输出触点自动断开，而其他软继电器仍处于工作状态。因此，M8034 常用于紧急停机情况，以便在异常状态时切断全部输出。

M8040——当 M8040 线圈得电时，状态间的转移被禁止(用于步进指令)。

注意：没有定义的特殊辅助继电器不可在用户程序中使用。

【任务实施】

1. 三相异步电动机点动与连续控制要求

(1) 按下启动按钮 SB1，电动机连续运行且绿色指示灯亮。按下按钮 SB3，电动机停止。

(2) 按下按钮 SB2，电动机点动运行，绿色指示灯每秒闪亮一次(即每秒闪烁一次)。指示灯采用 6.3 V 的电源。

2. 三相异步电动机点动与连续控制程序设计与接线的方法步骤

1) 主电路

三相异步电动机点动与连续控制的主电路只需一个接触器，如图 3-17 所示。

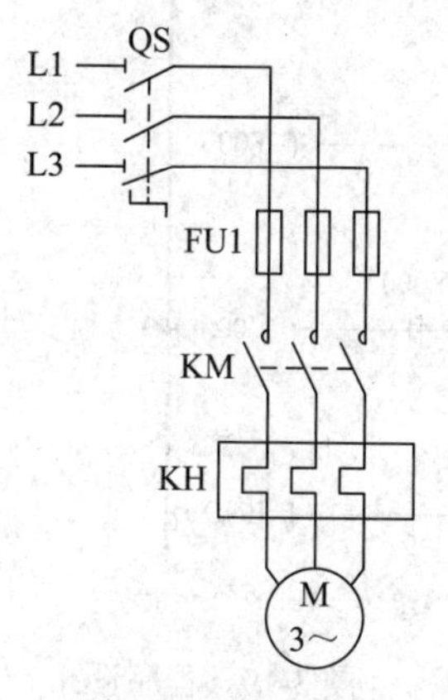

图 3-17　主电路

2) 控制电路

(1) 根据要求确定 I/O 地址的分配，参见表 3-3。

表 3-3　I/O 地址(编号)分配表

输入(I)		输出(O)	
地址编号	名称与代号	地址编号	名称与代号
X0	连续运行启动按钮 SB1	Y0	KM 线圈
X1	点动按钮 SB2	Y5	指示灯
X4	停止按钮 SB3/热继电器 KH		

(2) I/O 接线图如图 3-18 所示。

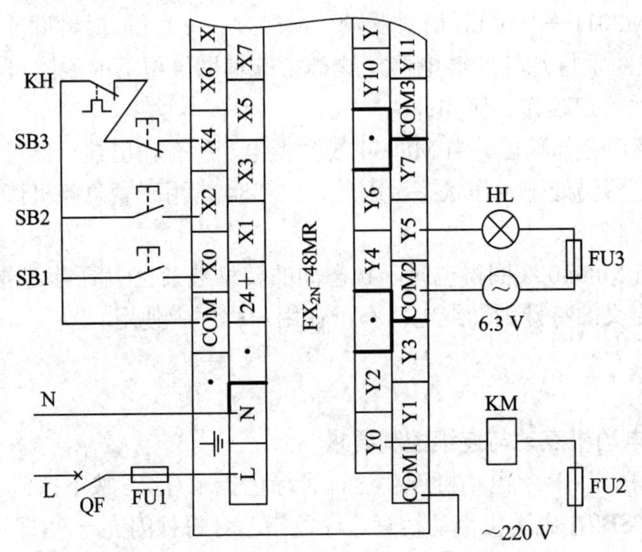

图 3-18　PLC 输入/输出接线图

(3) 程序设计如图 3-19 所示。

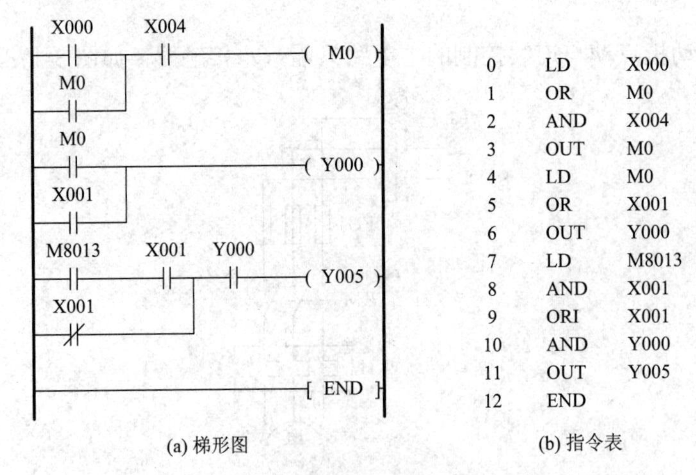

(a) 梯形图　　　(b) 指令表

图 3-19　程序设计

(4) 程序原理说明：

① PLC 上电，X4 = ON。按下 SB1→X0 = ON→M0 = ON(自锁；Y0 线圈得电)→Y0 = ON，电动机连续运行且 Y5 线圈得电，指示灯点亮。按下 SB3 或 KH 断开，X4 恢复断开状态，电动机停止运行。

② 按下 SB2，X1 = ON，Y0 = ON，电动机运行且 Y5 的 M8013(产生 1 s 的脉冲信号)支路接通，指示灯闪烁。松开 SB2，X1 = OFF，电动机停止运行，完成点动控制。

【思考练习题】

3-3-1 用 SET、RST 指令实现电动机的点动与连续控制。

3-3-2 试一试。图 3-20 所示是所谓的“点动与连续控制”程序，它是由相应的继电器控制电路转变而来 PLC 的梯形图(X0 为连续运行启动按钮，X1 为点动按钮，X2 为停止按钮，接线为常闭触点)，将其输入到 PLC 中，观察它能否完成点动功能？为什么？

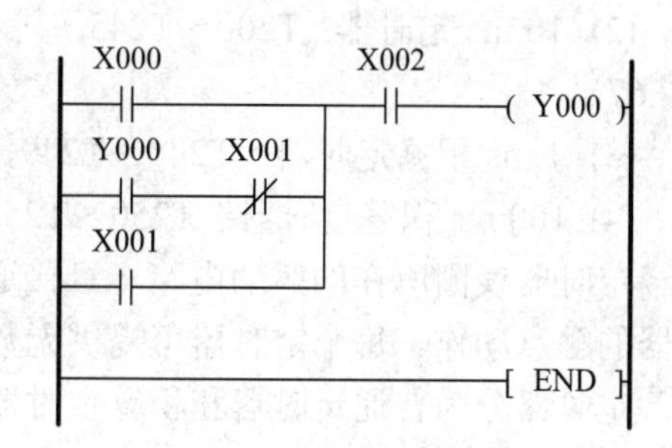

图 3-20　题 3-3-2 梯形图

(**提示**：PLC 与继电器控制工作方式不同。PLC 采用“顺序扫描，不断循环”的“串行”工作方式；继电器控制是“并行”工作方式，其电路一通电，各支路均加上额定电压等待工作指令。PLC 循环扫描的周期极短，只有 1～2 ms；继电器控制中同一电器的关联触点的常开、常闭触点的转换有一定的行程，会产生时间差。因此，不是所有的继电器控制电路都可以直接转变为 PLC 梯形图。在图 3-20 中，按下点动按钮，X1 常开触点闭合，X1 常闭触点断开，Y0 得电；松开点动按钮，X1 复位，其常闭触点恢复闭合与常开触点恢复断开同时进行，无时间差，而 Y0 因已得电，梯形图第二行仍接通，驱动 Y0 线圈的条件并没有发生改变，则 Y0 连续得电，不能完成点动。)

任务四　电动机的间歇控制

【任务目标】

(1) 掌握三菱 PLC 内部定时器 T、计数器 C 的特点及其在编程中的使用。

(2) 掌握 PLC 编程的逻辑思维方法。

(3) 学习定时器、计数器在编程中的技巧。

【任务分析】

生产中有些机械设备是按一定的时间关系即时间控制原则工作的。例如，电动机的降压启动、制动及变速过程中，利用时间继电器按一定的时间间隔改变控制电路的接线方式，以自动完成电动机的各种控制要求。在继电器控制系统中，机械式时间继电器精确度较差，

动作误差大，且体积大、成本高。而PLC中的定时器精确度高，可精确到1 ms且可调用的定时器数量多，编程方便。本任务主要介绍PLC内部定时器T、计数器C的特点及其在编程中的使用方法。

【知识链接】

1．定时器(T)

定时器相当于继电器电路中的时间继电器，均为通电延时型，在程序中可作延时控制。FX_{2N}系列PLC定时器有以下四种类型：

(1) 100 ms定时器：T0～T199，共200点，最小设定单位为0.1 s，计时范围为0.1～3276.7 s。

(2) 10 ms定时器：T200～T245，共46点，最小设定单位为0.01 s，计时范围为0.01～327.67 s。

(3) 1 ms积算定时器：T246～T249，共4点(中断动作)，计时范围为0.001～32.767 s。

(4) 100 ms积算定时器：T250～T255，共6点，计时范围为0.1～3276.7 s。

定时器线圈所在的驱动电路一旦接通，定时器即开始计时，当到达延时时间时，该定时器的触点动作。每个定时器可提供无数对动合和动断触点供编程使用。

定时器分为普通定时器和积算定时器两种。普通定时器没有后备电源，在定时过程中，若遇停电或驱动定时器线圈的输入断开，则定时器不保存计数值；当复电或驱动定时器线圈的输入再次接通后，计数器又从零开始计数。由于积算定时器有后备电源，当定时过程中突然停电或驱动定时器线圈的输入断开，定时器将保存当前值；在复电或驱动定时器线圈的输入接通后，计数器将继续计数，直到与原来设定值相等为止。

定时器在编程软件中的表达：-(Tn KN)- Tn表示定时器类型，如T0、T200等表征其类型特性，KN表示定时器设定值，设定时间为N×相应时基单位。例如，-(T0 K100)- T0表示100 ms(0.1 s)时基单位的普通型定时器，K100表示设定时间为100 × 0.1 s = 10 s。定时器人工画图表示为—(T0) K100。KN还可用数据寄存器D的内容作为设定值。因此，定时器的类型不同，时基单位不同，同样的设定值，计时时间是不一样的。

2．计数器(C)

计数器在程序中用作计数控制。FX_{2N}系列PLC可分为内部计数器和高速计数器。内部计数器是对机内元件(X、Y、M、T、S和C)的信号进行计数。其接通(ON)和断开(OFF)时间比PLC的扫描周期长。对高于机器扫描频率的信号进行计数，需用高速计数器。

1) 16位加计数器(设定值：1～32 767)

(1) 通用型：C0～C99(100点)。

(2) 掉电保持型：C100～C199(100点)。

16位加计数器指其设定值及当前寄存器为二进制16位寄存器，设定值在K1～K32 767范围内有效(K表示十进制数)。

2) 32位双向计数器

双向计数器既可设置为加计数器，又可设置为减计数器。它的设定范围为 -2 147 483 648～+2 147 483 647。在FX_{2N}系列的PLC中有两种32位双向计数器。一种是通用型计数器，元件编号为C200～C219，共20点；另一种为掉电保持型计数器，元件编号为C220～C234，共 15 点。

计数器的表示方法与定时器的相同。

3．ALT 交替输出指令

如图 3-21 所示，第一次按下按钮 X0 时，输出 Y0 置 1；再次按下 X0，输出 Y0 置 0，如此反复交替进行，可达到单按钮实现电动机启停的目的，而且程序简单、易编写、易理解。指令中的 P 表示脉冲型。

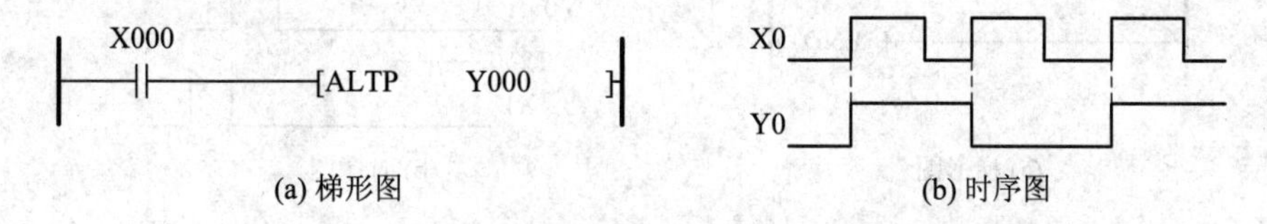

图 3-21　ALT 交替输出指令的应用

【任务实施】

1. 普通型定时器的应用

请将图 3-22 所示的程序输入 PLC 中，按下 X0 按钮，6 s 以后断开；然后长时间按下 X0 超过 10 s，用计算机监视 T0 和 Y0 的变化。

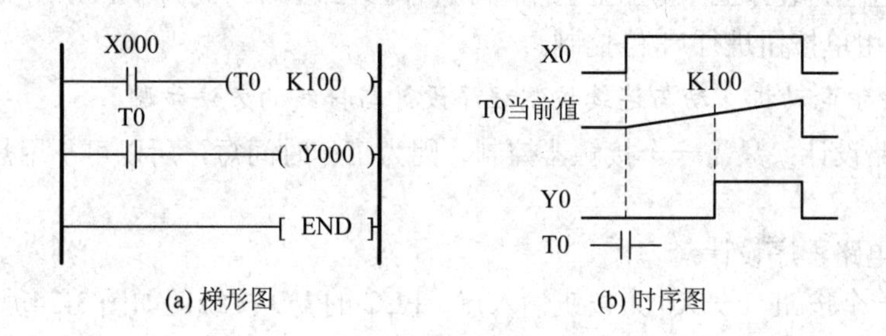

图 3-22　普通型定时器的应用

程序说明：当 X0 闭合后，T0 开始计时即开始数时基脉冲直至 100 个，达到计时设定值 K100(10 s)，T0 线圈置 1，T0 常开触点闭合，驱动 Y0 闭合。当时间继续延长时，不影响定时器的状态，如时序图 3-22(b)所示。当 X0 断开，T0 线圈失去驱动，复位置 0，T0 常开触点随即复位，Y0 复位，无输出。当按下 X0 按钮未达到 10 s 断开后，再按下 X0，计时重新开始。

2. 积算型定时器的应用

请将图 3-23 所示的程序输入 PLC 中，按下 X0 按钮，10 s 以后断开；然后按下 X0 超过 5 s；之后，按下 X1，用计算机监视 T250 和 Y0 的变化。

程序说明：X0 闭合后，T250 开始计时，当未达到计时设定值 K150(15 s)时，断开 X0，定时器的当前值保持不变，当 X0 再次闭合时，定时器从原保持值开始计时；当达到计时设定值时，定时器 T250 线圈置 1，T250 常开触点闭合，驱动 Y0 闭合。之后 X0 断开，但 T250 线圈仍然不复位。若要使积算型定时器复位，必须使用复位指令。按下 X1，T250 复位置 0，动作过程如时序图 3-23(b)所示。

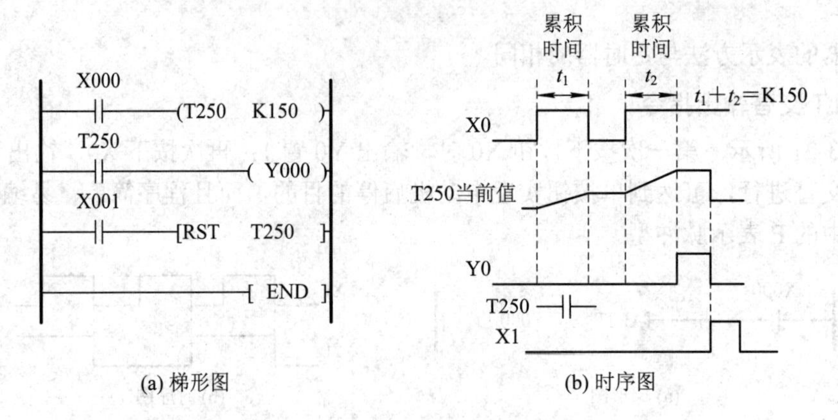

图 3-23　积算型定时器的应用

3. 冷却泵电动机控制程序设计

1) 冷却泵电动机控制要求

某自动化生产线对冷却泵电动机的工作要求：

(1) 当加工机构装卸工件时，冷却泵电动机停止工作，加工时冷却泵电动机泵出冷却液。

(2) 工作过程为装卸工件与加工工件循环进行。装卸工件时间为 4 min，加工时间为 5 min。冷却泵电动机用单按钮进行启/停控制。

2) 三相异步电动机点动与连续控制程序设计与接线的方法步骤

(1) 主电路设计：只需一个接触器控制，因为工作时间短，所以可不用热继电器保护，电路图略。

(2) 控制电路程序设计：

① 使用一个按钮，设 X0 为按钮输入点。PLC 的 I/O 接线图如图 3-24 所示。

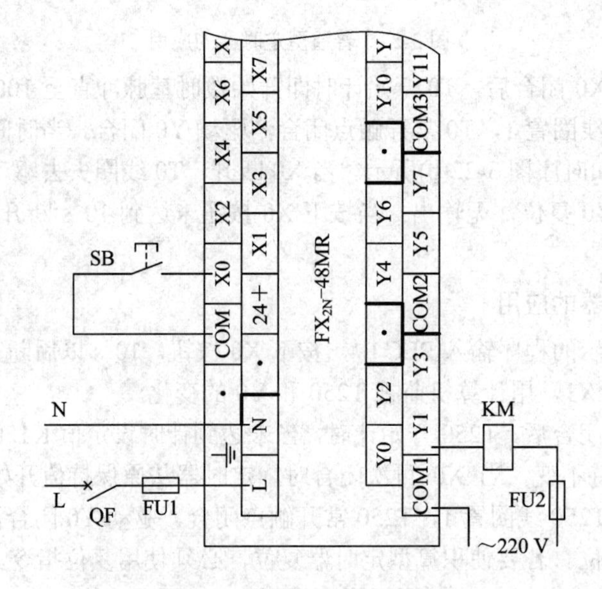

图 3-24　PLC 输入/输出接线图

② 控制电路梯形图如图 3-25 所示。

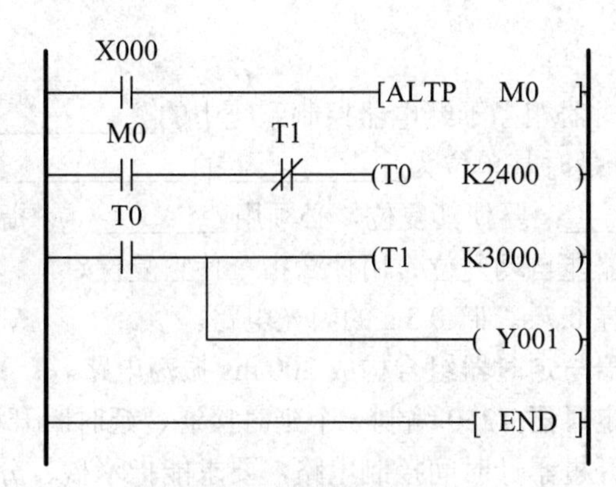

图 3-25 控制电路梯形图

③ 程序原理说明。按下 X0，M0 = ON，T0 得电开始计时，达到设定时间 4 min 后，T0 常开触点闭合，定时器 T1 得电开始计时，同时 Y1 得电输出，接触器 KM 得电吸合，电动机运行。T1 达到设定时间 5 min 后，T1 常闭触点断开，T0 线圈失电，T0 常开触点复位断开，则 T1、Y1 线圈失电，电动机停止运行。此时 T1 的常闭触点复位闭合又接通 T0 线圈，再一次计时到 4 min 后，T0 常开触点闭合又接通 T1、Y1 的线圈，电动机又启动运行 5 min 后停 4 min。电动机就这样停止 4 min、工作 5 min 循环地间歇运行下去。再一次按下 X0，M0 = OFF，电动机的间歇运行停止。

由上述分析可以看出，电动机的运行时间由 T1 设定值决定，停止时间由 T0 决定。时间设定值可根据实际情况修改。这种间歇运行电路还可用于亮暗时间不相等的闪光电路。

4. 普通型计数器的应用

请将图 3-26 所示的程序输入 PLC 中，点动按下 X0 至 5 次以上，然后按下 X1，用计算机监视 C0 和 Y0 的变化。

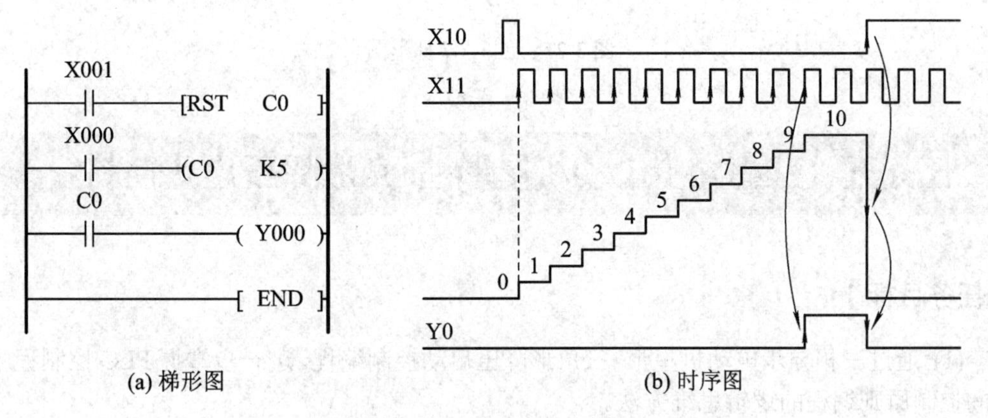

图 3-26 普通型计数器的应用

程序说明：X0 为计数输入，X0 每接通一次，计数器 C0 的当前值就增加 1，输入到第 5 次时，C0 = ON，Y0 = ON。以后即使 X0 再输入，计数器 C0 的当前值也不改变。要清除 C0 内的数据，必须使用 RST 指令。按下 X1，执行 RST 清零指令，计数器 C0 的当前值为 0，C0 输出触点复位，动作过程参见时序图 3-26(b)。

【思考练习题】

3-4-1　PLC 中的定时器相当于继电器控制系统中的__________________。

3-4-2　T254　K200 是时基单位为___________的___________(普通、积算)型定时器，它的定时时间是__________；要使其复位，必须用____________指令。

3-4-3　普通型计数器能自动复位？用什么指令使它复位？

3-4-4　试设计一个亮 0.7 s、暗 0.3 s 的闪光电路。

3-4-5　试利用计数器与定时器组合构成 300 ms 振荡电路。

3-4-6　试利用累计定时器 T250 编制一个延时接通、延时断开程序。

3-4-7　试设计一个开机累计时间控制电路，要求能指示秒、分、时、天。

参考梯形图如图 3-27 所示。

(提示：可通过 M8000 开机运行常开触点、M8013(1 s)脉冲和计数器组成控制电路。计数器须采用掉电保持型的才能保证每次开机的时间累计计时。)

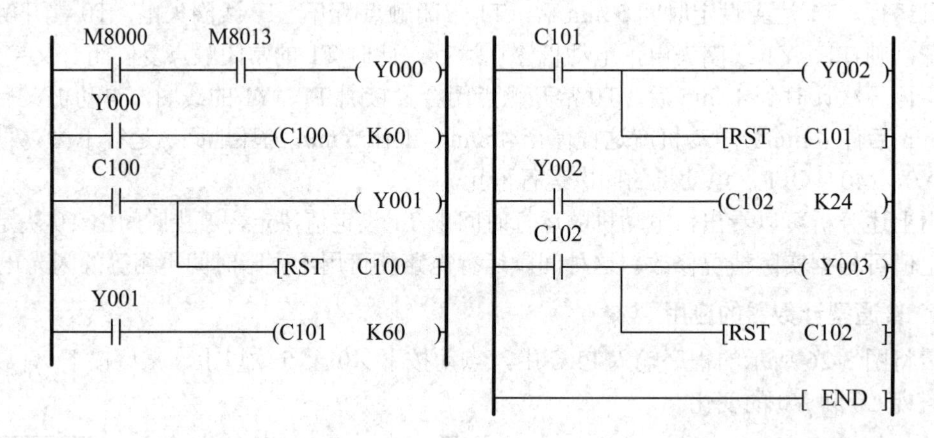

图 3-27　题 3-4-7 梯形图

任务五　三相异步电动机星形-三角形降压启动控制(一)

【任务目标】

(1) 通过三相异步电动机星形-三角形降压启动控制编程，进一步掌握 PLC 控制程序按时间控制原则编程的逻辑思维方法。

(2) 进一步学习 PLC 的 I/O 接线和程序的调试与修改。

【任务分析】

星形-三角形降压启动是大功率电动机常用的一种降压启动形式。在继电器控制系统中，降压启动控制电路相对较复杂，接线易出差错，故障检修也有一定的难度。采用 PLC 控制极大地简化了控制电路的接线，检修也会变得容易多了。

【知识链接】

梯形图与继电接触器控制电路图在结构形式和元件符号等方面很相似，但也有很多不同之处，梯形图编写具有自己的编程规则。

(1) 左右母线。梯形图中最左边垂直线称为左母线，最右边垂直线称为右母线。画梯形图时，每一个逻辑行必须始于左母线而终于右母线。但为了简便起见，右母线经常省略。

左母线只能接各种继电器的触点，而不能直接继电器的线圈，如图 3-28(a)所示是错误的梯形图。如需线圈直接接在左母线上，可以通过一个在本程序中没有使用的继电器的常闭触点或者特殊继电器，如用 M8000(PLC 运行时接通)进行连接，如图 3-28(b)所示。

右母线只能接各种继电器的线圈而不能接继电器的触点，图 3-28(c)所示是错误的梯形图，应修改为图 3-28(d)所示形式。

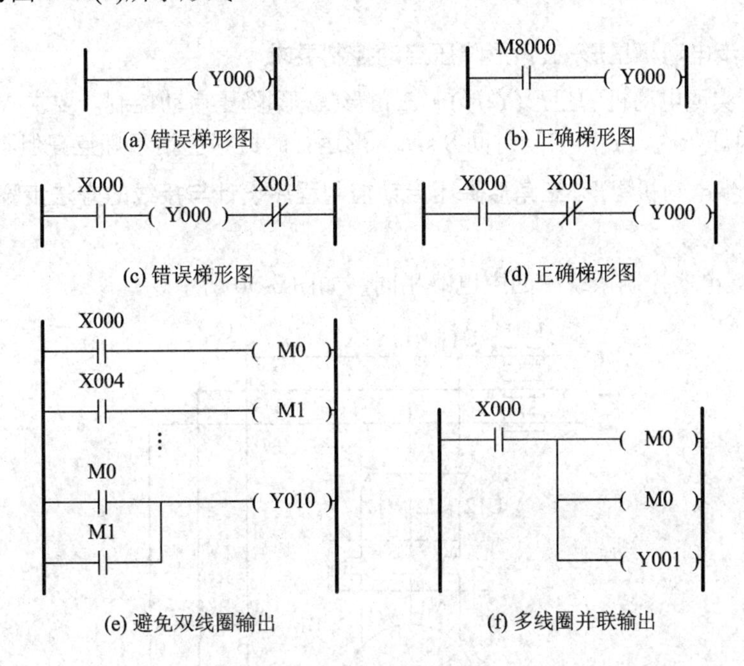

图 3-28　梯形图(编写规则一)

(2) 输入/输出继电器、内部继电器、定时器、计数器等内部软元件的触点可以多次重复使用，不需要使用复杂的程序结构来简化触点的使用次数。

(3) 同一编号的线圈在一个程序中使用两次称为双线圈输出。双线圈输出容易造成程序运行错误，应尽量避免双线圈输出，这与触点的使用不同，如图 3-28(e)中的 M0。

(4) 两个或两个以上的线圈可以并联输出，如图 3-28(f)所示。

(5) 尽量把串联触点多的电路块放在最上边，把并联触点多的电路块放在最左边，

以节省指令，减少程序步，提高 PLC 读取程序的速度，同时起到美观的作用，如图 3-29 所示。

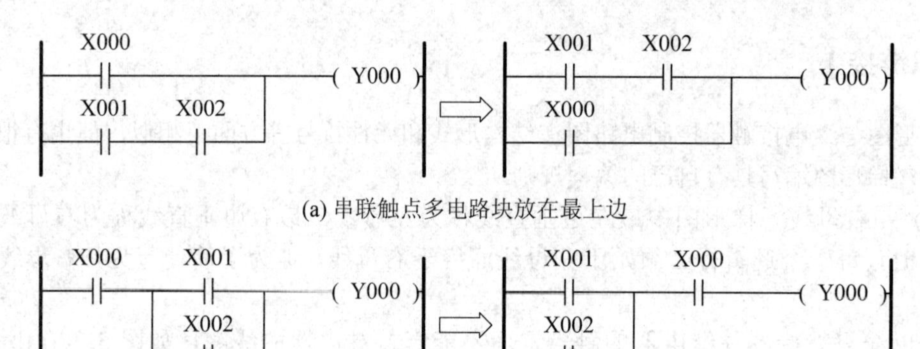

图 3-29　梯形图(编写规则二)

【任务实施】

1. 三相异步电动机星形-三角形降压启动控制要求

试用 PLC 实现电动机的星形(Y 形)－三角形(△形)降压启动控制，要求 Y 形启动时绿色指示灯 1 s 闪烁一次，Y 形启动时间 8 s；△形运行时此绿色指示灯点亮但不闪烁。

2. 三相异步电动机星形-三角形降压启动控制程序设计与接线的方法步骤

1) 主电路

主电路与继电器控制系统中的主电路相同，如图 3-30 所示。

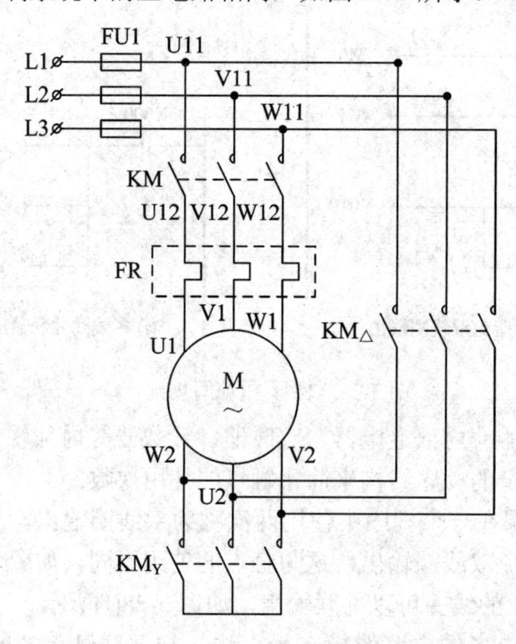

图 3-30　主电路

2) 控制电路

(1) 根据要求确定 I/O 地址的分配，参见表 3-4。

表 3-4　I/O 地址(编号)分配表

输入(I)		输出(O)	
地址编号	名称与代号	地址编号	名称与代号
X0	启动按钮 SB1	Y0	Y 形接触器 KM_Y 线圈
X4	停止按钮 SB2/热继电器 KH	Y1	△形接触器 $KM_△$ 线圈
		Y3	主接触器 KM 线圈
		Y7	指示灯

(2) PLC I/O 接线图如图 3-31 所示。

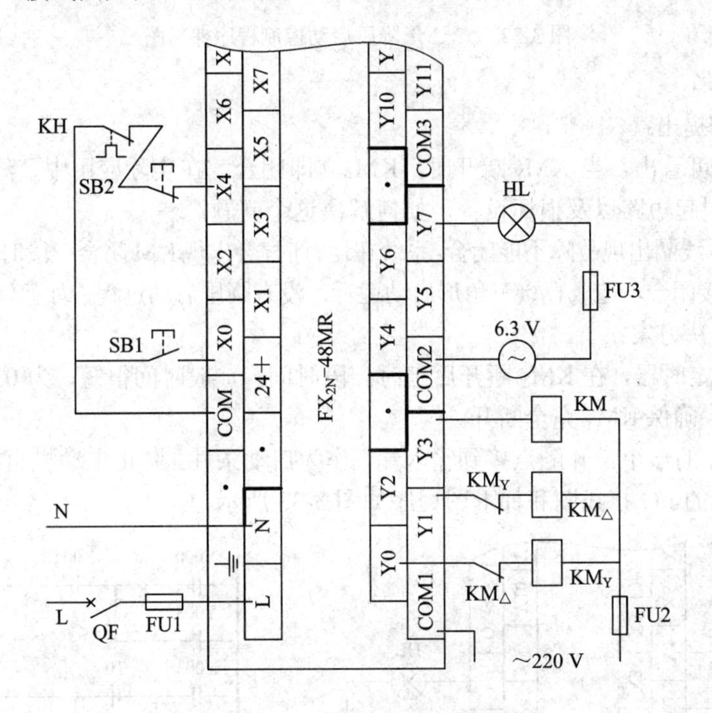

图 3-31　PLC 输入/输出接线图

(3) 程序设计。

程序设计思想：

Y 形启动，X0 = ON→Y3 = ON → Y0 = ON(KM_Y 得电，Y 形启动)
→ T0 得电延时，达到 8 s→向△形运行

转变 → $\overline{T0}$ 常闭触点断开，切断 Y0
→ T0 常开触点闭合，接通 Y1($KM_△$ 得电，△形运行)

同时考虑 Y0、Y1 联锁。

Y-△形降压启动控制程序梯形图如图 3-32 所示。

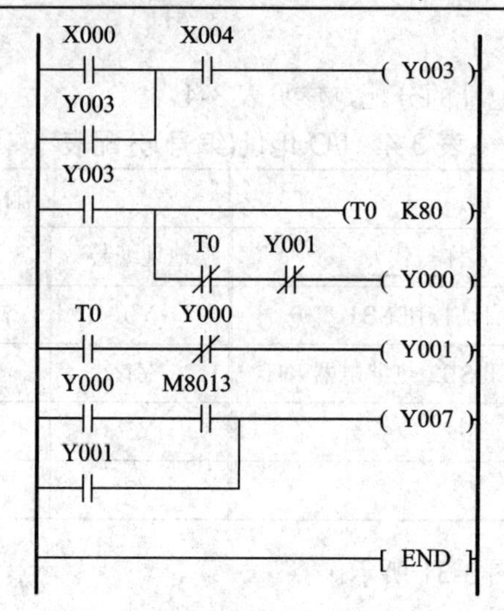

图 3-32　Y-△形降压启动控制程序梯形图

3) 程序优化

(1) 问题的提出：

① 由程序可看出，当 KM_Y 断开时，$KM_△$立即闭合，在实际应用中，经常会产生较大的电弧，容易引起短路以及损坏设备，如何解决这个问题？

② 当 KM_Y 线圈出现故障不能闭合，系统在运行时，会出现 KM 闭合一段时间后(此时 KM_Y 不闭合)$KM_△$直接闭合，造成直接三角形启动运行，没有降压启动过程，如何解决这个问题？

(2) 问题解决方案：

① 用一个定时器，在 KM_Y 断开后延时一段时间，一般时间很短，为 0.1～0.3 s，控制 $KM_△$延时闭合，确保 KM_Y 完全断开。

② 将 KM_Y 的一个常开触点接到输入端，作为启动条件，防止电动机直接三角形启动。

(3) 改造后的 I/O 接线图和梯形图程序如图 3-33 所示。

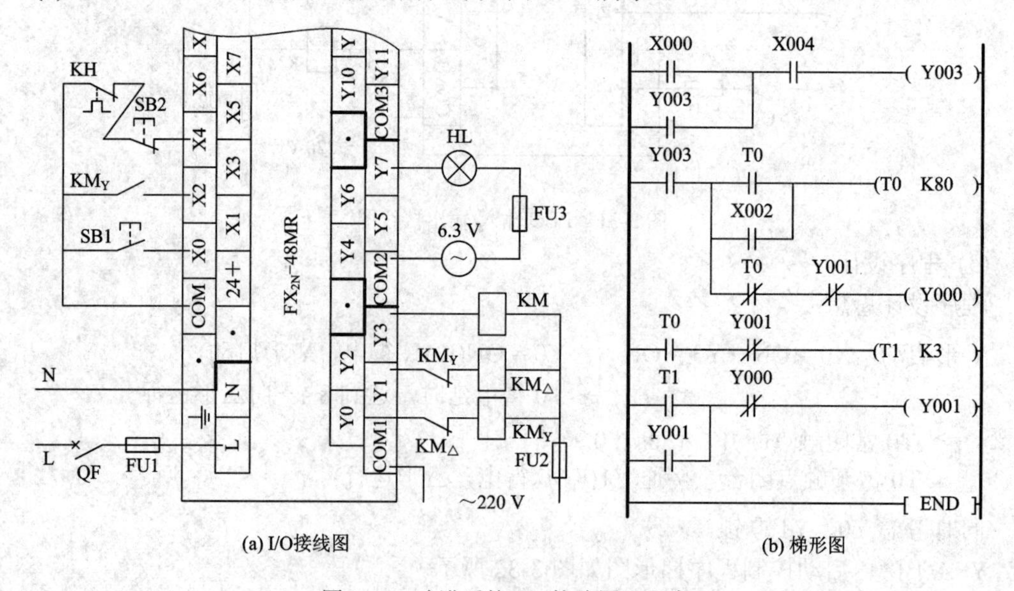

(a) I/O接线图　　(b) 梯形图

图 3-33　改进后的 I/O 接线图及程序

【思考练习题】

3-5-1　两台电动机 M1、M2 的控制要求为：M1 启动后 30 s，M2 自行启动；M2 启动后工作 1 h，两台电动机同时停止。请为其设计控制程序(梯形图)并列出 I/O 分配表，画出 I/O 接线图，将程序输入到 PLC 中运行，用计算机监视其运行情况。

3-5-2　一台连续运行的电动机设有过载保护，当电动机过载时，电动机停止运行，但发出声(鸣笛)光(闪烁，1 s 一次)报警。鸣笛声为鸣叫 1 s、停 0.5 s，当检修人员来检修按下 X2 时，鸣笛声停止，但闪烁光仍进行直到过载排除(热继电器 KH 复位)为止。

3-5-3　两台电动机 M1、M2 的控制要求为：只有在 M1 启动后，M2 才能启动；M1 停止时，M2 也自动停止；M2 可单独停止；如果发生过载，则两台电动机均停止。请为其设计控制程序(梯形图)并列出 I/O 分配表，画出 I/O 接线图，将程序输入到 PLC 中运行，用计算机监视其运行情况。

任务六　液体混合装置控制

【任务目标】

(1) 掌握脉冲型微分输出指令 PLS、PLF 在编程中的使用方法。

(2) 进一步掌握顺序控制编程方法。

【任务分析】

在工业生产中，生产设备上装有各种检测、控制装置，使设备按一定的顺序工作，以保证配料、加工的准确性，提高产品的质量。本任务主要介绍化工、医药等行业中常用的液体或微粒混合装置的控制编程方法和微分输出指令在编程中的使用。

【知识链接】

PLC 的 CPU 工作时，每个扫描周期都会将用户程序指令逐条调出执行，有的功能指令在每个扫描周期都会执行一次，但有时我们要求其对某个操作或指令只执行一次，所以就用到脉冲型微分输出指令 PLS、PLF。

脉冲型微分输出指令 PLS、PLF 主要用于检测输入脉冲的上升沿与下降沿，当条件满足时，使操作元件 Y 或 M 的线圈产生宽度为一个扫描周期的脉冲信号输出。PLS、PLF 指令在梯形图中需用功能指令符号“[　]”。

1. PLS 指令

PLS 指令仅在输入信号发生变化时有效，它在输入信号的上升边沿触发。其使用方法如图 3-34 所示。当 X0 闭合时，M0 闭合一个扫描周期(只有 1～2 ms)。

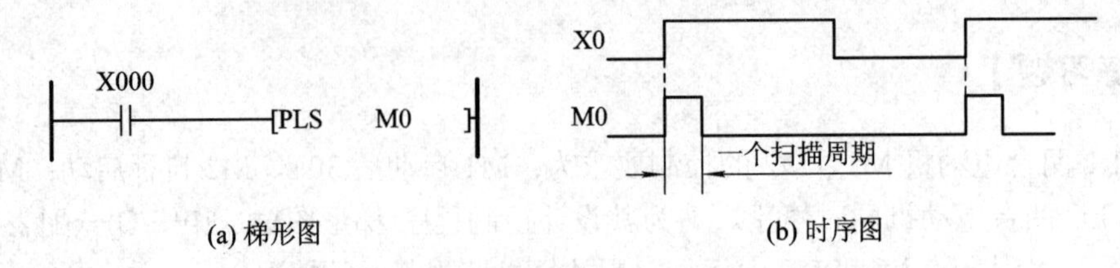

图 3-34　PLS 指令的使用

2. PLF 指令

PLF 指令是指在输入信号下降边沿触发的指令。其使用方法如图 3-35 所示。当 X0 闭合后再断开的一瞬时，M1 闭合一个扫描周期；当 X1 断开的一瞬时，Y0 闭合一个扫描周期。

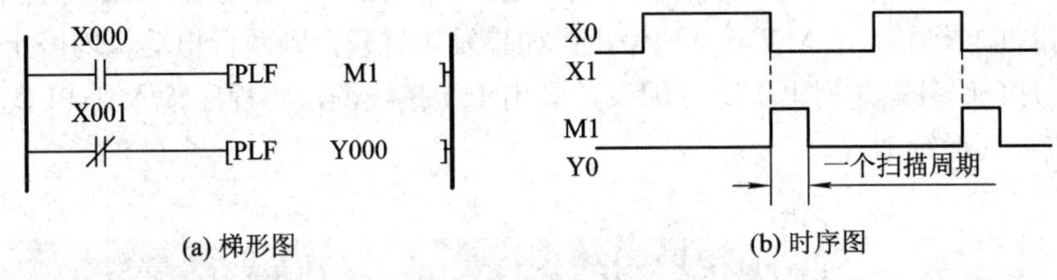

图 3-35　PLS 指令的使用

【任务实施】

图 3-36 所示是液体混合装置的控制结构简图。它是两种液体(或微粒)混合搅匀装置，SQH、SQM、SQL 分别为高、中、低液面传感器，液面浸没时接通。液体 A、B 及混合液的阀门分别由电磁阀 YV1、YV2、YV3 控制，M 为搅拌电动机。

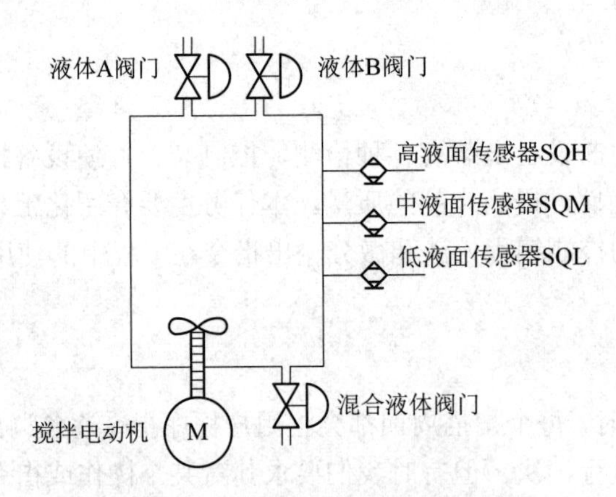

图 3-36　液体混合装置控制结构简图

1. 液体混合装置控制要求

1) 初始状态

液体 A、B 阀门均为关闭状态，混合液阀门打开 20 s 将容器放空后关闭。

2) 运行过程

按下启动按钮 SB1。

(1) 液体 A 阀门打开，液体 A 流入容器；当液面到达中水位 SQM 时，SQM 接通，关闭液体 A 阀门，打开液体 B 阀门。

(2) 当液面到达高水位 SQH 时，关闭液体 B 阀门，搅拌电动机开始搅匀。

(3) 搅拌电动机工作 1 min 后停止搅动，混合液体阀门打开，开始放出混合液体。

(4) 当液面下降到低水位 SQL 后，SQL 由接通变为断开，再过 20 s 后，容器放空，混合液阀门关闭，开始下一周期操作。

3) 停止

按下停止按钮 SB2，在当前的混合操作处理完毕后，停止至初始状态。

2. 液体混合装置控制程序设计与 PLC 接线的方法步骤

1) 主电路

只需一个接触器控制电动机，因工作时间短，可不用热继电器保护，电路图略。电磁阀功率和电流较小，可直接接在 PLC 的输出电路上

2) 控制电路

(1) PLC 的 I/O 地址分配。I/O 地址分配参见表 3-5。

表 3-5　I/O 地址分配表

输入(I)		输出(O)	
地址编号	名称与代号	地址编号	名称与代号
X0	启动按钮 SB1	Y0	YV1 线圈
X1	停止按钮 SB2	Y1	YV2 线圈
X2	高液位检测传感器 SQH	Y3	YV3 线圈
X4	中液位检测传感器 SQM	Y5	KM 线圈
X6	低液位检测传感器 SQL		

(2) 液体混合装置控制 I/O 接线图如图 3-37 所示。

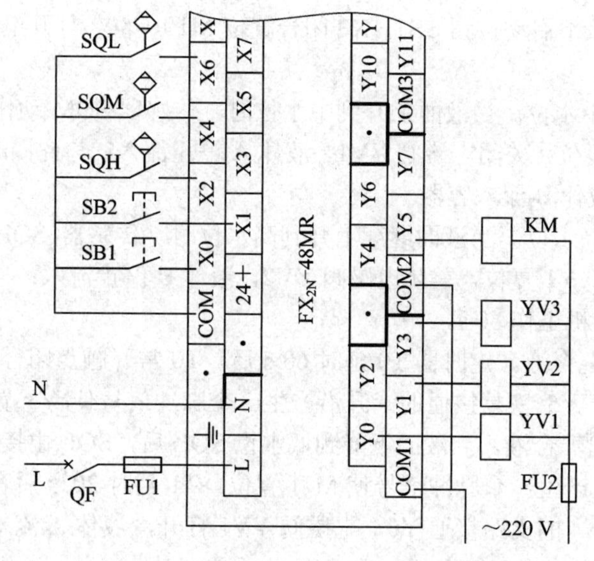

图 3-37　液体混合装置控制 I/O 接线图

(3) 程序设计如图 3-38 所示。

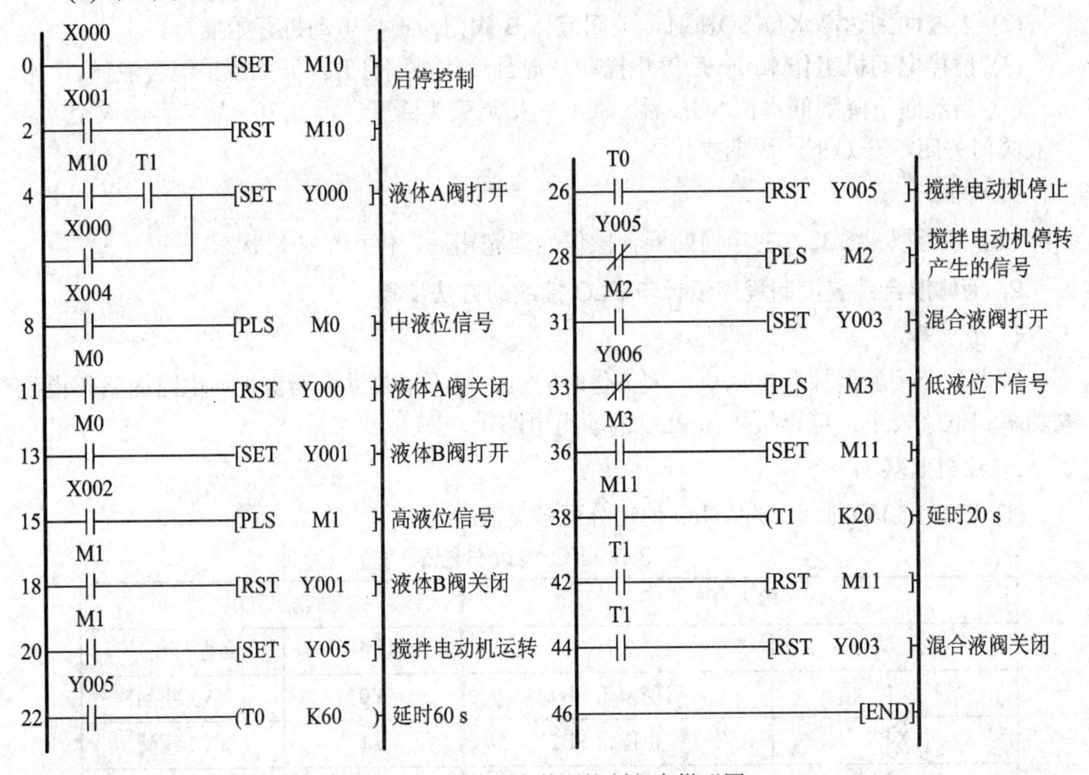

图 3-38　液体混合装置控制程序梯形图

(4) 程序工作过程分析：

① 初始状态。当系统初始化投入运行时，由于搅拌电动机未工作，Y5 为失电状态，程序中地址号 28 的 Y5 常闭触点处于闭合状态，此时 PLF 指令驱动 M2 接通一个扫描周期，置位 Y3，混合液阀门打开 20 s，将容器内的液体放空后关闭。

② 启动运行。按下启动按钮 SB1，X0 闭合置位 M10、Y0，打开电磁阀 YV1 使液体 A 流入容器。

③ 液面上升到中水位。当液面上升到中水位时，传感器 SQM 动作，X4 闭合，M0 产生一脉冲信号，Y0 复位，关闭电磁阀 YV1，液体 A 停止流入；与此同时，M0 使 Y1 置位，YV2 电磁阀打开，液体 B 流入容器。

④ 液面上升到高水位。当液面继续上升到高水位时，传感器 SQH 动作，X2 闭合，M1 产生一脉冲信号，Y1 复位，关闭电磁阀 YV2，液体 B 停止流入；与此同时，M1 使 Y5 置位，启动搅拌电动机工作 60 s。

⑤ 搅匀后放出混合液。定时器 T0 延时 60 s 后，T0 常开触点闭合，Y5 复位，搅拌电动机停止搅动；同时 Y5 恢复接通的上升沿产生一个脉冲信号使 Y3 置位，混合液电磁阀 YV3 打开，开始放出混合液。当液面下降到低水位 SQL 后，SQL 由接通变为断开，而 X6 在恢复接通的上升沿产生一个脉冲信号使 M11 置位，T1 延时 20 s 后容器放空，混合液阀门关闭；同时地址号 4 的支路接通 Y0，电磁阀 YV1 打开，液体 A 流入容器，开始下一个周期的循环。

⑥ 停止操作。当按下停止按钮 SB2 时，X1 常闭触点闭合，M10 复位，地址号 4 的支路将不能接通 Y0，即停止运行，不再循环。

【思考练习题】

电磁抱闸断电制动在起重机械上得到广泛的应用，但若用在机床等设备上，断电后因电磁抱闸的作用，欲手工调整工件的位置是非常困难的。在机床上为准确定位和提高生产效率，常用电磁抱闸通电制动的方式，要求：当电动机得电运转时，电磁抱闸线圈断电，闸瓦与闸轮分开无制动作用；当需要停转时按下停止按钮，电动机失电，电磁抱闸线圈得电，使闸瓦紧紧抱住闸轮制动；当电动机处于停转常态时(按下停止按钮 3 s 后)，电磁抱闸线圈无电，闸瓦与闸轮分开，这样操作人员可以用手扳动主轴进行工件调整或对刀等。请为其设计 PLC 控制程序，画出主电路和控制电路图。

(提示：应用电动机停止时产生的下降沿信号或停止按钮断开时的下降沿信号去接通电磁抱闸控制电路，然后用定时器断开它。)

任务七　电动机手动/自动星形-三角形降压启动控制

【任务目标】

(1) 学习触点型边沿检出指令的应用。
(2) 学会公共部分的程序设计。
(3) 进一步学习功能指令的应用。

【任务分析】

生产实践中有些设备往往有几种启动方式，但控制电器和指示电器是不变的，因此在做程序设计时要兼顾公共部分，减少设计步数，合理调用电器。

【知识链接】

1. 触点型边沿检出指令 LDP、LDF

触点型边沿检出指令是常开触点在闭合的上升沿或断开的下降沿产生的信号。它包括上升沿检出指令┤↑├(指令符 LDP)和下降沿检出指令┤↓├(指令符 LDF)，其在梯形图中可串联也可并联，使用方法和一般的触点相同。

(1) ┤↑├ (指令符 LDP)元件为接通状态时，只在操作元件置于 ON 状态时产生一个扫描周期的接通脉冲信号。

(2) ┤↓├ (指令符 LDF)元件为断开状态时，只在操作元件由 ON →OFF 状态时产生一个扫描周期的接通脉冲信号。

2. LDP与LDF指令实践应用

某设备有两台电动机 M1 和 M2，为了减少两台电动机同时启动对供电线路的影响，M1启动后，延时2～3 s，M2启动，两台电动机的启动只采用一个启动按钮。

程序设计梯形图如图3-39所示，PLC输出端口Y0和Y1连接的交流接触器控制M1和M2。启动和停止按钮分别是X0和X1。

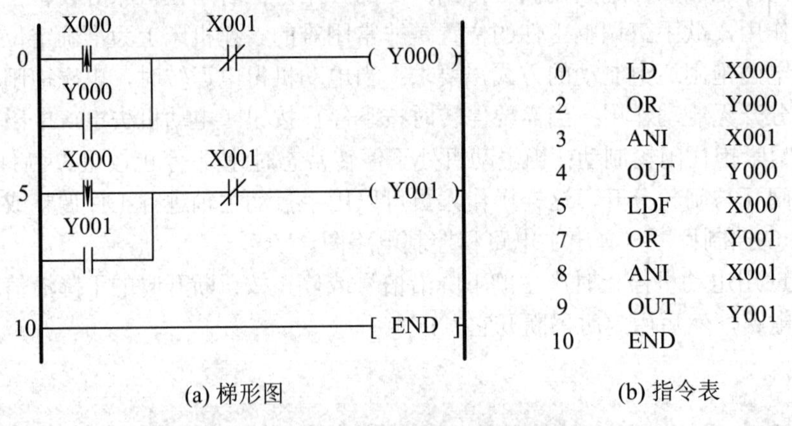

(a) 梯形图　　(b) 指令表

图3-39　电动机延时启动程序梯形图

程序工作原理说明：按下启动按钮X0，执行语句0　LDP　X0，LDP　X0在第一个扫描周期内控制输出继电器Y0得电并自锁，M1启动。

松开启动按钮X0的瞬间，X0由ON→OFF状态，执行语句5 LDF X0，则在其后的第一个扫描周期内控制输出继电器Y1得电并自锁，M2启动。

按下停止按钮，Y0和Y1均断电解除自锁，M1和M2断电停机。时序图如图3-40所示。

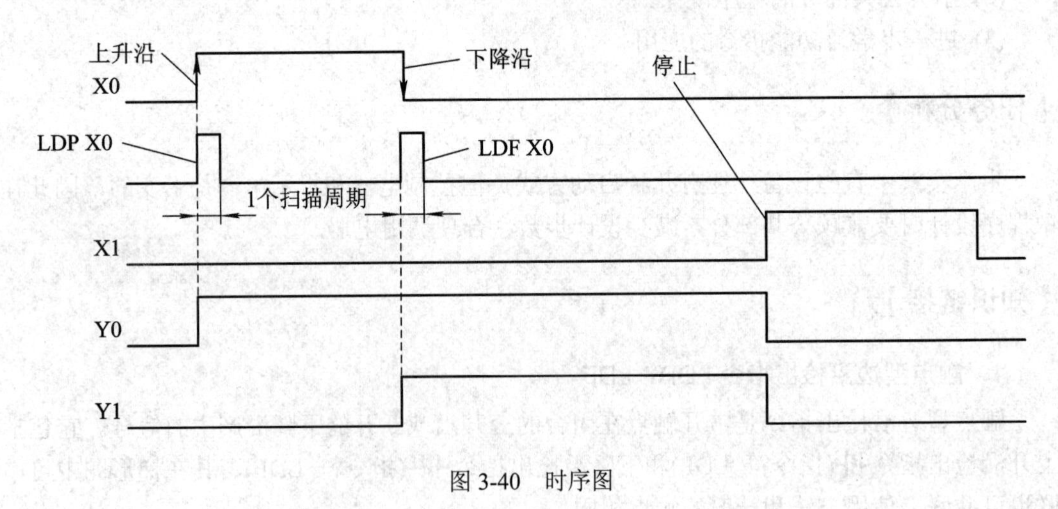

图3-40　时序图

【任务实施】

1. 手动/自动星形-三角形降压启动控制要求

大多数星形-三角形降压启动控制器有手动和自动控制两种启动方式。手动启动方式

是操作人员按下“手动启动”按钮，电动机星形启动后，待到电动机转速上升到合适的速度时，再按下“手动运行”按钮，电动机转入三角形运行状态。自动启动方式是操作人员按下“自动启动”按钮，电动机星形启动，经过设定的时间，电动机自动转入三角形运行状态，这种星形-三角形转变方式不需要人工干预。启动指示灯为 HL1，运行指示灯为 HL2。

2. 电动机手动/自动星形-三角形降压启动控制程序设计与接线的方法步骤

1) 主电路

主电路与继电器控制系统中的主电路相同，如图 3-30 所示。

2) 控制电路

(1) 根据要求设定 PLC 的输入/输出，PLC 的输入/输出地址参见表 3-6。

表 3-6　I/O 地址分配表

输入(I)		输出(O)	
地址编号	名称与代号	地址编号	名称与代号
X0	手动启动按钮 SB0	Y3	主接触器 KM 线圈
X1	手动运行按钮 SB1	Y0	Y 形接触器 KM_Y 线圈
X2	停止按钮 SB2(常开触点)	Y1	△形接触器 $KM_△$ 线圈
X3	启动/自动运行按钮 SB3	Y5	启动指示灯 HL1
X4	热继电器 KH	Y7	运行指示灯 HL2

(2) 手动/自动星形-三角形降压启动 I/O 接线图如图 3-41 所示。

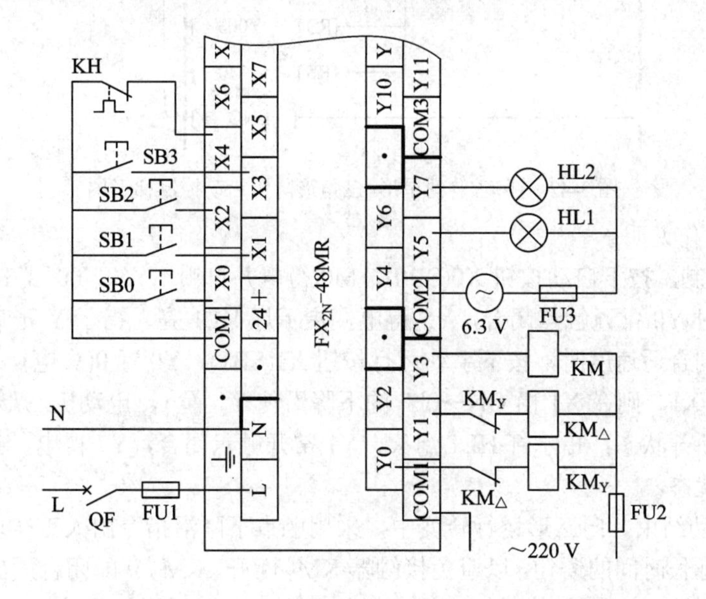

图 3-41　手动/自动星形-三角形降压启动 I/O 接线图

(3) 程序设计如图 3-42 所示。

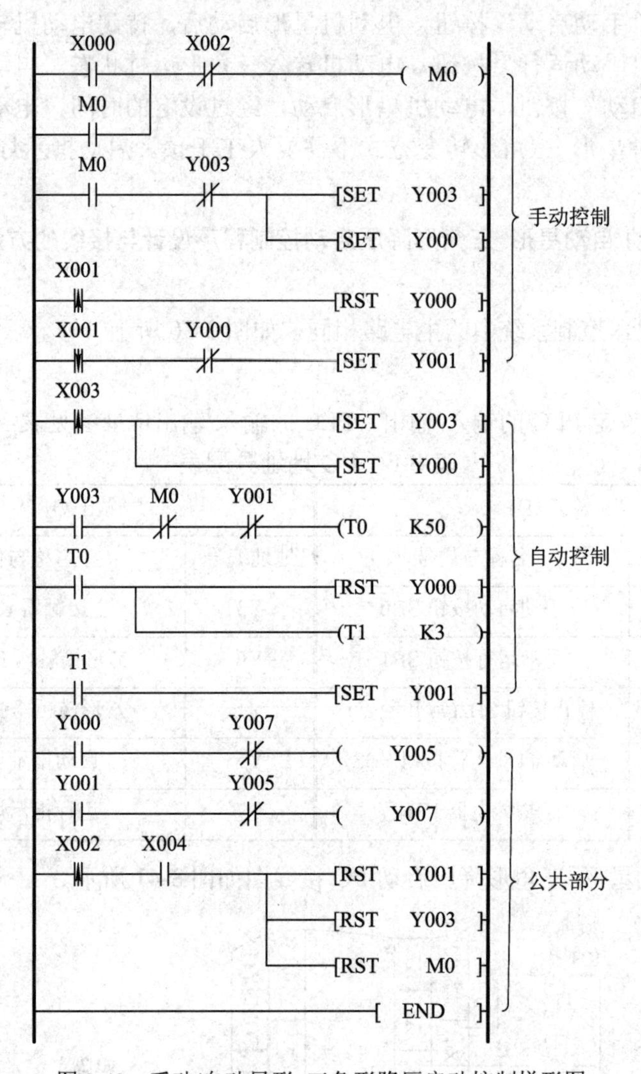

图 3-42 手动/自动星形-三角形降压启动控制梯形图

(4) 程序工作说明：

① 手动控制。按下启动按钮 X0(SB0)，M0 得电并自锁，Y3、Y0 置 1(得电)，电动机 Y 形启动，同时 Y0 常开触点闭合，Y5 得电，指示灯 HL1 亮，指示 Y 形启动过程。待电动机转速上升到合适速度时，按下手动运行按钮 X1(SB1)，Y0 置 0(失电)，Y 形启动结束，延时 0.5 s 松开 X1，则在 X1 由 ON→0FF 的下降沿使 Y1 置 1，电动机△形运行。这时 Y0 常开触点恢复断开状态，指示灯 HL1 熄灭，Y1 常开触点闭合，Y7 得电，指示灯 HL2 亮，指示△形运行状态。

在 Y 形启动结束、向△形运行转变中，采用触点下降沿指令由人工实现了延时转变，省去了用程序延长时间的语句，以避免接触器 KM_Y 断开、$KM_{\triangle}$ 立即闭合而出现较大电火花的情形，这样可缩短 PLC 扫描时间，提高运行速度。

② 自动控制。按下启动按钮 X3(SB3)执行电动机 Y 形启动，经过设定的时间，自动转入△形运行状态。指示灯 HL1 和 HL2 也有相应的指示，具体过程请读者自行分析。

3. 输入 PLC 程序

将程序输入到计算机，并写入到 PLC 中进行程序调试。

4. 按电路图接线试验

程序调试成功后，按照主电路和 PLC 的 I/O 接线图接线，通电试验并通过计算机监视 PLC 运行情况。

【思考练习题】

3-7-1　比较微分输出指令与触点边沿指令的异同点。

3-7-2　某大型机加工设备有两台电动机，功率分别为 5 kW、4 kW，需在两地对该设备进行启动与停止控制，图 3-43 所示为两地控制 I/O 部分接线图。为节省使用 PLC 输入端口的数量，两地启动与停止按钮均采用并联，启动按钮使用输入端口 X2，停止按钮使用输入端口 X1，X0 端口上接热继电器 KH1、KH2 的常闭触点。请完善 PLC 的输入/输出端接线图，并设计相应的梯形图程序。

(提示：请采用边沿检出指令。)

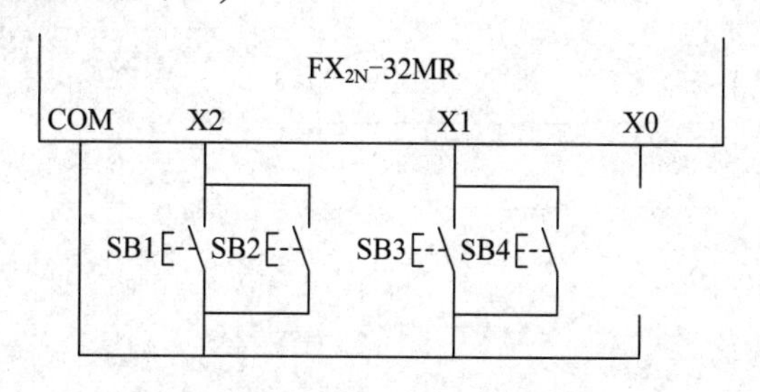

图 3-43　题 3-7-2 两地控制 I/O 部分接线图

本项目小结

1. 基本指令编程主要是根据控制要求，凭借继电器控制系统设计经验直接设计满足电气控制要求的 PLC 控制程序，通常称为经验设计法或直接设计法。其典型特征是启(动)、保(保持即自锁)、停(停止)设计思想。其设计方法与步骤总结如下：

(1) 按所给的控制要求，将它们分解为各个基本的控制要求，分别设计这些基本控制程序。例如，正反向控制程序。

(2) 根据制约关系选择自锁、联锁触点，设计自锁、联锁程序。

(3) 根据运动、变化状态和控制要求，选择控制原则，如时间控制原则、限位控制原则等，选择、设计主令元件、检测元件和继电器。

(4) 设置必要的保护，修改和完善程序。

2. 软元件 X、Y、M、T、C。它们和普通“硬”继电器的用法一样且其常开、常闭触点能无限次使用(“硬”继电器触点有限)。

(1) 输入继电器 X 只能由外部输入信号驱动，在程序中只能出现它的触点而不能出现输入继电器 X 的线圈。当外部常闭触点输入时，程序中应用常开触点。这里要注意停止按

钮的处理方法。

(2) 输出继电器 Y 只能由程序驱动，是控制程序对外输出接口。当 Y 被驱动接通时，外部输出接口接通可驱动外部电器，如线圈、电磁阀、指示灯、小功率电动机等。

(3) 辅助继电器 M、定时器 T、计数器 C 只能在程序中调用，不能对外部输出。积算型定时器和计数器内的数据必须用 RST 指令才能清零。

3．SET/RST 置位/复位指令。SET 使操作元件置 1 即接通，必须使用 RST 复位置 0。

4．边沿指令包括触点型边沿指令和输出型边沿指令。触点型边沿指令是指触点接通时的上升沿或触点断开时的下降沿产生一个扫描周期的脉冲信号。输出型边沿指令 PLS、PLF 是指控制它的触点在接通时的上升沿或触点断开时下降沿驱动继电器 Y 或 M 输出一个扫描周期的脉冲信号。

5．常数 K、H。PLC 中 K 为十进制数，H 为十六进制数。

项目四　步进指令及编程方法

【项目概述】

在工业控制中，除了过程控制系统外，大部分控制系统属于顺序控制系统。所谓顺序控制系统，是指按照生产工艺预先规定的顺序，在各个输入信号的作用下，根据内部状态和时间顺序，控制生产过程中的各个执行机构自动、有序地进行操作的过程。一套完善的顺序控制系统中，为了适应各种功能要求，需有手动控制、点动控制、自动控制和回原点控制功能等，要实现这些复杂的功能，若用基本指令编程的思想完成编程设计就显得相当复杂，而且设计出来的梯形图可读性差，调试、修改难度大，也很难从梯形图中看出工艺过程的控制思想。为此，PLC 提供了两条步进顺序控制指令，利用这种指令可将一个复杂的工作流程分解为若干个简单的工步，对每个工步编程就简单多了。

本项目主要介绍步进指令编程思想和方法。

任务一　工作台自动往返控制

【任务目标】

(1) 掌握 PLC 状态转移图的概念和构成方法。

(2) 掌握 FX 系列 PLC 状态转移图转变为梯形图的方法即步进指令的使用方法。

(3) 掌握步进指令的计算机输入、调试与监视方法。

【任务分析】

工作台自动往返是指工作台按照生产工艺预先规定的顺序要求工作，其工作过程有时间控制、开关控制等，程序设计较复杂。本任务就是要将复杂程序分解为多个工步进行设计，化复杂为简单，提高编程效率和程序阅读效率。

【知识链接】

步进指令是专门用于步进控制程序编写的。所谓步进控制，是指控制过程按“上一个动作完成后，紧接着做下一个动作”的顺序控制。用步进指令设计程序时，为了方便、明了，往往是先分析或写出控制过程的工艺流程，根据工艺流程设计状态转移图，由状态转移图再写出梯形图。

1. 状态转移图

状态转移图是一种将复杂的任务或工作过程分解成若干工序(或状态)表达出来，同时

又反映出工序(或状态)的转移条件和方向的图。它既有工艺流程图的直观，又有利于复杂控制逻辑关系的分解与综合的特点。

2. 状态转移图的构成

状态转移图是按工艺过程分步(状态)表达的控制意图，也称为顺序功能图(简称 SFC 图)。它将一个复杂的顺序控制过程分解为若干个状态，每个状态具有不同的动作，状态与状态之间由转移条件分隔，互不影响。当相邻两状态之间的转移条件得到满足时，就实现转移，即上一个状态的动作或运动结束而下一个状态的动作或运动开始。

例如，大家熟悉的工作台往返运动如图 4-1(a)所示，按下启动按钮 X0，工作台前进(向右)碰到右限位开关 X1 后转为后退(向左)，后退碰到左限位开关 X2 后停 5 s，5 s 后自动前进，再碰到右限位开关 X1 后转为后退，后退碰到左限位开关 X2 后停止运动(等待下次启动)。

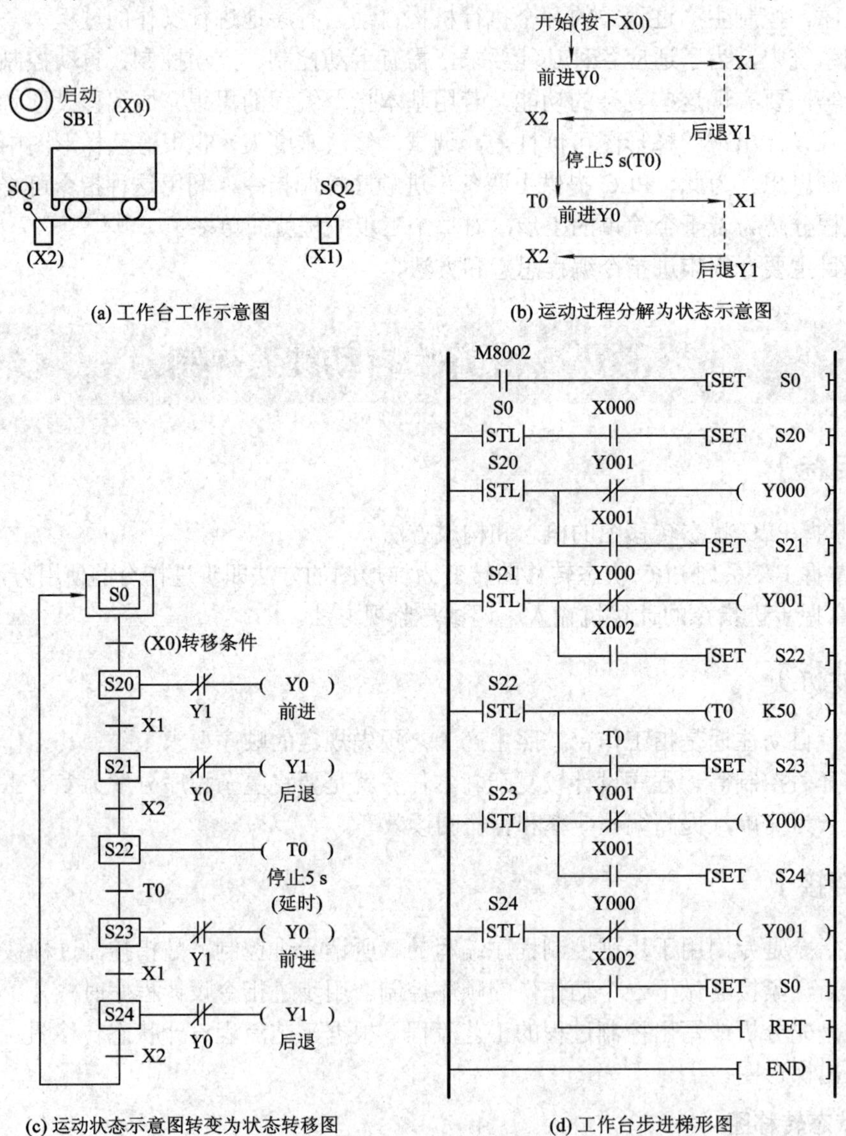

图 4-1　工作台运动状态及状态转移图、步进梯形图

将整个运动过程分解为状态(或步、工序)，如图 4-1(b)所示；将图 4-1(b)的运动过程用状态转移图表示，如图 4-1(c)所示，其中 S 是状态元件(或称状态器)，是构成状态转移图的基本元素，是 PLC 的软元件(符号为 S)，在状态转移图中用 S 表示，FX_{2N} 系列 PLC 有 1000 个状态元件。

S0～S9(共 10 点)：初始状态器，是状态转移图的起始状态。

S10～S19(共 10 点)：返回状态器，用作返回原点的状态。

S20～S499(共 480 点)：通用状态器，用作状态转移图的中间状态。

S500～S899(共 400 点)：保持状态器，具有掉电保持功能的通用状态器。

S 900～S999(共 100 点)：报警用状态器，用作报警元件使用。

图 4-1(c)状态转移图工作流程说明：程序开始，应进行初始的启动，使 S0 有效(执行 S0 状态的相关动作，如清零等)。当转换条件 X0(启动按钮)动作接通(为 ON)时，状态由 S0 转移到 S20，在 S20 状态下，Y0 接通，工作台前进；S0 状态自动切断。当碰到 SQ2，转换条件 X1 动作，状态由 S20 转移到 S21，在 S21 状态下，Y1 接通，工作台后退；S20 状态自动切断。当碰到 SQ1，转换条件 X2 动作，状态由 S21 转移到 S22，在 S22 状态下，定时器开始计时，计时时间完成后，T0 将 S22 状态切断转移到 S23 状态……

3. 构成状态转移图应注意的事项

(1) 状态元件序号从小到大，不能颠倒，但可缺号。

(2) 转移到下一个状态后，上一个状态自动复位即自动切断。

(3) 状态激活后，其后梯形图输出驱动分支次序为：先直接驱动，再条件驱动，最后为转移条件驱动。

(4) 如状态内采用输出指令 OUT，当状态转移后，停止执行；但采用 SET 指令时，当状态转移后，继续执行，直至遇到 RST 指令才停止执行。

(5) 可存在双线圈，即在不同状态下，对同一元件多次执行 OUT 指令，例如在不同状态下，多次出现 OUT　Y0 等。

(6) 步进指令(STL)之后的程序中不允许使用主控 MC/MCR 指令。

(7) 在状态转移中，在一个扫描周期内可能有多个状态同时动作。不允许同时动作的负载必须有联锁措施，相邻的两个状态不能使用同一个定时器。

(8) 状态置位的瞬间是一个脉冲信号，可进行计数。

4. 状态转移图转变为梯形图

状态转移图建立后，需转变为梯形图或指令表才能输入 PLC 运行，FX_{2N} 系列 PLC 采用步进指令将状态转移图转变为梯形图。步进指令的梯形图如图 4-2 所示。

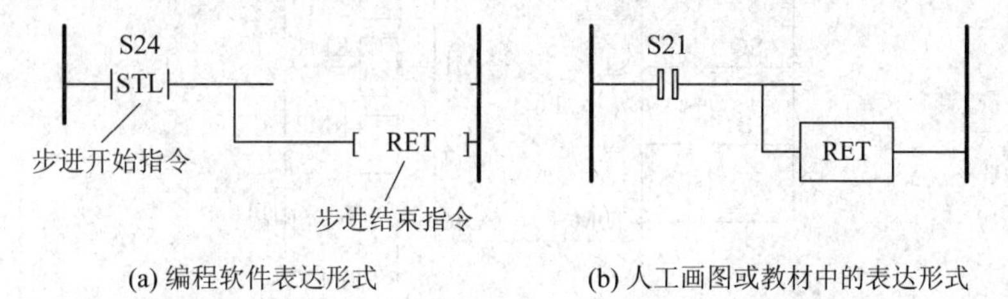

(a) 编程软件表达形式　　(b) 人工画图或教材中的表达形式

图 4-2　步进指令梯形图

STL 指令：步进开始指令，从主母线上引出状态接点，激活该状态。

RET 指令：步进结束指令，步进顺控程序执行完毕，返回主母线。步进指令的最后接一条 RET 指令，表示步进指令执行完毕且必须有 RET 指令。

例如，在图 4-1(d)中，PLC 开始运行时，M8002 闭合瞬间，将 S0 置位，在 S0 状态下，按下 X0，置位 S20，在 S20 状态，Y0 置位，工作台前进；碰到转移条件 X1，X1 闭合，置位 S21 并自动切断 S20，此时 Y1 置位，Y0 复位(断开)……在状态 S24，当转移条件 X2 闭合，置位 S0，程序返回 S0 状态，并且用 RET 结束步进指令。

【任务实施】

1. 工作台自动往返控制

将图 4-1 所示工作台自动往返控制的状态转移图转变为梯形图输入到 PLC 中运行，并用计算机监视。

2. 简易汽车自动清洗机控制

简易汽车自动清洗机控制要求如下：

(1) 按下启动按钮，喷淋阀门打开，同时清洗机开始移动。

(2) 当检测到汽车到达刷洗位置时，启动旋转刷刷洗汽车。

(3) 当检测到汽车离开清洗机时，清洗机停止移动，刷子停止旋转，喷淋阀门关闭。

(4) 按下停止按钮，任何时候都可以停止所有的动作。

请按要求设计控制程序，画出状态转移图和梯形图。

1) 汽车自动清洗机控制程序设计的方法与步骤

(1) 根据控制要求分配 I/O 地址，参见表 4-1。

表 4-1　I/O 地址分配表

输入(I)		输出(O)	
地址编号	名称与代号	地址编号	名称与代号
X0	启动按钮 SB1	Y0	喷淋电磁阀 YV 线圈
X1	汽车位置检测 SQ	Y1	清洗机移动 KM1 线圈
X2	停止按钮 SB2	Y2	旋转刷 KM2 线圈

(2) PLC 的 I/O 接线图如图 4-3 所示。

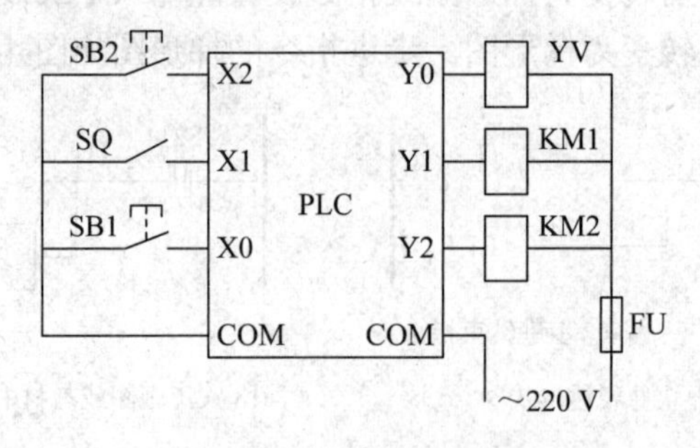

图 4-3　PLC 的 I/O 接线图

(3) 汽车自动清洗机状态转移图设计如图 4-4 所示。

(4) 汽车自动清洗机控制程序梯形图如图 4-5 所示。

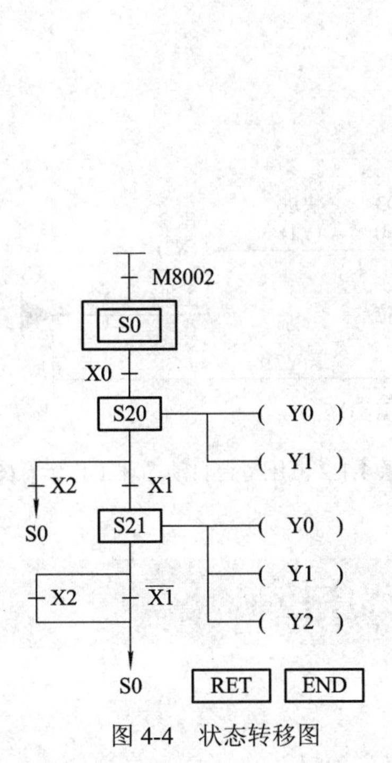

图 4-4　状态转移图

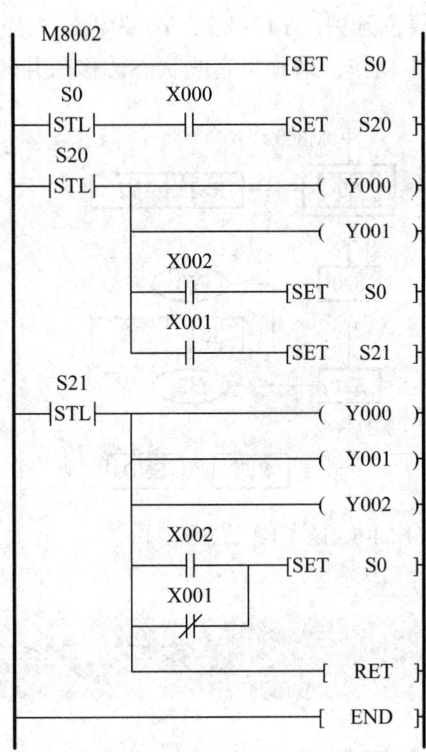

图 4-5　汽车自动清洗机梯形图

图 4-4 状态转移图说明：程序开始，M8002 初始化 S0，此时按下启动按钮 X0 即 X0 = ON，S20 置位，Y0、Y1 接通，喷淋阀门打开，清洗机工作；当 X1 检测到汽车时，X1 = ON，S21 置位，Y0、Y1、Y2 均接通(S20 复位)，汽车清洗机正常工作。当汽车离开时，$\overline{X1}$ = OFF 即 $\overline{X1}$ = ON(一般 X 为常开触点，$\overline{X}$ 为常闭触点)，S21 复位，S0 置位，汽车清洗机停止工作。

2) 步进顺控程序设计步骤

(1) 根据控制要求设置、分配 PLC 的 I/O 地址；画出 PLC 的外部(I/O)接线图。

(2) 分解控制过程，为每个工序分配一个状态元件。状态元件由大到小设置，不可颠倒。

(3) 明确各状态的功能、作用。状态的功能是通过 PLC 驱动负载(如 Y、M、T、C 等)来完成的，负载可以由状态直接驱动，也可以由其他软元件触点的逻辑组合来驱动。

(4) 找出状态的转移条件和转移方向。状态的转移条件可以是单一的，也可以是多个元件的组合。

(5) 根据控制要求或加工工艺要求，画出顺序控制的状态转移图。

(6) 根据状态转移图画出相应的梯形图。

(7) 将梯形图输入到 PLC 进行调试、修改等。

【思考练习题】

4-1-1　请将图 4-6 所示的状态转移图转变为梯形图，并对程序进行解释和说明。

4-1-2　某机床液压动力滑台的自动工作过程示意图如图 4-7 所示，它分为原位、快进、工进(工作进给)和快退 4 步。每一步所要驱动的负载和转移条件已在图中标明，SQ1、SQ2、SQ3 为限位开关；Y1、Y2、Y3 为液压电磁阀线图；KP1 为压力继电器，当滑台运动到终点时 KP1 动作。请画出它的状态转移图并转变为梯形图。

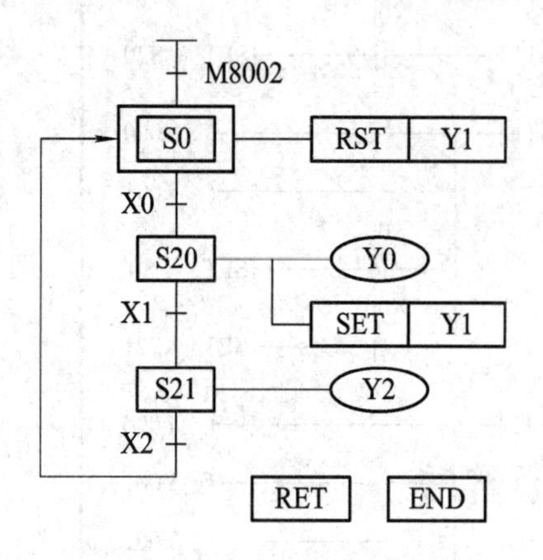

图 4-6　题 4-1-1 状态转移图

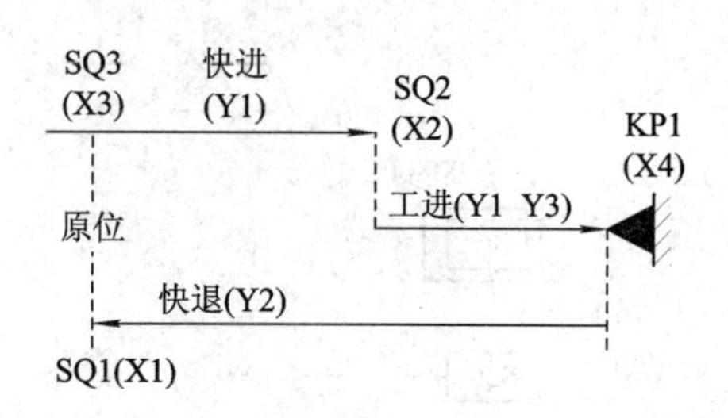

图 4-7　题 4-1-2 液压滑台自动循环工作示意图

任务二　宾馆自动门程序控制

【任务目标】

(1) 进一步掌握由生产工艺流程转变为状态转移图方法。

(2) 掌握状态转移图内部跳转与循环(计数)顺序控制。

(3) 熟练掌握 FX 系列 PLC 状态转移图转变为梯形图的方法。

【任务分析】

在现代工业生产中，生产过程一般是按照一定的顺序重复循环的，如化工原料按一定比例配料的重复循环过程，洗衣机洗涤过程的重复循环，宾馆、银行、会议厅的门自动往复开关等。它们的控制过程都遵循一定的规律：内部跳转与顺序循环控制。本任务探讨全自动洗衣机顺序循环过程和宾馆自动门往复开关程序控制过程。

【任务实施】

1. 全自动洗衣机控制程序设计

1) *自动洗衣过程*

(1) 全自动洗衣机接通电源后，按下启动按钮，首先打开进水电磁阀(简称进水阀)进水，直到水位到达指定的高水位检测标志后，相应的高水位检测开关闭合，关闭进水阀，停止进水动作。

(2) 开始正向洗涤，驱动电动机正转 30 s。

(3) 正转时间到，断开正向洗涤的控制信号，暂停 3 s。

(4) 进行反向洗涤，驱动电动机反转 30 s。

(5) 断开反向洗涤的控制信号，暂停 3 s。

(6) 将以上正、反向洗涤过程循环执行 3 次。

(7) 正、反向洗涤结束后，打开排水电磁阀(简称排水阀)排水，当水位下降到低水位时开关断开。

(8) 驱动电动机执行脱水，工作 10 s。

(9) 再循环执行第(2)～(8)步的动作，一共 3 次。

(10) 上述 3 次大循环过程结束后，进行工作结束报警，即驱动蜂鸣器报警 5 s。

2) 全自动洗衣机控制程序设计的方法与步骤

(1) 根据控制要求分配 I/O 地址，参见表 4-2。

表 4-2　I/O 地址分配表

输入(I)		输出(O)	
地址编号	名称与代号	地址编号	名称与代号
X0	启动按钮 SB	Y0	进水电磁阀
X1	高水位检测开关 SQH	Y1	正转接触器 KM1 线圈
X2	低水位检测开关 SQL	Y2	反转接触器 KM2 线圈
		Y3	排水电磁阀
		Y4	脱水电动机
		Y5	报警

(2) PLC 的 I/O 接线图如图 4-8 所示。

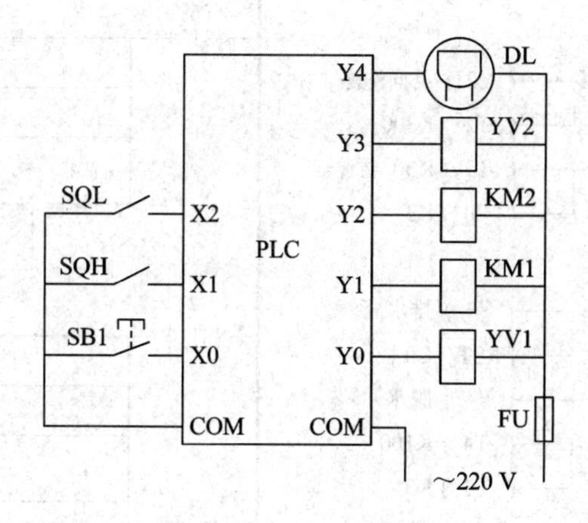

图 4-8　PLC 的 I/O 接线图

(3) 根据全自动洗衣过程设计状态转移图，如图 4-9 所示。

(4) 全自动洗衣机控制程序梯形图如图 4-10 所示。

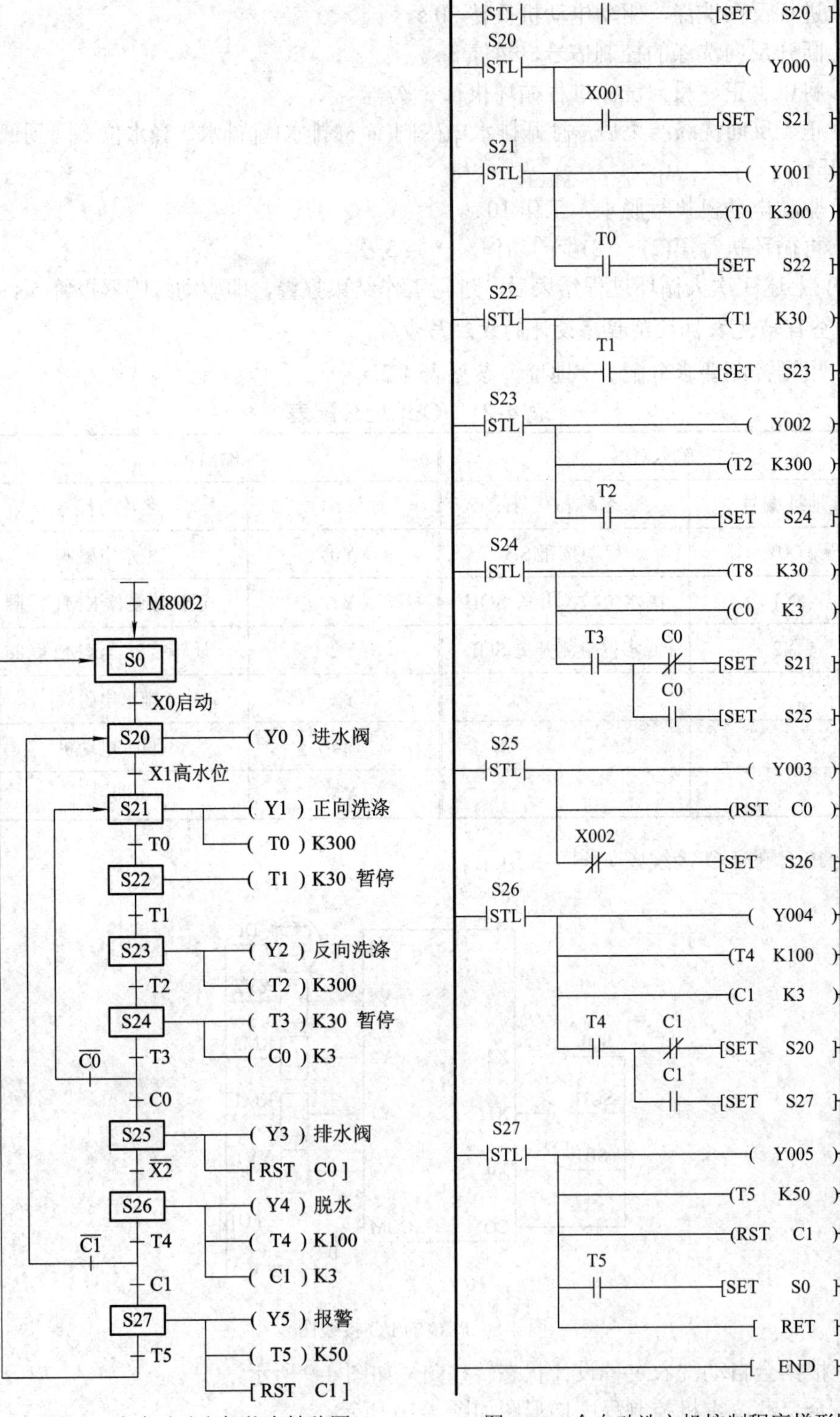

图 4-9　全自动洗衣机状态转移图　　　　图 4-10　全自动洗衣机控制程序梯形图

图 4-9 所示状态转移图设计说明：采用 M8002 在 PLC 上电后的第一个扫描周期内，进入初始状态 S0，按下启动按钮 X0，X0 = ON，进入 S20 状态，之后按顺序执行。由全自动洗衣机的控制要求可知，整个洗衣过程包含有两个内循环过程，采用计数器实现循环次数的控制。由于状态元件在置位的瞬间是一个脉冲信号，可用计数器 C 直接进行计数。因此，用计数器 C0 控制正反向洗涤 3 次，若 3 次未到，则循环执行 S21～S24 状态；若 3 次计满，则 C0 常开触点闭合，断开此循环过程，执行 S25 状态。C1 的作用和 C0 相同。对图中的计数器 C1、C0 应在程序的合适位置进行复位。

2. 宾馆自动门控制程序设计

很多高档宾馆、银行、会议厅采用了自动门，方便人们进出。图 4-11 所示是一自动门工作示意图。为实现自动控制，设置了相应的检测传感器。图中，X0 为光电传感器，当其检测到有人时 X0 接通即 X0 = ON，无人时 X0 = OFF。X3 为关门极限位开关，用于控制自动门完全关闭到位。X2 为开门极限开关(左右各一个)，用于控制自动门完全打开到位。X4 为关门限速开关，当其闭合时，关门动作由高速转变为低速进行，使自动门平稳地关闭。X1 为开门限速开关，当其闭合时，控制开门动作由高速转变为低速进行，使自动门平稳地打开。开门动作为高速打开→低速打开；关门动作为高速关门→低速关门，如图 4-11(b)所示。

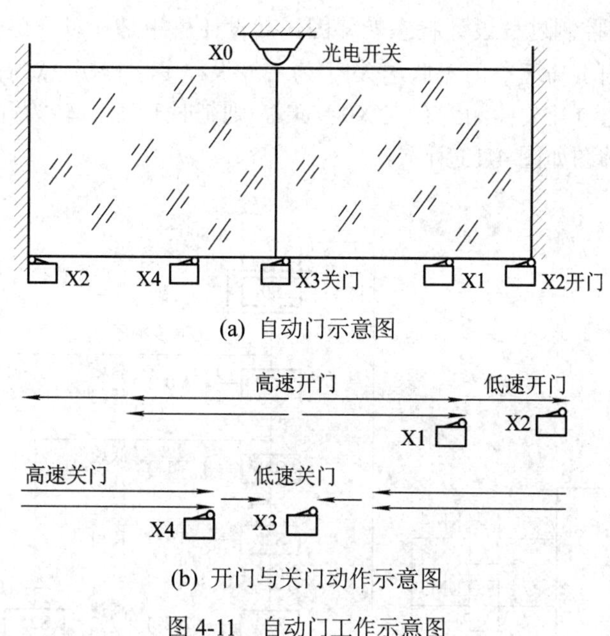

(a) 自动门示意图

(b) 开门与关门动作示意图

图 4-11　自动门工作示意图

1) 自动门的控制要求

(1) 开门动作控制要求：

① 当有人靠近门时，光电开关传感器检测到信号，首先执行快速开门动作。

② 当自动门高速打开到一定位置时，限速开关闭合转为低速开门，直至开门极限位开关闭合为止。

③ 门全部打开后，延时 2 s，同时光电传感器检测到无人，即转为关门动作。

(2) 关门动作控制要求：

① 先高速关门到一定位置时，限速开关闭合转为低速关门，直至关门极限位开关闭合为止。

② 在关门期间，若检测到有人，则停止关门并延时 1 s 转为开门动作(关门→慢开)。

2) 自动门控制程序设计的方法与步骤

(1) 根据控制要求分配 I/O 地址，参见表 4-3。

表 4-3　I/O 地址分配表

输入(I)		输出(O)	
地址编号	名称与代号	地址编号	名称与代号
X0	光电传感器 SQ1	Y0	高速开门继电器 KM1
X1	开门限速开关 SQ2	Y1	低速开门继电器 KM2
X2	开门极限位开关 SQ3	Y2	高速关门继电器 KM3
X3	关门极限位开关 SQ4	Y3	低速关门继电器 KM4
X4	关门限速开关 SQ5		

(2) PLC 的 I/O 接线图如图 4-12 所示。

(3) 根据自动门控制过程设计状态转移图。其设计思想是：以开门(高速打开→低速打开) $\xrightarrow{\overline{X0}=ON,\ T}$ 关门(高速关门→低速关门)为主线设计主干程序，然后考虑在高速关门和低速关门期间，若光电开关检测到有人 X0 = ON，则延时 1 s 后，转为开门动作而构成两个内循环。其状态转移图如图 4-13 所示。

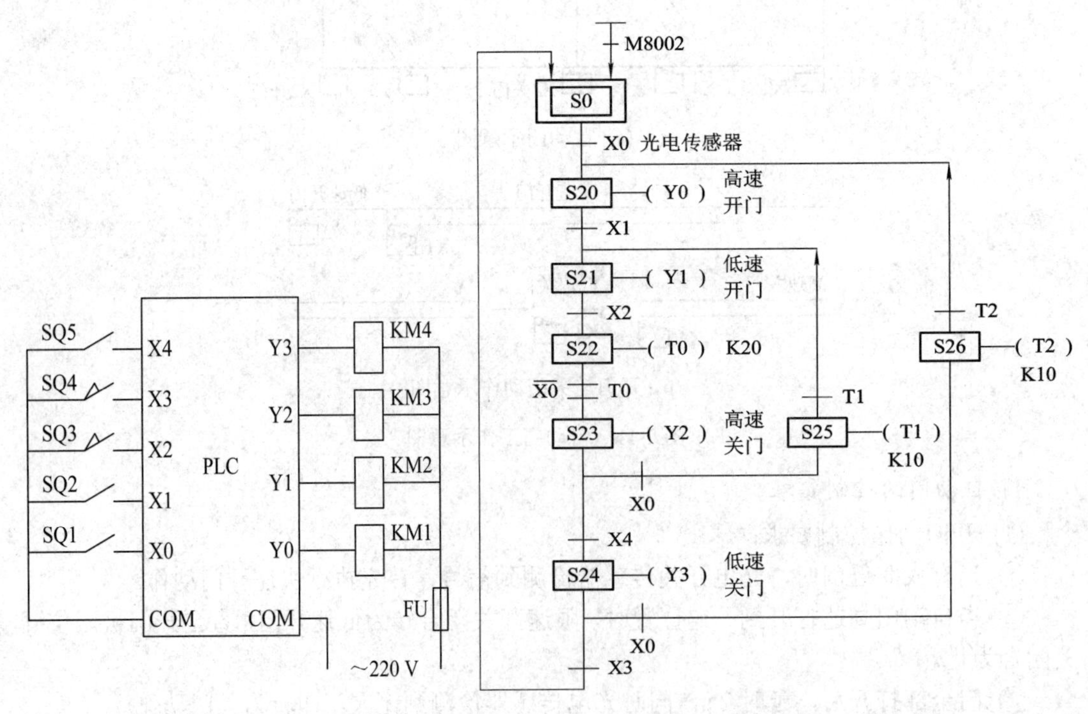

图 4-12　PLC 的 I/O 接线图　　　　图 4-13　自动门控制状态转移图

(4) 自动门控制程序梯形图如图 4-14 所示。

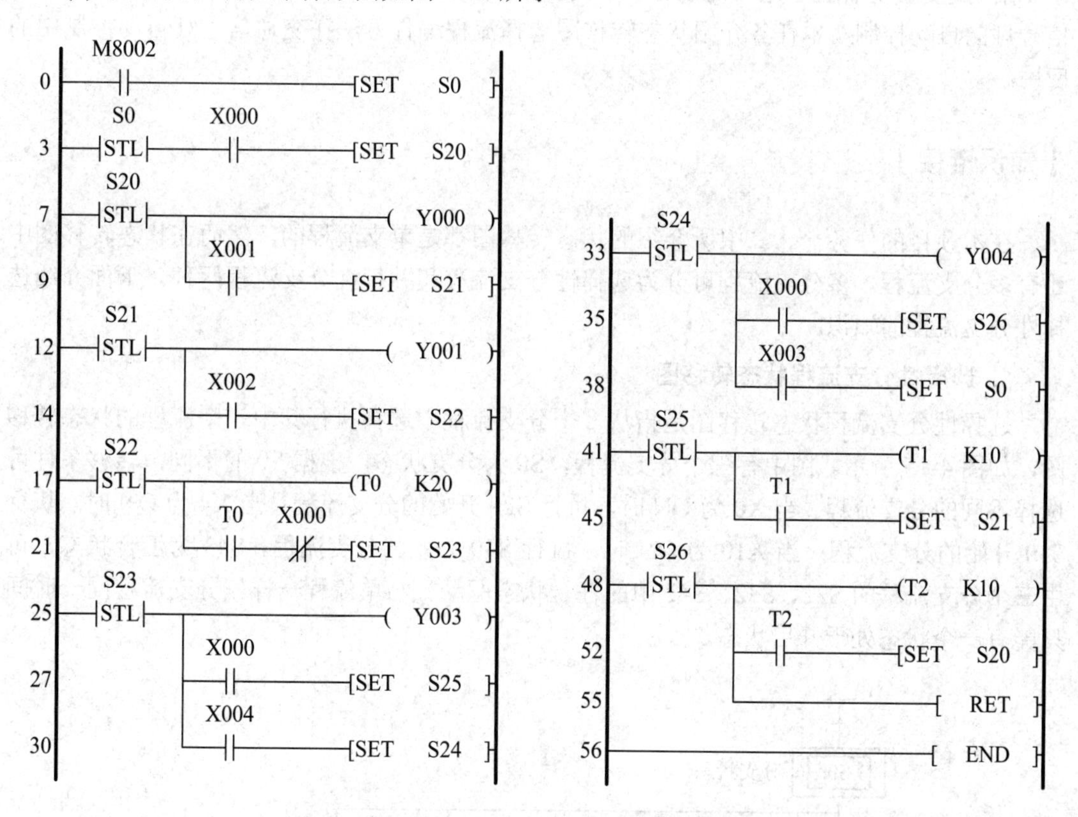

图 4-14 自动门控制程序梯形图

【思考练习题】

4-2-1 若对本项目任务一中思考练习题 4-1-2 增加一个自锁式按钮 SB，当按下 SB 即 SB 为 1 时，滑台循环 5 次后自动停下来。当不按 SB 即 SB 为 0 时，滑台单次循环后自动停下来。请画出它的状态转移图和梯形图。

任务三 交通信号灯自动控制

【任务目标】

(1) 掌握 FX 系列 PLC 状态转移图选择性流程编程方法。

(2) 进一步掌握 PLC 状态转移图编程方法及其转变为梯形图的方法。

【任务分析】

现代都市车如流水，人来人往，繁忙的马路上交通信号灯指挥着过往的车辆和行人有

条不紊的通过，它保证了道路的畅通和车辆、行人的安全。那么，我们如何用 PLC 实现交通信号灯的自动控制？本任务介绍状态转移图选择流程编程方法在交通信号灯自动控制中的应用。

【知识链接】

在本项目的任务一、二中所介绍的状态转移图都是单支流程的，然而在状态转移图中还有多分支流程。多分支流程可分为选择性分支流程和并行性分支流程两种。下面介绍选择性分支流程的知识。

1. 选择性分支流程状态转移图

选择性分支流程状态转移图是指从多个分支流程中选择执行其中一个流程的状态转移图，如图 4-15 所示。图中有三个分支流程，S0 为分支状态，根据 S0 的不同，转移条件可选择不同的分支流程。当 X0 为 ON 时，执行 S20 开始的分支流程；当 X4 为 ON 时，执行 S30 开始的分支流程；当 X10 为 ON 时，执行 S40 开始的分支流程。S43 为汇合状态，可由三个分支流程的 S22、S32、S42 中的任一状态驱动。与单流程一样，分支流程同一时间只能有一个状态处于开启状态。

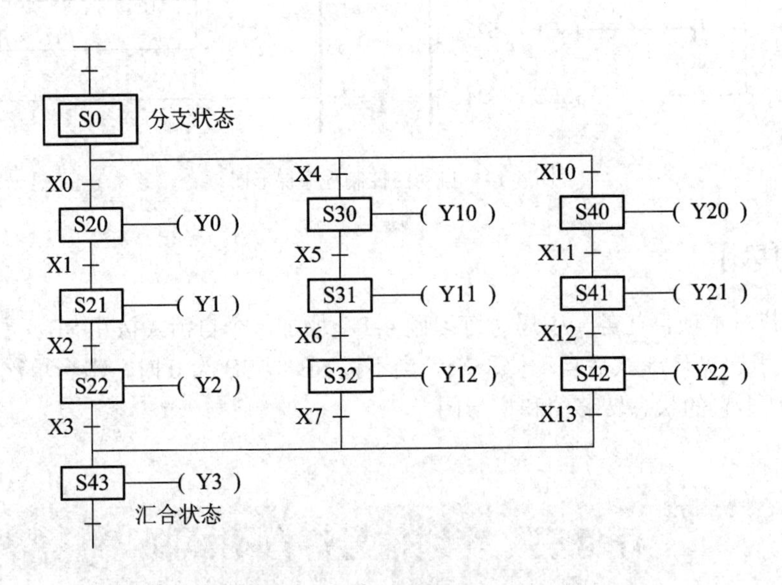

图 4-15　选择性分支(与汇合)流程状态转移图的结构

2. 选择性分支流程状态转移图的梯形图编写方法

选择性分支流程状态转移图转变为梯形图(或语句表)的基本原则：顺序处理各分支流程，汇合状态作为每个分支流程最后的一个状态，最后表达汇合状态的转移。在图 4-15 所示选择性分支流程状态转移图中，先处理分支状态 S0 的输出驱动，再处理分支状态。当 X0 为 ON 时，应转移到 S20 开始的流程，包括汇合状态 S43；当 X4 为 ON 时，应转移到 S30 开始的流程，也包括汇合状态 S43；当 X10 为 ON 时，应转移到 S40 开始的流程，包括汇合状态 S43。然后处理汇合状态 S43 的转移。相应的梯形图如图 4-16

所示。

注意：选择性分支的分支流程最大为 8 个。

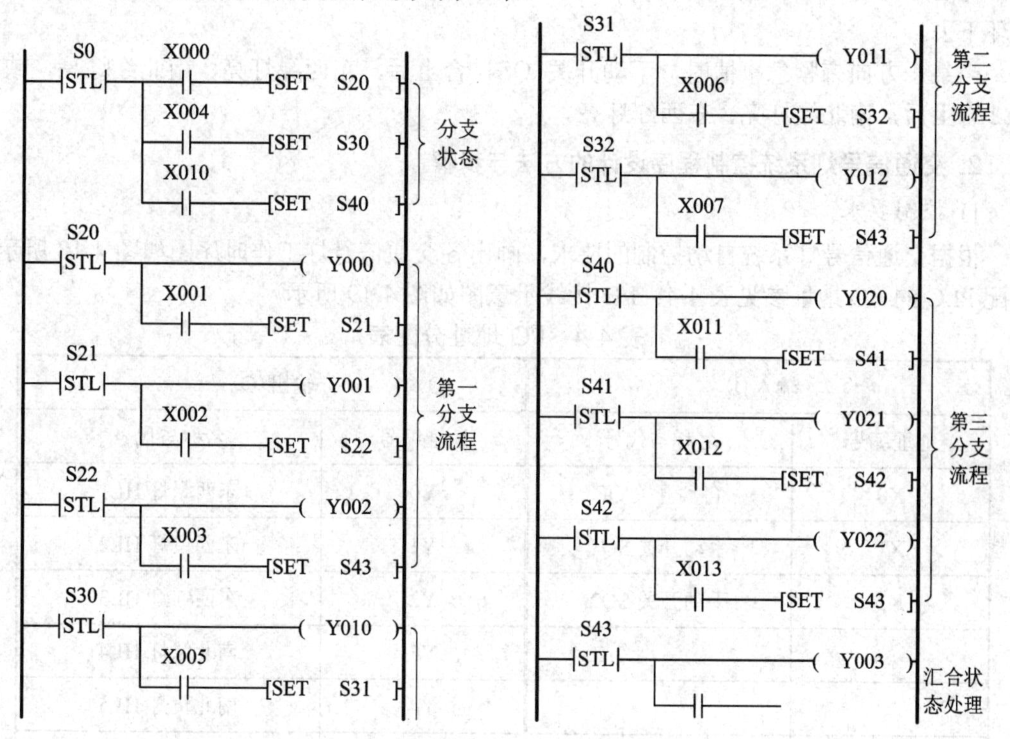

图 4-16　选择性分支(与汇合)流程梯形图

【任务实施】

1. 交通信号灯系统自动控制要求

交通信号灯分为东西、南北两组，分别有红、黄、绿三种颜色。交通信号灯系统如图 4-17 所示，因东西、南北方向交通繁忙情况不一样，其控制要求如下：

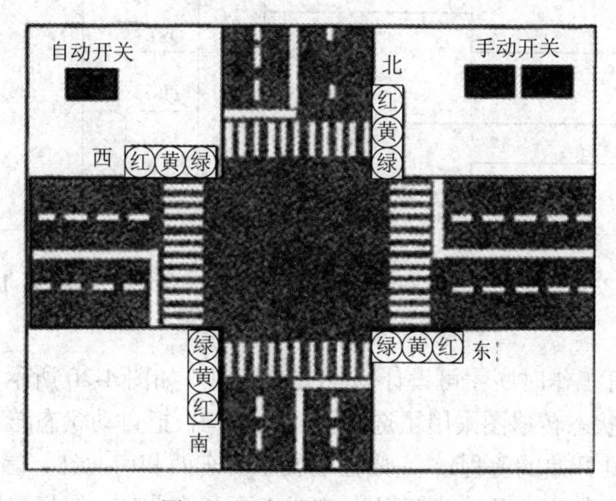

图 4-17　交通信号灯示意图

自动开关QF合上后，东西绿灯亮10 s，最后2 s黄灯开始闪亮(设每秒闪烁一次)，对应南北红灯亮10 s；接着南北绿灯亮14 s，最后2 s黄灯开始闪亮，东西红灯亮14 s；如此循环下去。

当某一方向有紧急事情时，手动开关 QS1 合上后，东西绿灯亮、南北红灯亮，或当QS2合上后，南北绿灯亮、东西红灯亮。

2. 交通信号灯系统控制程序设计的方法与步骤

1) 控制要求

根据交通信号灯系统自动控制的要求，画出各交通信号灯工作时序图如图4-18所示。分配PLC的I/O地址参见表4-4；I/O接线示意图如图4-19所示。

表4-4　I/O地址分配表

输入(I)		输出(O)	
地址编号	名称与代号	地址编号	名称与代号
X0	自动开关QF	Y0	东西绿灯HL1
X1	手动开关SQ1	Y1	东西黄灯HL2
X2	手动开关SQ2	Y2	东西红灯HL3
		Y3	南北绿灯HL4
		Y4	南北黄灯HL5
		Y5	南北红灯HL6

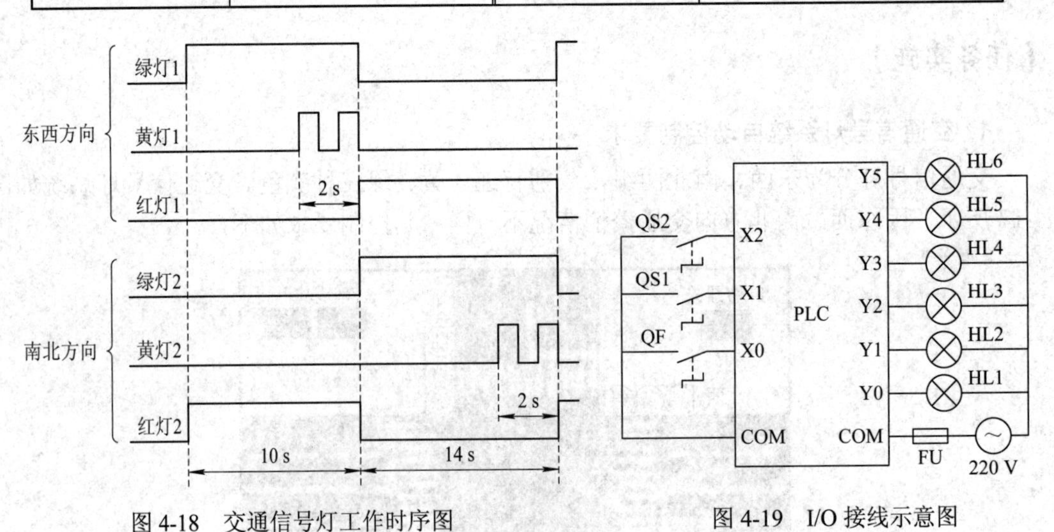

图4-18　交通信号灯工作时序图　　　　图4-19　I/O接线示意图

2) 程序设计

根据交通信号灯工作时序图可设计出状态转移图，如图4-20所示。

图4-20所示的状态转移图采用了选择性分支结构，把自动状态与手动状态分开。自动状态为一个分支(S20开始的流程)，完成控制要求的东西和南北红、绿、黄灯的动作循环。手动状态为另一个分支(S26开始的流程)，完成东西和南北红、绿灯强制的动作要求。当交

通信号灯处于自动状态(QF 合上 X0 为 ON)的任何一个状态时，按下手动开关 QS1 或 QS2(X1 或 X2 为 ON)，系统退出自动状态到 S0 后进入相应的手动状态。

在程序中，通过在自动状态流程中各个状态转移条件并联的 X1 或 X2 常开触点，把当前动作状态转移到分支状态 S0，然后进入手动状态(S26 为 ON)。当释放手动开关 QS1 或 QS2(X1 或 X2 为 OFF)后，满足 S26 的转移条件，将动作状态转移到分支状态 S0。如果 QF 仍闭合，则又进入自动循环工作状态；如果 QF 断开，则交通信号系统就进入停止等待状态。

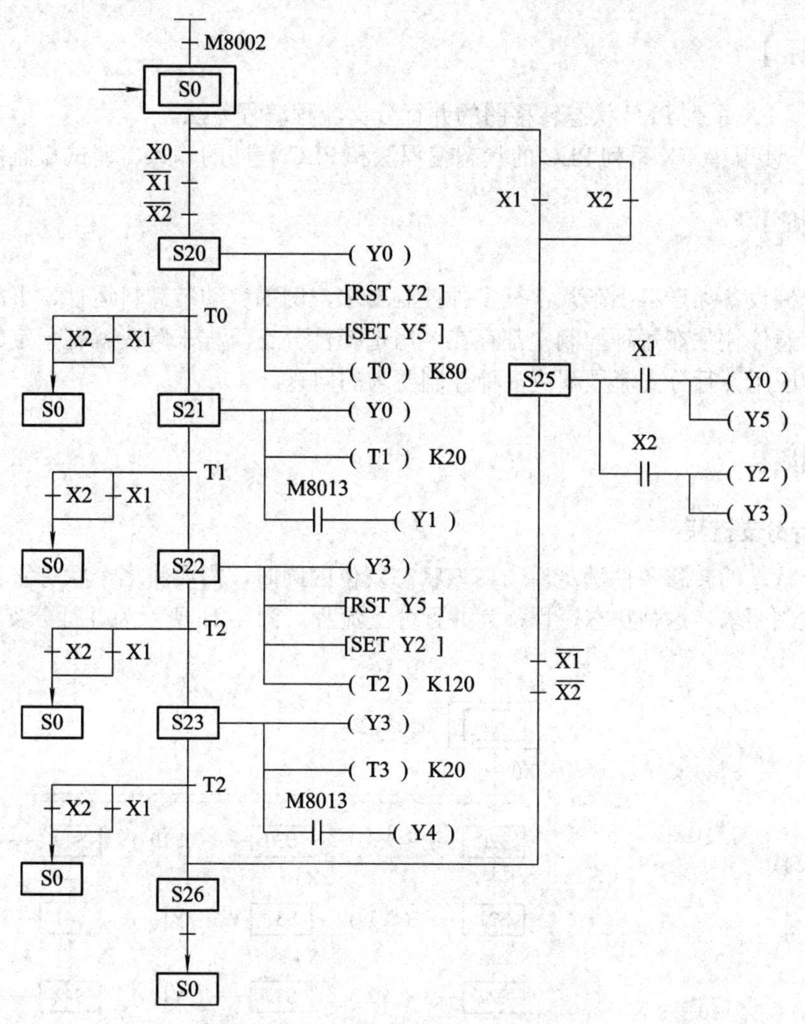

图 4-20　交通信号灯系统状态转移图

3) 输入程序

将交通信号灯系统状态转移图转变为梯形图输入到 PLC 进行程序的试运行，观察 PLC 的输出是否符合控制要求。

【思考练习题】

4-3-1　试一试。分别将 S20 与 S21、S22 与 S23 合并为一个状态，以减少程序对内存

的占用和状态的编写时间，如何修改？

4-3-2　图4-20中的S26(汇合状态)是一个虚拟状态，可以删除，这就构成了选择分支非汇合的流程，如何修改？请试一试，修改后输入到PLC中进行运行和监视。

任务四　送料小车多位置卸料自动循环控制

【任务目标】

(1) 掌握FX系列PLC状态转移图的并行分支流程编程方法。
(2) 进一步掌握FX系列PLC的状态编程法和PLC程序的输入、调试与监视。

【任务分析】

生产机械设备如送料小车常常有多种控制要求，例如自动装卸料运行、事故急停、点动等，事故急停往往在每种控制中都存在，用选择性分支流程来解决就有一定的困难。本任务学习和应用并行分支流程解决多种控制要求的问题。

【知识链接】

1. 并行分支流程

当某个状态的转移条件满足后，在该状态复位的同时，需要将多个状态置位以满足工作机械的控制要求，这种状态流程称为并行分支流程。图4-21所示为并行分支流程。

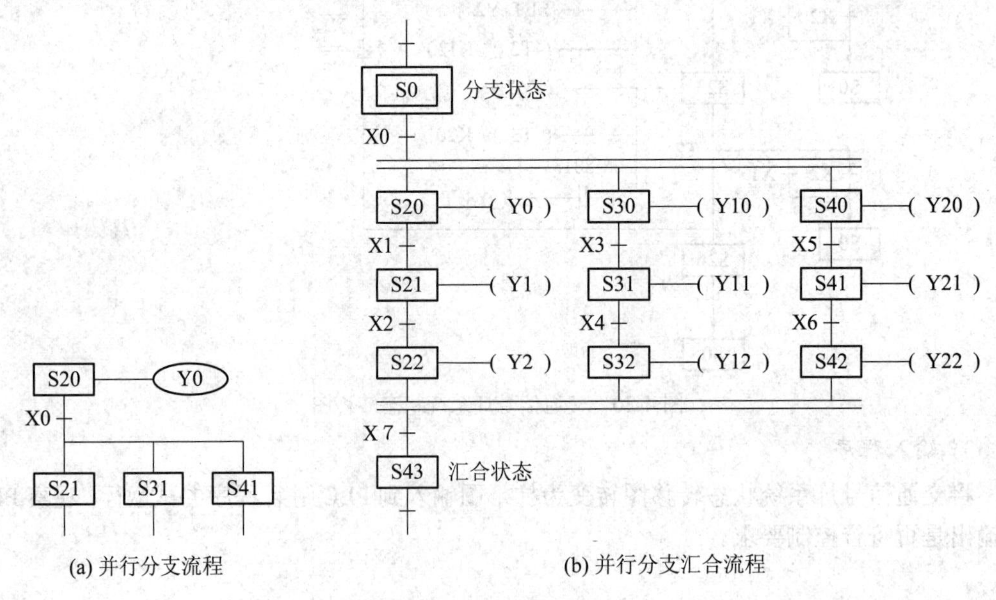

(a) 并行分支流程　　(b) 并行分支汇合流程

图4-21　并行分支流程

图4-21(a)、(b)中均有三个分支流程。以图(b)为例说明并行分支流程工作情况，S0为

分支状态，一旦状态 S0 的转移条件 X0 为 ON，以 S20、S30、S40 开始的三个分支流程均可执行。S43 为汇合状态，等三个分支流程动作全部执行结束时，如 X7 为 ON，S43 就开启置位。若其中一个分支没有执行完毕，则 S43 就不能开启置位。与单流程或选择性分支流程不同，并行分支流程在同一时间有两个或两个以上的状态处于开启状态。

2. 并行分支汇合流程状态转移图转变为梯形图

并行分支汇合流程状态转移图转变为梯形图(或指令表)的基本原则是先进行并行分支处理，再集中进行汇合处理。图 4-21(b)所示的并行分支汇合流程状态转移图中，当状态 S0 的转移条件 X0 为 ON 时，应依次转移到 S20、S30、S40 状态；然后依次处理以 S20、S30、S40 开始的分支流程；最后进行汇合状态 S43 的处理。该并行分支汇合流程状态转移图转变为梯形图如图 4-22 所示。

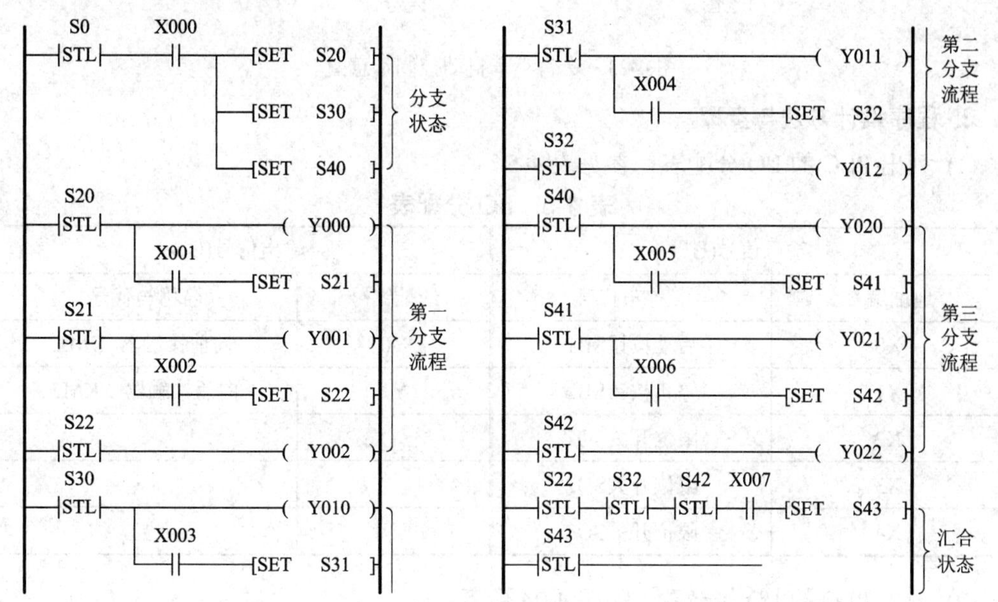

图 4-22　并行分支汇合流程(图 4-1(b)所示)转变的梯形图

【任务实施】

送料小车多位置卸料自动控制

1. 送料小车多位置卸料自动控制要求

送料小车送、卸料自动控制如图 4-23 所示，按钮 SB1 启动送料小车，按钮 SB2 停止送料小车。其工作流程与控制要求如下：

(1) 按启动按钮 SB1，送料小车在 1 号仓停留 10 s 装料后，第一次由 1 号仓送料到 2 号仓碰限位开关 SQ2 后，在 2 号仓停留 5 s 料斗卸料，然后空车返回到 1 号仓碰限位开关 SQ1 停留 10 s 装料。

(2) 送料小车第二次由 1 号仓送料到 3 号仓，经过限位开关 SQ2 不停留，继续向前，当到达 3 号仓碰限位开关 SQ3 停留 8 s 料斗卸料，然后空车返回到 1 号仓碰限位开关 SQ1 停留 10 s 再装料。

(3) 重复上述工作循环过程。送料小车系统循环三次后自动停止。

(4) 当遇到紧急情况时，按下停止按钮 SB2，系统马上停止运行(SB2 即为急停按钮)。事故解除后按下启动按钮，系统继续按原循环运行。

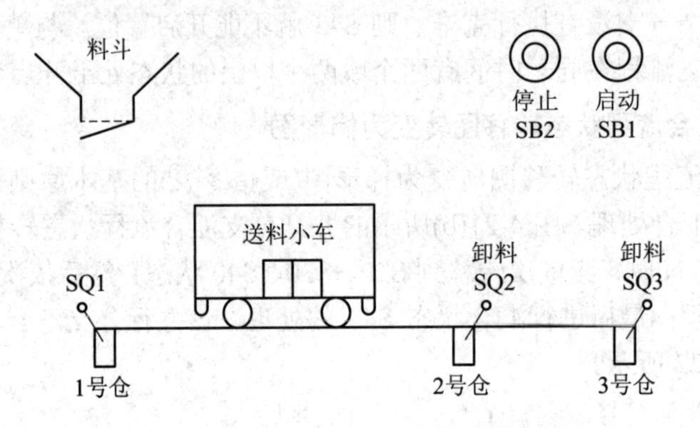

图 4-23　送料小车自动控制示意图

2. 程序设计方法与步骤

(1) 列出 PLC 的 I/O 分配表，参见表 4-5。

表 4-5　I/O 分配表

输入信号(I)		输出信号(O)	
地址编号	名称与代号	地址编号	名称与代号
X0	启动按钮SB1	Y0	向前接触器 KM1
X1	停止按钮SB2	Y1	向后接触器 KM2
X2	限位开关SQ1		
X3	限位开关SQ2		
X4	限位开关SQ3		

(2) 画出 PLC 的 I/O 接线图，如图 4-24 所示。

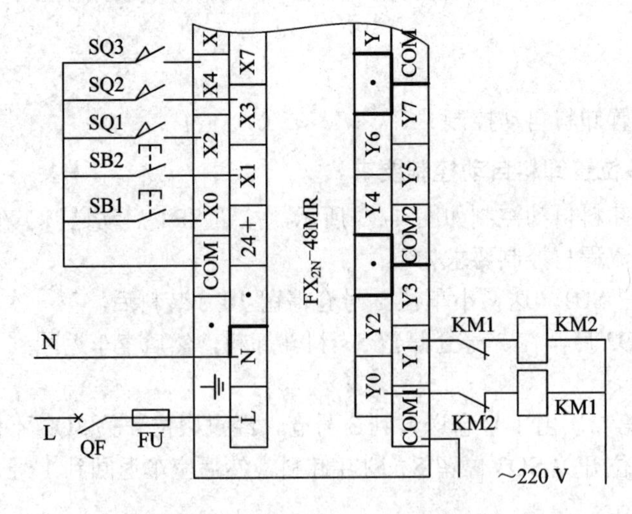

图 4-24　PLC 的 I/O 外部接线图

(3) 程序设计。送料小车装料、送料(前进)、卸料、返回(后退)等过程是顺序控制过程，每个工作事件(过程)都可以用一个状态来表示。用状态转移图设计较方便。

任务中的难点之一：当送料小车第二次到达 2 号仓时，经过(碰)限位开关 SQ2 不停留，继续向前。采用状态编程法正确选择状态的转移条件就可以很好地解决这个问题。送料小车第二次到达 2 号仓，经过(碰)限位开关 SQ2 时，状态不转移，即限位开关 SQ2(X3)不是该状态的转移条件，而是小车到达 3 号仓时，在经过(碰)限位开关 SQ3(X4)时状态才转移。

难点之二：遇到紧急情况时，系统马上停止与重新启动后继续进行。采用并行分支结构同时运行一个状态，并用内部辅助继电器的置位与复位解决。注意：此任务中系统马上停止，也可采用 M8034(输出禁止，即 PLC 的外部输出接点均为 OFF)。

程序设计的状态转移图和梯形图分别如图 4-25、图 4-26 所示。

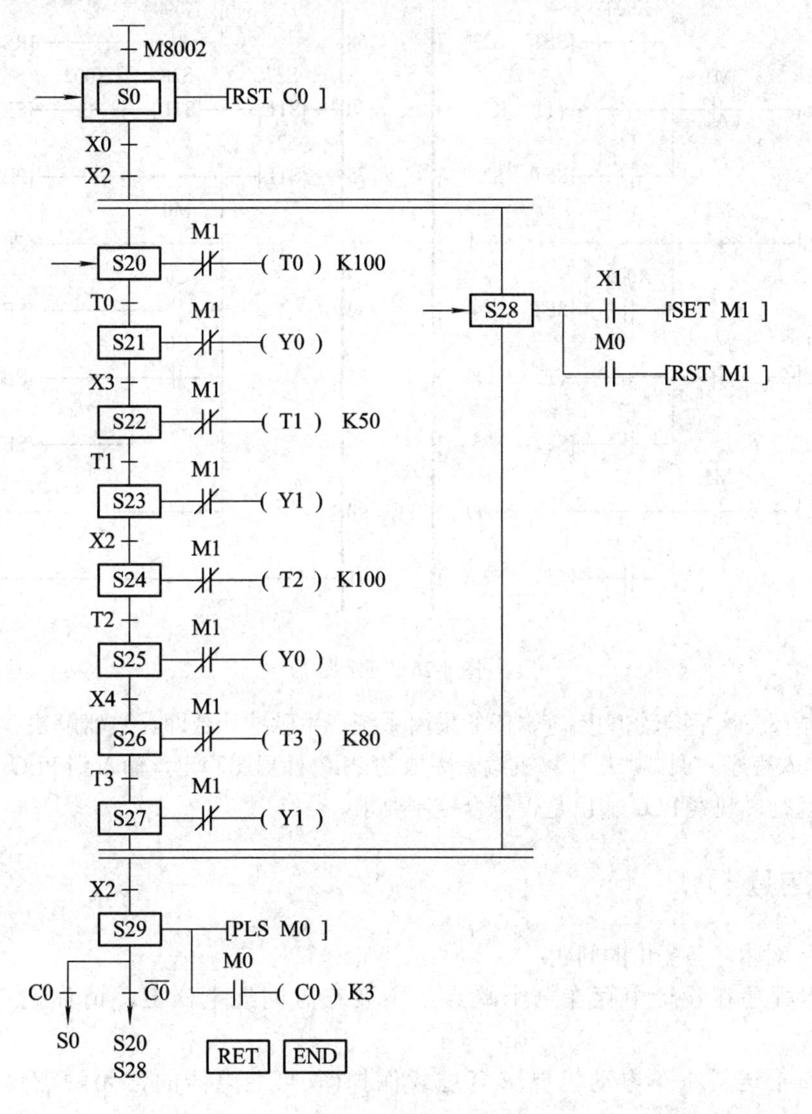

图 4-25　状态转移图

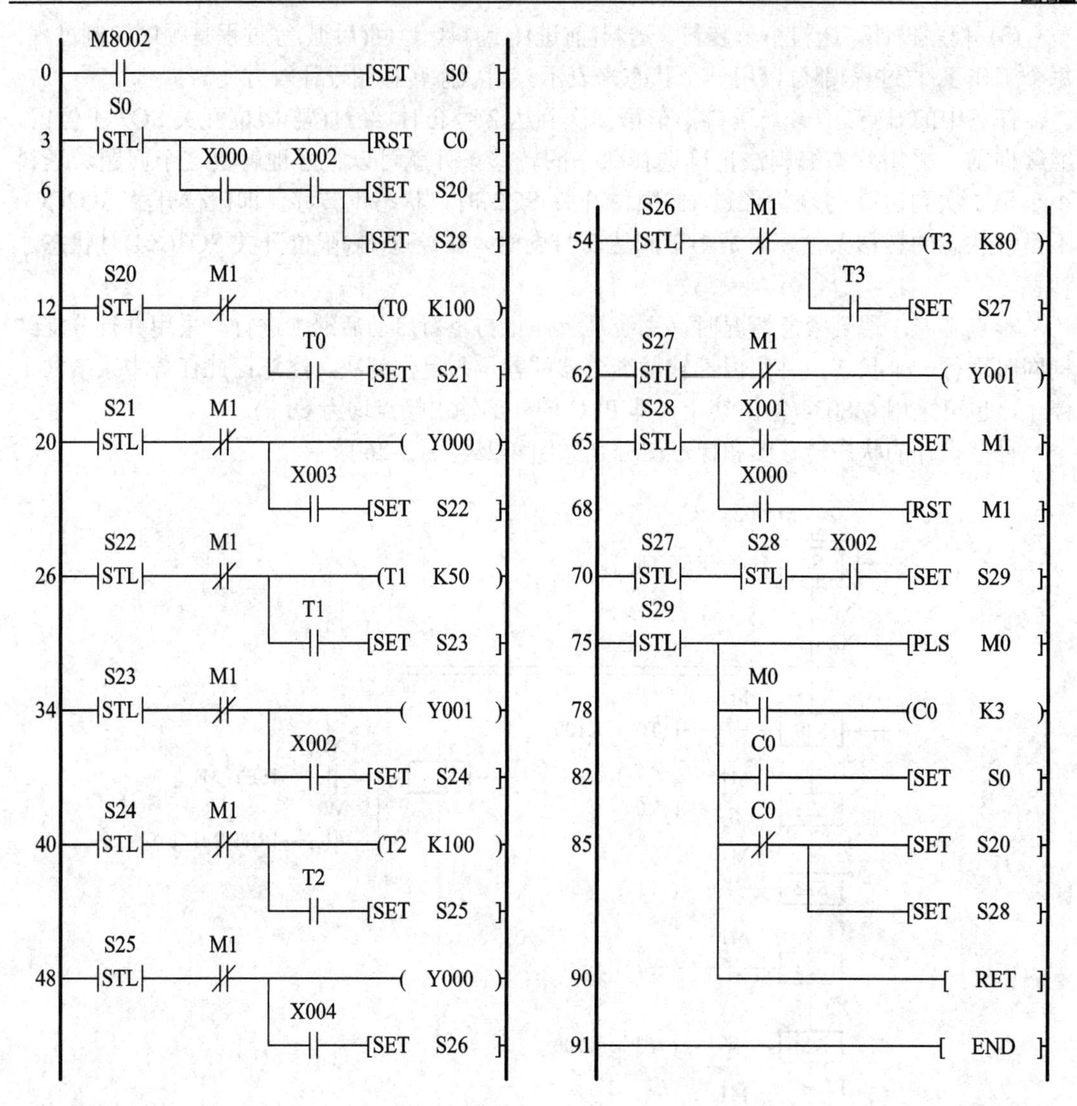

图 4-26　梯形图

系统循环三次后自动停止。(本任务采用系统产生脉冲计数即计数器解决。)

(4) 输入程序并调试。将计算机编辑完成的 PLC 梯形图写出，输入到 PLC 中进行程序的调试与运行，观察 PLC 输出是否符合控制要求。

【思考练习题】

4-4-1　对本任务提出的问题：

(1) 本程序在设计中存在一个缺点，主要在时间继电器上，请你把它找出来并修改。

(2) 如果送料小车电动机要求有过载保护(取热继电器的常闭触点)，程序如何修改?

(3) 送料小车正在进行多次循环运行，但因故要休息，需要停车(非急停，即随机停车，是指送料小车接受到停车命令后不立即停车，而是等待正在运行的该次循环运行结束后才停止)，假设为 X6，请对程序进行修改设计。

(4) 送料小车正在运行，供电系统突然停电，若来电后送料小车应按原动作进行，如何处理？

(5) 本程序采用一个工作事件(过程)为一个状态，其程序的编写与计算机输入较繁琐，能适当地压缩状态数进行简化吗？试一试。

问题解决提示：

(1) T0、T1 应采用积算定时器，如 T250。因装料时突然急停，事故排除后重启，T0、T1 重新计时 10 s，会导致装料过多溢出。注意应对 T250 在适当的位置复位。

(2) 当有过载信号(热继电器的常闭触点断开)，PLC 接点设为 X5(常闭触点)恢复接通，系统应立即停止。在图 4-25 中，在 S28 状态下，将 X5 与 X1 并联即可，如图 4-27(a)所示。过载处理完毕后，按启动按钮 SB1(X0)送料小车按原动作进行。

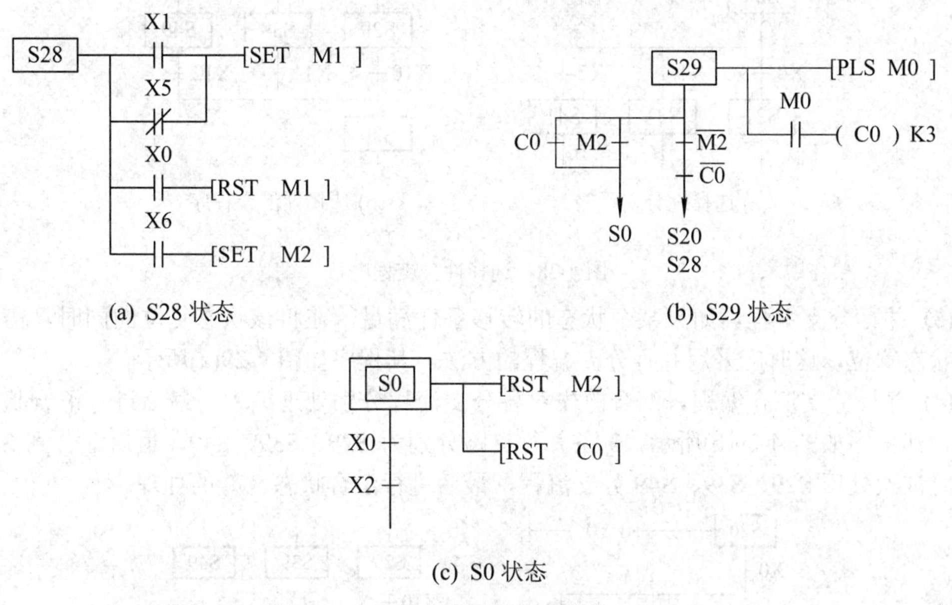

(a) S28 状态　(b) S29 状态

(c) S0 状态

图 4-27　系统程序修改后的部分状态

(3) 随机停车设为 X6，在 S28 状态下，增加 X6 驱动 SET　M2，M2 及 $\overline{M2}$ 在 S29 状态下分别作为转移到 S0 和 S20、S28 的转移条件，在 S29 状态应对 M2 复位，如图 4-27(b)所示；在 S0 状态应对 M2 复位，如图 4-27(c)所示。

(4) 突然停电，来电后小车应按原动作进行。在图 4-25 中，将 S0 之后的状态改为掉电保持型(S500～S899)或在图中增加掉电保持型继电器，在 S0 后增加一个选择分支进行点动/手动处理。

请结合本项目及问题解决提示，对系统进行改进设计。

4-4-2　编程练习：

请将项目三的任务六“液体混合装置控制”用步进指令编程。

本 项 目 小 结

顺序控制采用步进指令编程可以使程序简单、明了。应用步进指令编程时，一般是根据控制对象的运动、变化情况分解成各运动动作或状态(工序)，将输入条件、各状态的转移条件和输出控制按一定的顺序设计出状态转移图，然后将状态转移图转变为梯形图，这种编程的方法也叫状态编程法。其关键是正确设计出状态转移图。

步进顺控指令编程有单流程与多流程编程两种，多流程主要有以下几种分支形式：

(1) 选择性分支编程。当某个状态的转移条件超过一个时，需要用选择性分支编程(不一定要汇合)，如图4-28(a)所示。

(2) 选择性汇合编程。如图4-28(b)所示，3个分支状态S29、S39、S49汇合到状态S50，在编制程序时，汇合状态应作为每一条分支的最后一个状态处理。

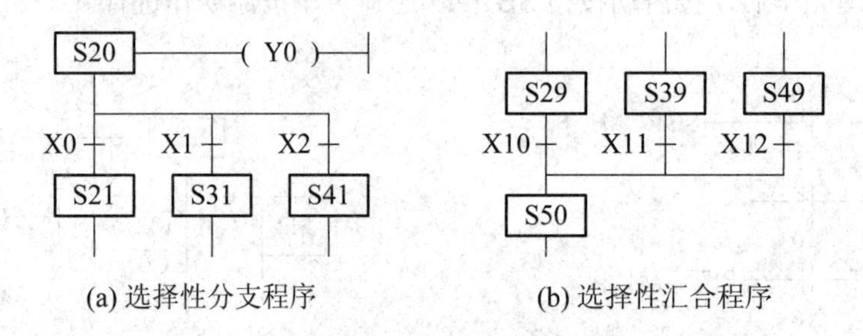

(a) 选择性分支程序　　(b) 选择性汇合程序

图4-28　选择性分支程序

(3) 并行分支编程。如果某个状态的转移条件满足，在将该状态复位的同时，需要将若干状态置位，这时应采用并行分支编程的方法，其程序如图4-29(a)所示。

(4) 并行分支汇合编程。汇合前先对各分支流程分别处理编程，最后进行汇合状态的处理。其程序如图4-29(b)所示，3条并行支路分别为S29、S39、S49，最后汇合到S50，编程时依次处理S29、S39、S49分支流程，最后进行汇合状态S50的处理。

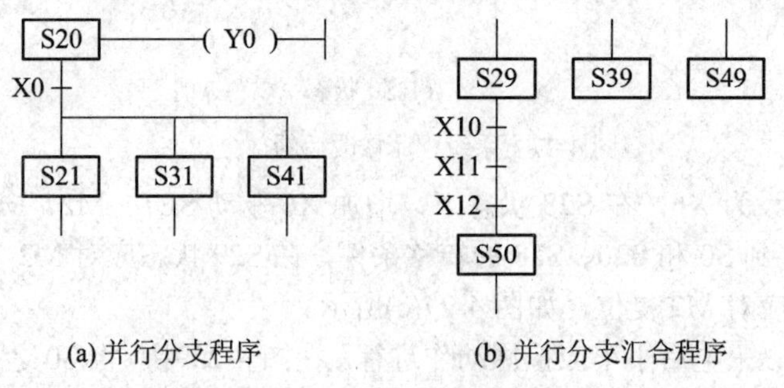

(a) 并行分支程序　　(b) 并行分支汇合程序

图4-29　并行分支程序

注意：对于初始状态下(S0～S9)，每一状态下的分支电路数总和不大于16个，并且在每一分支点的分支数不大于8个。

(5) 部分重复的编程方法。在有些情况下，需要返回某个状态重复执行一段程序，可以采用部分重复的编程方法，如图4-30所示。

(6) 同一分支内跳转的编程方法。在同一分支的执行过程中，有时由于必须跳过几个状态执行下面的程序，因此可采用同一分支内跳转的编程方法，如图 4-31 所示。

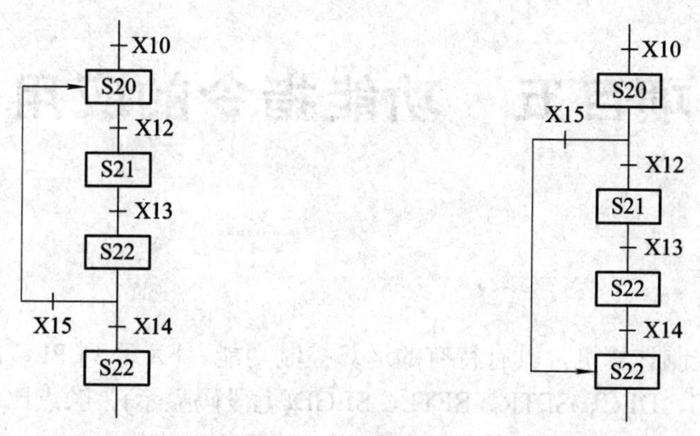

图 4-30　部分重复的编程方法　　图 4-31　同一分支内跳转的编程方法

项目五　功能指令的应用

【项目概述】

PLC 是工业控制计算机，具有特有的运算控制功能。FX 系列 PLC 的功能指令主要有 MOV、CMP、INC、DEC、SFTR、SFTL、SEGD(七段码显示)、触点比较和条件跳转指令 CJ(P)等。本项目主要介绍各种功能指令的编程方法及实践应用。

任务一　工件输送计数控制

【任务目标】

(1) 掌握 FX 系列 PLC 数据寄存器 D 的编号及属性。

(2) 掌握功能指令的一般表达形式及传送、比较等功能指令的使用。

(3) 掌握 PLC 的功能指令编程方法和 PLC 程序的输入、调试与监视方法。

【任务分析】

通过前面的知识学习，我们已能用基本指令和步进指令对生产中一般性要求的控制系统进行程序编写，但对于复杂的控制系统还要用到功能指令等。本任务将应用功能指令编写程序实现对小车在不同位置进行呼叫控制。

【知识链接】

1. 功能指令的表达方式

PLC 的功能指令又称为应用指令。它能完成指定的功能，如前面学习的 SET、RST 指令等。功能指令由相应的助记符和操作数组成，如图 5-1 所示。助记符是该功能指令的功能意义的英文缩写，如 MOV 是 MOVE 缩写，可用计算机直接输入。

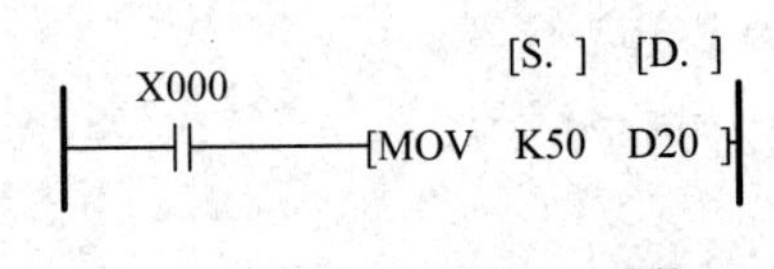

图 5-1　功能指令梯形图结构

操作数是指功能指令用于运算的元件或数据。它包括源操作数[S]、目标操作数[D]和数据个数(图 5-1 中未表示出来)三部分。

源操作数[S]的特点是指令执行后，其内容不改变，如图 5-1 所示的 K50；若采用变址，则用[S.]表示。

目标操作数[D]的特点是指令执行后，其内容将会改变，如图 5-1 所示的 D20；若采用变址，则用[D.]表示。

若一条指令中的源操作数、目标操作数不止一个，则可用字母后加数字识别，如[S1.]、[S2.]，[D1.]、[D2.]等。

数据个数是对源操作数或目标操作数的个数进行补充说明的，用 K 表示十进制数，H 表示十六进制数，如 K3 表示操作数为 3。

功能指令的执行方式分为连续执行和脉冲执行两种。若指令后面有 P 则表示脉冲执行，当执行条件满足时，仅执行一个扫描周期(默认状态为连续执行方式)。对于不要求每个扫描周期都执行的指令，常用脉冲执行方式以缩短执行时间。若指令前面(或后面)有 D 则表示该指令的数据为 32 位。

2. 数据寄存器(D)

数据寄存器 D 是存储数值、数据用的软元件，其编号及属性如表 5-1 所示。

表 5-1　FX_{2N} PLC 数据寄存器 D 的编号和属性

一般用途	掉电保持用途	掉电保持专用	特殊用途	变址用
D0～D199 (共 200 点)	D200～D511 (共 312 点)	D512～D7999 (共 7488 点)	D8000～D8255 (共 256 点)	V0～V7 Z0～Z7 (共 16 点)

数据寄存器 D 可单个使用，如 D0、D10 为 16 位数据寄存器。也可将相邻两个数据寄存器组合，构成 32 位数据寄存器，大地址编号的为高 16 位、小地址编号的为低 16 位。当用 32 位(组合)指令时，只指定低位即可，例如指定了 D10，则其高位自动分配为 D11。考虑到编程习惯及外围设备的监视功能，一般将软元件编号的低位指定为偶数地址编号，如 D10、D12、D20，它们的实际组合是 D11D10、D13D12、D21D20。

3. 传送指令(MOV)

传送指令 MOV 就是将源操作数的内容原封不动地传送到目标操作数中，源操作数的内容不变，如图 5-2 所示。

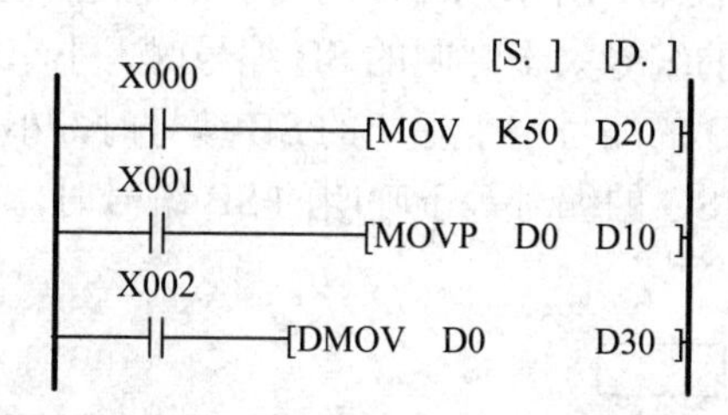

图 5-2　传送指令的使用

图 5-2 所示传送指令程序说明：

当 X0 = ON 时，运行连续执行型 16 位传送指令，每来一次扫描脉冲，将十进制数 50(源操作数)转换为二进制数后一次传送至 D20；当 X0 = OFF 时，不执行传送指令。

当 X1 = ON 时，运行脉冲执行型 16 位传送指令，指令只执行一次，将 D0 的内容传送至 D10 中。

当 X2 = ON 时，运行连续执行型 32 位传送指令，将 D1、D0 组合的内容传送至

D31D30 中。

4. 比较指令

比较指令有两数据比较(CMP)和区间比较(ZCP)两种。

(1) 两数据比较指令 CMP。CMP 指令的功能是将两个源操作数[S1]和[S2]的数据进行比较，结果送到目标操作数[D]中。该指令的使用如图 5-3 所示。

当 X1 =ON 时，数据进行比较，比较结果送到 M0～M2 中；当 X1 =OFF 时，数据不进行比较，M0～M2 的状态保持不变。

(2) 区间比较指令 ZCP。ZCP 指令的功能是将源操作数［S.］的数值与另外两个源操作数［S1.］、［S2.］形成的区间进行比较，结果送到目标操作元件［D.］中，且源操作数［S1.］≤［S2.］。该指令的使用如图 5-4 所示。当 X1= ON 时，执行 ZCP 指令，将 T2 的当前值与 10 和 15 比较，结果送到 M3～M5 中。

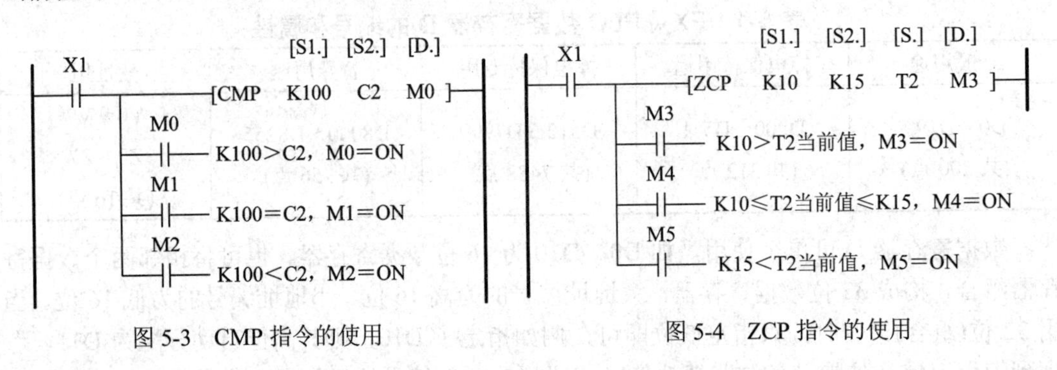

图 5-3　CMP 指令的使用　　　　图 5-4　ZCP 指令的使用

【任务实施】

1. 小车呼叫控制

1) 控制要求

小车呼叫控制结构图如图 5-5 所示，SQ 为小车所停位置，按下按钮 SB 代表呼叫信号。要求：当小车所停位置 SQ 的编号大于呼叫的 SB 编号时，小车往左运行至呼叫的 SB 位置后停止；当小车所停位置 SQ 的编号小于呼叫的 SB 编号时，小车往右运行至呼叫的 SB 位置后停止；当小车所停位置 SQ 的编号等于呼叫的 SB 编号时，小车不动。试根据要求编写 PLC 控制程序。

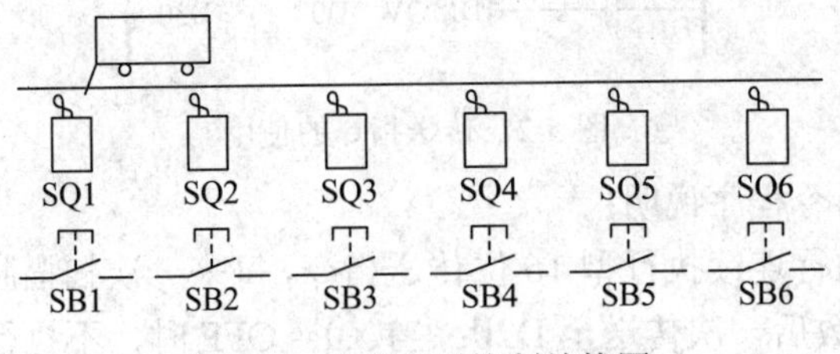

图 5-5　小车呼叫控制结构图

2) 小车呼叫控制程序设计方法与步骤

根据要求将小车所停位置的 SQ 编号传送到数据寄存器 D0 中，将呼叫小车的按钮 SB

的编号传送到数据寄存器D1中，对D0和D1进行比较，其结果驱动Y0、Y1工作(左、右移动)。

(1) 根据要求进行I/O分配，参见表5-2。

表5-2　I/O分配表

输入信号(I)			
地址编号	名称与代号	地址编号	名称与代号
X0	启动按钮 SB0		
X1	位置1呼叫按钮 SB1	X11	位置1行程开关 SQ1
X2	位置2呼叫按钮 SB2	X12	位置2行程开关 SQ2
X3	位置3呼叫按钮 SB3	X13	位置3行程开关 SQ3
X4	位置4呼叫按钮 SB4	X14	位置4行程开关 SQ4
X5	位置5呼叫按钮 SB5	X15	位置5行程开关 SQ5
X6	位置6呼叫按钮 SB6	X16	位置6行程开关 SQ6
输出信号(O)			
地址编号	名称与代号		
Y0	小车左移交流接触器KM1		
Y1	小车右移交流接触器KM2		

(2) 小车呼叫控制I/O接线图如图5-6所示。

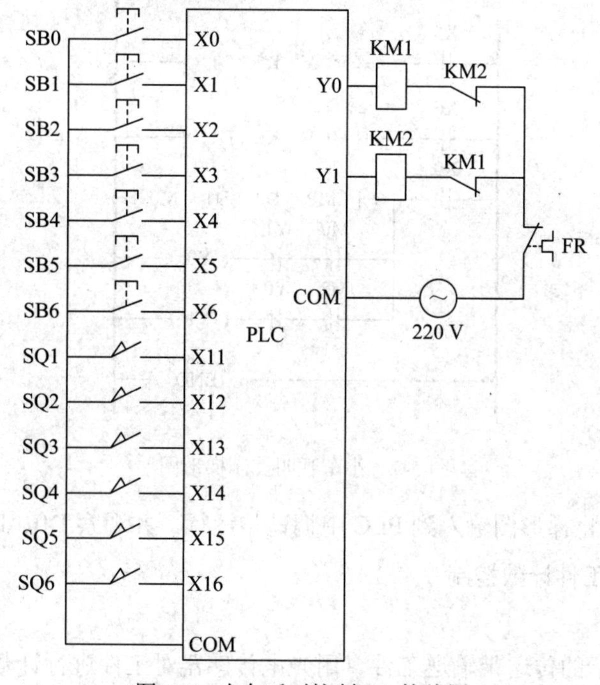

图5-6　小车呼叫控制I/O接线图

(3) PLC 控制程序设计。小车呼叫控制梯形图如图 5-7 所示，当 X0 = ON 时，执行 CMP 指令。当 D0 > D1 时，M0 = ON，Y0 接通，小车向左移动；当 D0 < D1 时，M2 = ON，Y1 接通，小车向右移动；当 D0 = D1 时，M1 = ON，小车不动。

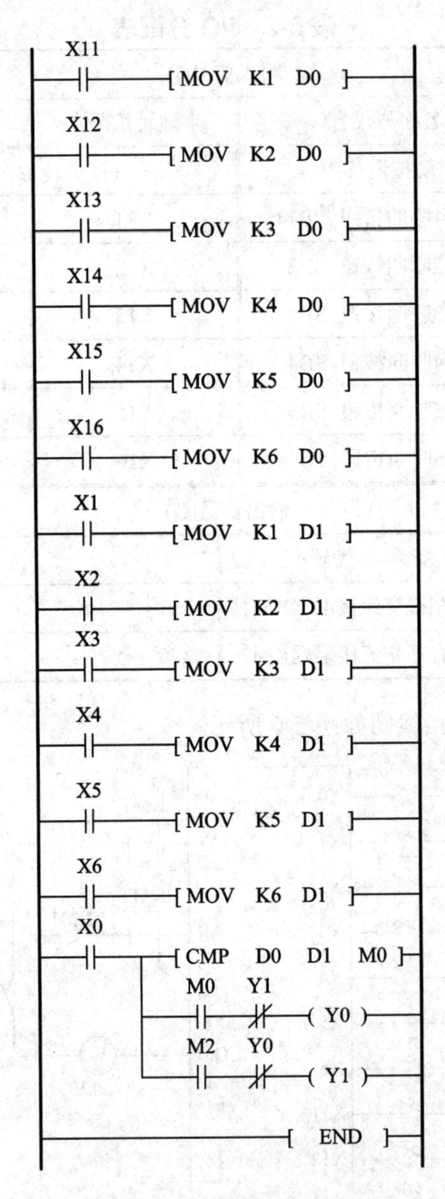

图 5-7　小车呼叫控制梯形图

(4) 程序调试。将梯形图输入到 PLC 中调试与运行，并观察 D0、D1 中的数据变化。

2. 传送带输送工件计数控制

1) 控制要求

用如图 5-8 所示的传送带输送工件，用光电传感器对工件进行计数。当计件数量小于 15 时，指示灯常亮；当计件数量等于或大于 15 时，指示灯闪烁；当计件数量等于 20 时，传送带立即停机，同时指示灯熄灭。试设计 PLC 控制线路并编写程序。

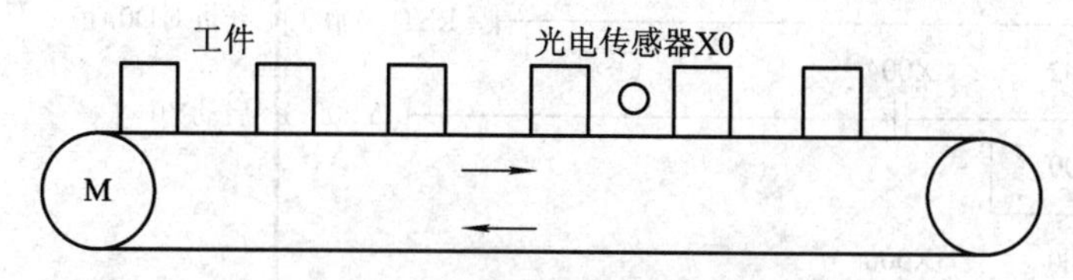

图 5-8　传送带输送工件图

2) 传送带输送工件计数控制程序设计的方法与步骤

(1) 根据要求进行 I/O 分配，参见表 5-3。

表 5-3　I/O 分配表

输入信号(I)		输出信号(O)	
地址编号	名称与代号	地址编号	名称与代号
X0	光电传感器	Y0	电动机的接触器KM线圈
X2	启动按钮SB1	Y5	指示灯HL
X3	停止按钮SB2		

(2) PLC 的 I/O 接线图如图 5-9 所示。

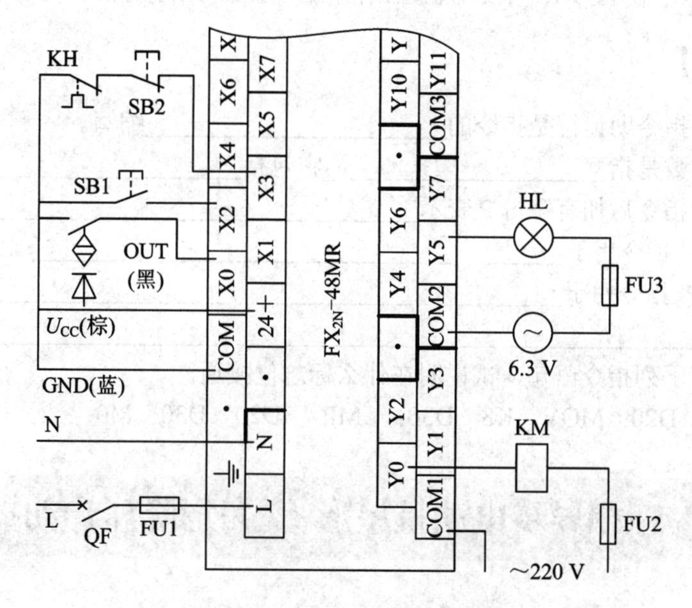

图 5-9　PLC 输入/输出接线图

一般来说，光电传感器的棕色线是电源 U_{CC}，连接 PLC 的内部 DC 电源正极 24 V；黑色线是传感器的信号输出 OUT 线，连接 PLC 的输入端 X0；蓝色线是公共端，连接 PLC 的 COM 端。当 PLC 上电时，光电传感器的发光器件发出的光遇到工件，经工件反射进入光电传感器接收器使光电传感器的内部开关导通。

(3) PLC 控制程序设计梯形图及表达的意义如图 5-10 所示。

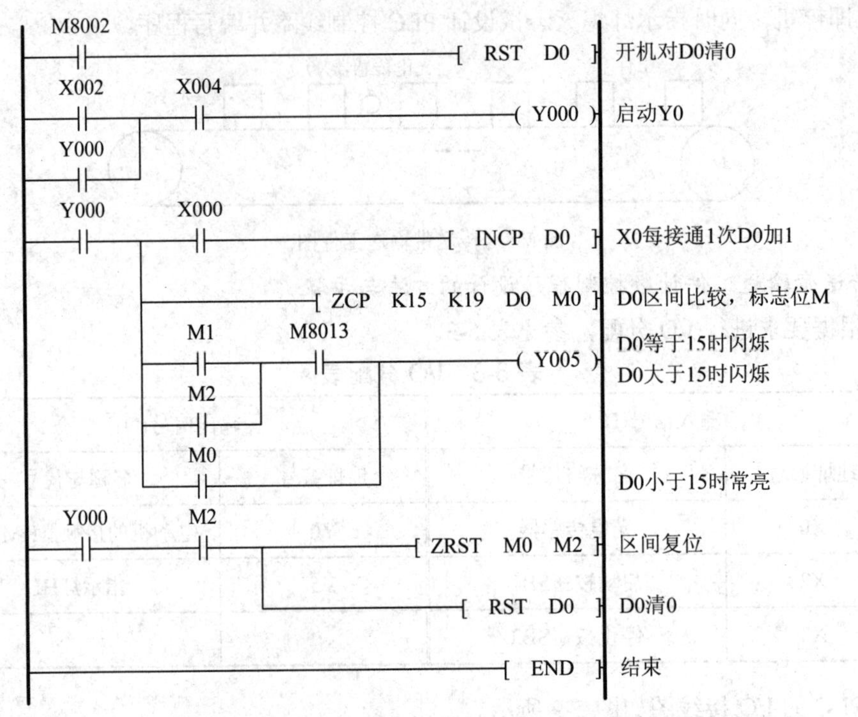

图5-10　传送带输送工件计数控制程序设计梯形图

【思考练习题】

5-1-1　功能指令助记符是指令的________________缩写。

5-1-2　操作数是指________________，它包括________________________。

5-1-3　功能指令后加有字母P表示________________________________。

5-1-4　MOV指令用于____________________________。

5-1-5　CMP 指令用于____________________________________，ZCP指令用于____。

5-1-6　执行下列指令语句，试说明在什么标志位接通。

MOV　K5　D20；MOV　K8　D30；CMP　D20　D30　M0

任务二　三相异步电动机星形-三角形降压启动控制(二)

【任务目标】

(1) 理解位元件、字元件及位元件组合而成的字元件的概念。

(2) 掌握组合字元件在编程中的应用。

【任务分析】

在编写PLC程序时，如果能对输出端直接赋值(置1或0)，可以使程序编写变得方便、

简单，所编写的程序阅读起来也会一目了然。本任务采用对位组合元件直接赋值，实现三相异步电动机星形-三角形降压启动控制。

【知识链接】

可编程序控制器的编程元件根据内部位数的不同可分为位元件和字元件。

1. 位元件

位元件是指用于处理 ON/OFF 状态的继电器，其内部只能存储一位数据 0 或 1。例如输出继电器 Y 和一般辅助继电器 M 等。

2. 字元件

字元件是由 16 位寄存器组成的，用于处理 16 位数据，如数据寄存器 D、计数器 C 和定时器 T 都是字元件。若要处理 32 位数据，则用两个相邻的数据寄存器就可以组成 32 位数据寄存器。

3. 位元件组合成字元件

一个位元件虽然只能表示一位数据，但是可以采用 16 个位元件组合在一起，作为一个字元件使用，即用位元件组成字元件。下面以 4 个位元件为一组的原则来组合，例如 KnMi。

KnMi 中 n 表示组数，规定一组有 4 个位元件，4 × n 为用位元件组成字元件的位数。K1 表示有 1 组共 4 位，K2 表示有 2 组共 8 位，K4 表示有 4 组共 16 位。

KnMi 中 i 为首位元件号，即字元件的最低位编号。例如，K2M0 表示由 M7～M0 组成的 8 位数据，M0 是最低位，可存放的数据为 8 位。K4M10 表示由 M25 到 M10 组成的 16 位数据，M10 是最低位。K1 Y0 表示由输出继电器 Y3～Y0 组成字元件，最低位是 Y0，存放 4 位数据。K4Y0 表示由 Y17～Y0 组成 16 位的字元件。

进行 16 位数据处理时，其数据可以是 4～16 位，即用 K1～K4 表示。32 位数据操作时，数据可以是 4～32 位，则用 K1～K8 表示。

4. 区间复位指令

区间复位指令 ZRST 的功能是将［D1.］～［D2.］指定的元件号范围内的同类元件成批复位。图 5-11 所示为区间复位指令 ZRST 的使用说明，X0 = ON，C0～C10、D0～D10、Y0～Y3 之间的元件全部复位为 0 状态。当 X1 = ON 时，Y0～Y3 之间的输出继电器全部为 0 状态。

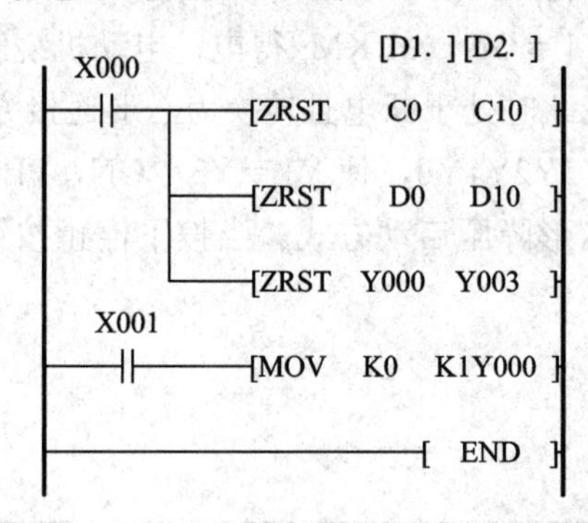

图 5-11　区间复位指令 ZRST 的使用

ZRST 指令使用注意事项：

(1) ［D1.］的元件号应小于［D2.］的元件号。

(2) 操作数［D］可取 T、C、D 或 Y、M、S。但是，［D1.］、［D2.］应为同类型元件。

【任务实施】

用位组合元件实现电动机的星形-三角形降压启动控制。要求：电动机 Y 形启动 6 s 后断开，再延时 0.4 s 转换成△形运行。

Y-△形降压启动控制程序设计如下：

主电路和 PLC 的 I/O 接线图与项目三任务五的相同，即 X0 为启动按钮，X4 为停止按钮，Y0、Y1、Y3 分别连接 Y 形、△形、主控接触器的线圈。由主电路和 PLC 的 I/O 接线图可知：当 PLC 的 Y0 有输出时，KM_Y 得电，主电路将电动机的绕组连接成 Y 形。当 Y1 有输出时，$KM_△$ 得电，电动机的绕组被接成△形。当 Y3 有输出时，KM 得电，电动机启动/运行。PLC 的控制程序梯形图如图 5-12 所示。

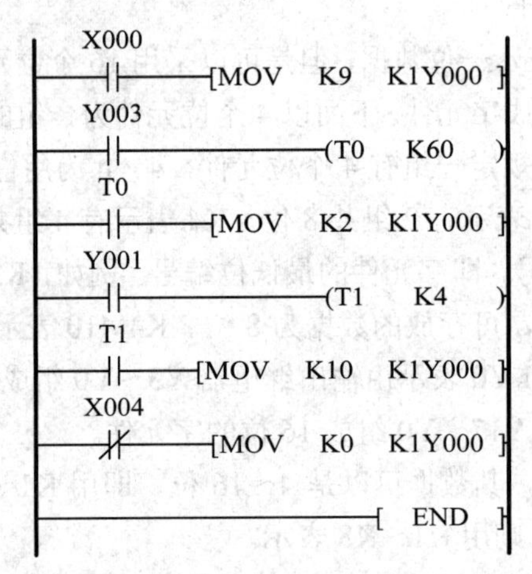

图 5-12　电动机 Y-△形减压启动控制梯形图

程序原理说明：按下启动按钮，X0 = ON，梯形图的第一个梯级执行，将 K9(1001)送到输出端 K1Y0(Y3Y2Y1Y0)。由于 Y0 = Y3 = ON，KM 和 KM_Y 得电，电动机作 Y 形启动。当转速上升到一定程度，即启动延时 6 s 后，PLC 执行程序将 K2(0010)送到 Y3Y2Y1Y0，此时 Y0 = Y3 = OFF，只有 Y1 = ON，故 $KM_△$ 得电，电动机绕组被接成△形。

由于 Y3 = OFF，电动机此时处于断电且转换为△形连接方式的状态，再经延时 0.4 s 后，执行传送 K10(1010)到 Y3Y2Y1Y0，使 Y1 = Y3 = ON，PLC 控制主电路使电动机作△形运行，完成电动机的 Y-△形降压启动方式。当按下停止按钮 X4 或电动机超载时，电动机将停止运行。

【思考练习题】

5-2-1　位元件是____________________________________，字元件____________________________________。

5-2-2　说明下列字元件分别由哪些位元件组合，表示多少位数据。

(1) K2M0；(2) K2Y5；(3) K3X0

5-2-3　8 个彩灯按照每隔 2 s 交替点亮，反复循环进行直到按下停止按钮为止。(程序设计提示：按照 Y7～Y0 分别控制 8 个彩灯，将 K85(01010101)和 K170 分别传送给 K2Y0 即可。梯形图如图 5-13 所示。)

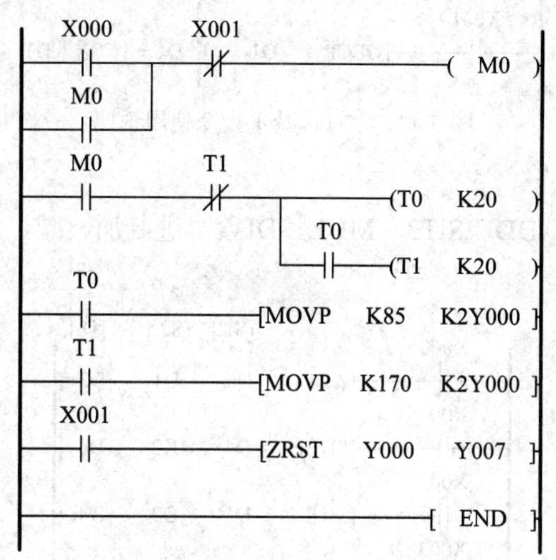

图 5-13　题 5-2-3 彩灯控制梯形图

5-2-4　三台电动机顺序延时 2 s，即按下启动按钮 X0，电动机 1 启动运行，2 s 后电动机 2 启动运行，再延时 2 s 后电动机 3 启动运行。请用 MOV 指令为其设计控制程序。

5-2-5　有 8 盏指示灯，控制要求：当 X0 接通时，全部灯亮；当 X1 接通时，奇数灯亮；当 X2 接通时，偶数灯亮；当 X3 接通时，灯全部灭。试设计电路并用数据传送指令编写程序。

任务三　加热器功率多挡位调节控制

【任务目标】

(1) 掌握加 1、减 1、算术运算、七段数码显示 SEGD 和触点比较指令。

(2) 掌握基本运算指令和触点比较指令在编程实践中的应用。

【任务分析】

生产和生活中经常见到用触摸按键连续点按调节电器的输出功率，操作数的累计影响电路的输出可用 PLC 的功能指令实现。本任务主要学习和应用 PLC 基本功能指令解决生产和生活实践中的问题。

【知识链接】

1. 加 1、减 1 指令

INC(加 1)/DEC(减 1)指令的功能是将[D]中的内容自动加 1/减 1，其使用说明如图 5-14

所示。当 X0 = ON 时，D0 中的数加 1；当 X1 = ON 时，D1 中的数减 1。

INC 加 1/DEC 减 1 指令一般采用脉冲方式，若不采用脉冲方式，则每一个扫描周期都要执行一次加 1/减 1 指令。

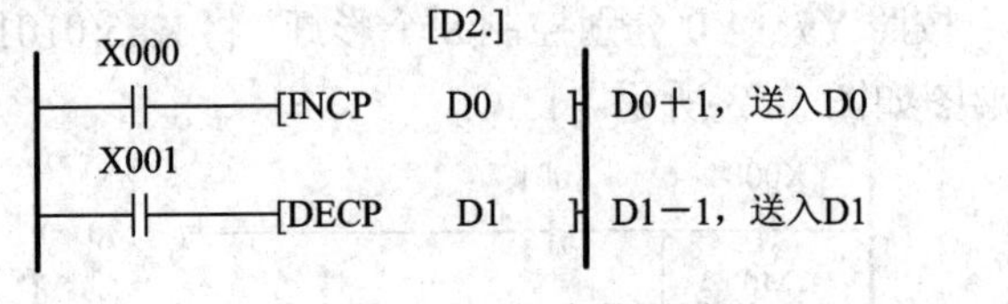

图 5-14　加 1、减 1 指令使用说明

2. 算术运算指令

算术运算指令包括 ADD、SUB、MUL、DIV(二进制加、减、乘、除)指令，其使用说明如图 5-15 所示。

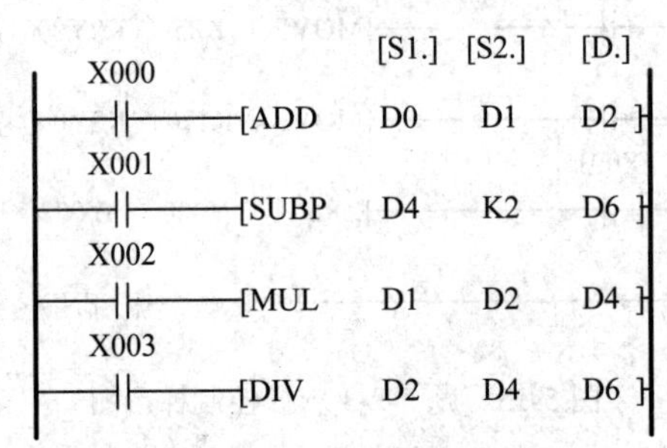

图 5-15　算术运算指令使用说明

ADD 指令是将指定的源元件(操作数)中的二进制数相加，将所得结果送到指定的目标元件(目标操作数)中，即 D0 + D1→D2。

SUB 指令是将指定的源元件(操作数)中的二进制数相减，将所得结果送到指定的目标元件(目标操作数)中，即 D4 − K2→D6。

MUL 指令是将指定的源元件(操作数)中的二进制数相乘，将所得结果送到指定的目标元件(目标操作数)中，即 D1 × D2→D5D4。其中乘积的低 16 位数据送到 D4 中，高 16 位数据送到 D4 中。

DIV 指令是将指定的源元件(操作数)中的二进制数相除［S1.］÷［S2.］，且商送到指定的目标元件(目标操作数)［D.］中，余数送到［D.］的下一个元件中。即 D2÷D4，商送到 D6 中，余数送到 D7 中。

3. 七段数码显示指令

七段数码显示 SEGD 指令是将源元件［S.］中的低 4 位指定的十六进制数 0～F 的数据译成七段数码显示的数据存入［D.］中，［D.］中的高 8 位数据不变。图 5-16 所示为七段数码显示 SEGD 指令使用格式。

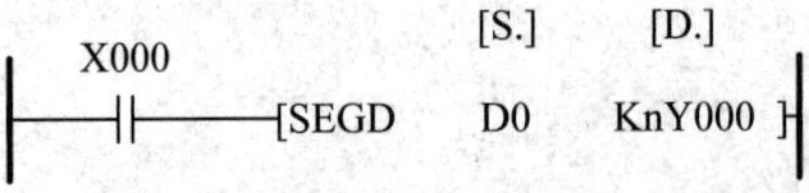

[S.]　[D.]
X000
[SEGD　D0　KnY000]

图 5-16　七段数码显示指令使用格式

【小实验 5-1】将图 5-17 所示的程序输入到 PLC 中，观察输出 Y0～Y7 的变化；改变［S.］中的值，如 H3、H4、H9，观察输出 Y0～Y7 的变化。

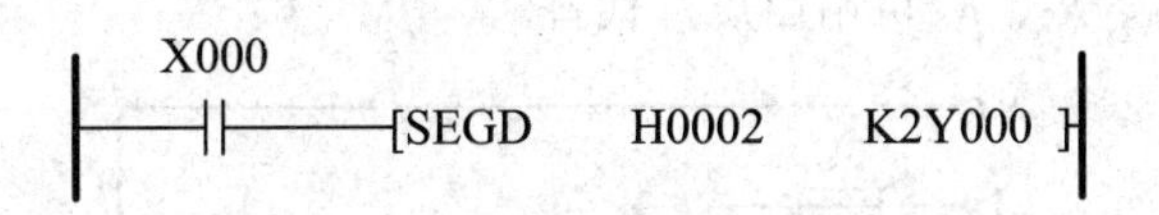

图 5-17　七段数码显示指令实验

4. 触点比较指令

触点比较指令使用格式如图 5-18 所示。它表示［S1.］与［S2.］的比较结果驱动继电器(如 Y、M 等)，其中[S1.]［S2.］适用于软元件 K、H、KnXn、KnYn、T、C、D 等。图中当 T0≤K20 时，Y0 接通。

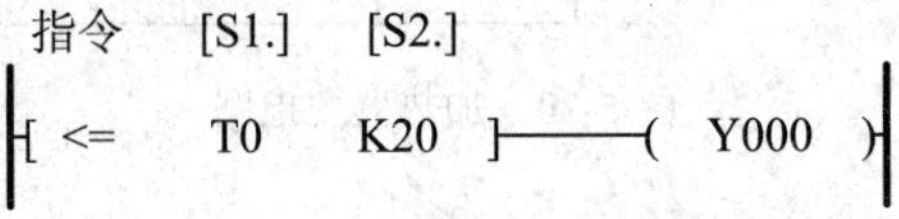

指令　[S1.]　[S2.]

[<=　T0　K20]——(Y000)

图 5-18　触点比较指令使用格式

触点比较指令有 = (等于)、< (小于)、> (大于)、<> (不等于)、<= (小于或等于)、>= (大于或等于)等，适用于 LD、AND、OR 等触点连接形式。

【小实验 5-2】将图 5-19 所示的程序输入到 PLC 中，用计算机监视 Y0 的变化情况。

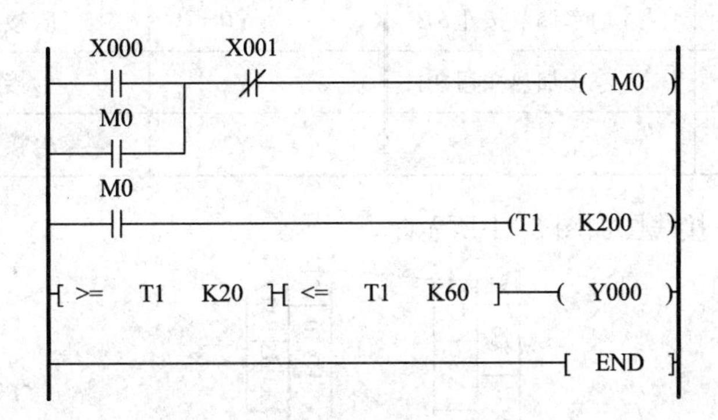

图 5-19　触点比较指令实验

【任务实施】

1. 加热器多挡位调节功率控制

1) 加热器多挡位调节功率控制要求

加热器只用两个操作按钮 SB1、SB2，其中 SB1 为功率调节按钮，每按一次功率增加 0.5 kW，第一次按下 SB1 选择功率第 1 挡，功率为 0.5 kW；第二次按下 SB1 选择功率第 2 挡，功率为 1 kW……共 7 挡位功率调节，当第八次按下 SB1 时回零，加热器停止加热。SB2 为停止加热按钮，一旦按下 SB2，加热器停止加热。

2) 加热器功率控制程序设计的方法与步骤

(1) 主电路。主电路接线图如图5-20所示，其中接触器的三个主触点可并联使用。在实验室，发热元件R_1、R_2、R_3可用白炽灯代替。

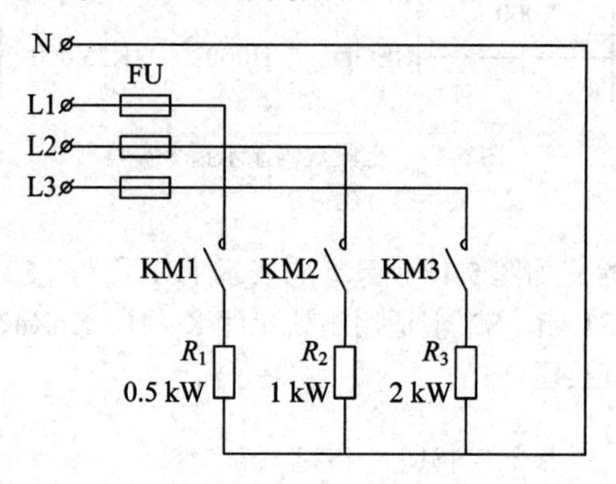

图5-20　加热器主电路

(2) 控制电路：

① 根据控制要求分配I/O地址，参见表5-4。

表5-4　I/O地址分配表

输入(I)		输出(O)	
地址编号	名称与代号	地址编号	名称与代号
X0	功率调节按钮SB1	Y0	R_1接触器KM1线圈
X1	停止加热按钮SB2	Y1	R_2接触器KM2线圈
		Y3	R_3接触器KM3线圈

② PLC的I/O接线图如图5-21所示。

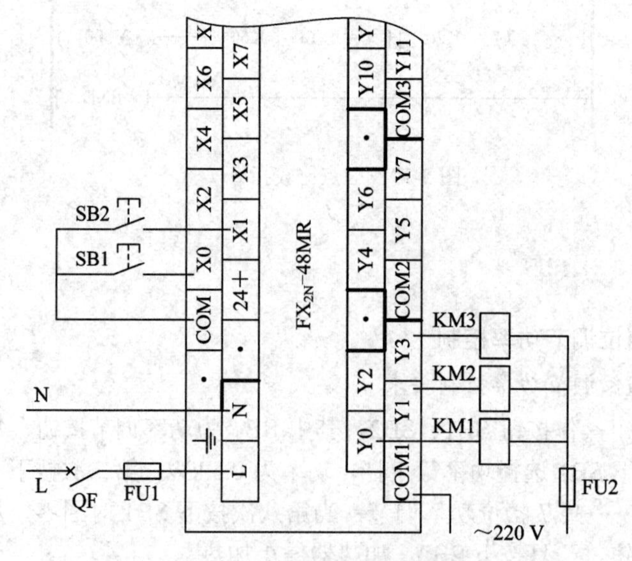

图5-21　PLC输入/输出接线图

③ 程序设计。输出继电器为 Y0～Y3，为尽量少占用输出继电器 Y，可采用字元件 K1M0，由辅助继电器 M 控制输出继电器 Y，控制工序参见表 5-5。

控制程序梯形图如图 5-22 所示。

表 5-5　字元件控制工序表

按SB1次数(十进制数)	字元件K1M0				输出继电器Y	输出功率/kW
	M3	M2	M1	M0		
K1	0	0	0	1	Y0	0.5
K2	0	0	1	0	Y1	1
K3	0	0	1	1	Y1Y0	1.5
K4	0	1	0	0	Y3	2
K5	0	1	0	1	Y3 Y0	2.5
K6	0	1	1	0	Y3 Y1	3
K7	0	1	1	1	Y3 Y1Y0	3.5
K8	1	0	0	0		0

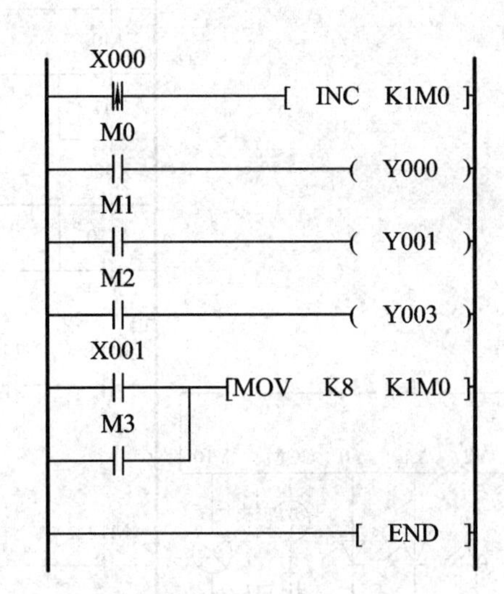

图 5-22　控制程序梯形图

2. 停车场车位自动监视

1) 停车场车位自动监视要求

某停车场只有 9 个车位，要求实时显示停车场的空车位，当无空车位时，红色警示灯亮 2 s、停 1 s 交替闪亮。

2) 停车场车位自动监视程序设计的方法与步骤

(1) 根据要求进行 I/O 分配，参见表 5-6。

表 5-6　I/O 分配表

输入信号(I)		输出信号(O)	
地址编号	名称与代号	地址编号	名称与代号
X0	系统启动	Y0～Y6	七段数码管脚
X1	进入车辆	Y10	满车位警示灯
X2	开出车辆		
X10	系统清零		

(2) 画出 PLC 的 I/O 接线图，如图 5-23 所示。

(3) 程序设计。停车场车位自动监视梯形图如图 5-24 所示。

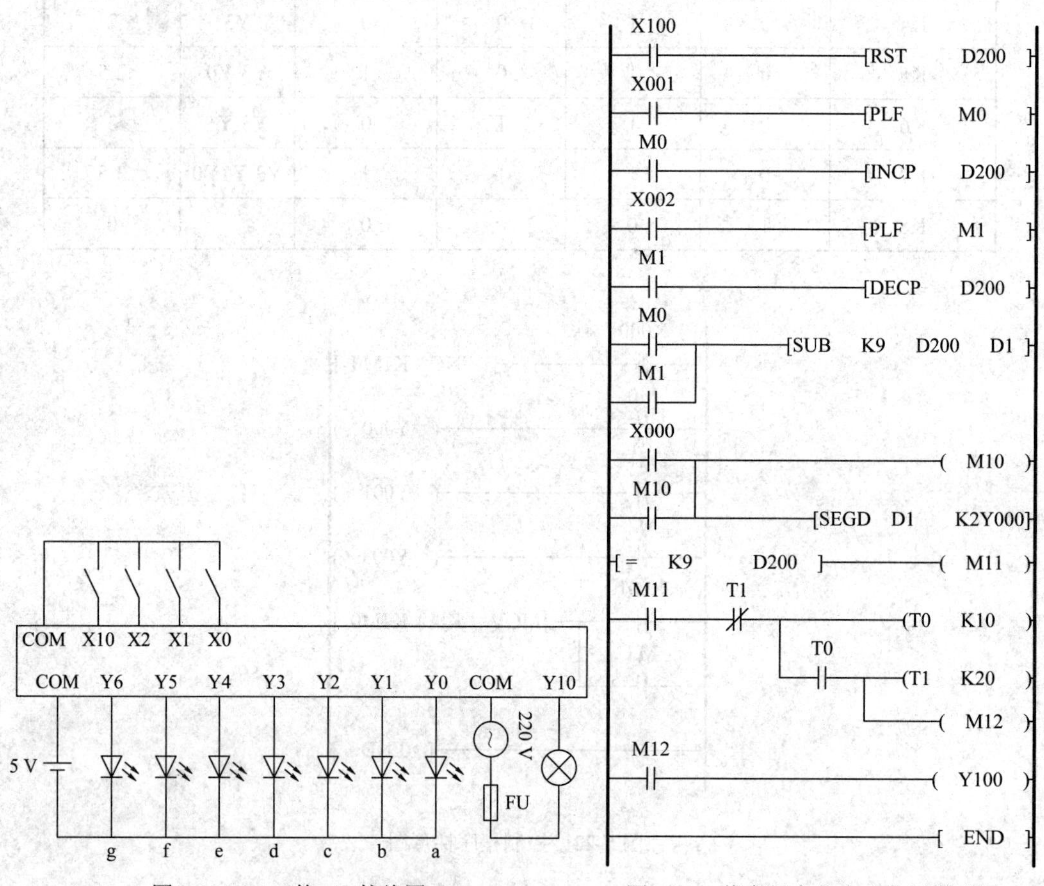

图 5-23　PLC 的 I/O 接线图　　　　图 5-24　停车场车位自动监视梯形图

程序说明：图中采用掉电保持数据寄存器 D200，以防系统突然失电丢失数据。当有车辆进入时，X1 = ON，D200 自动加 1；当有车辆开出时，X2 = ON，D200 自动减 1。车辆进/出均驱动减法指令 SUB，其结果送入 D1，由七段数码显示空车位。当车位满时，Y10 闪烁发光。

3. 交通信号灯自动控制

1) 控制要求

交通信号灯指示东西方向和南北方向的交通秩序，交通信号灯工作时间及 PLC 输出继电器如图 5-25 所示，其中绿灯结束后，黄灯闪烁 2.5 s 后才能转为红灯。

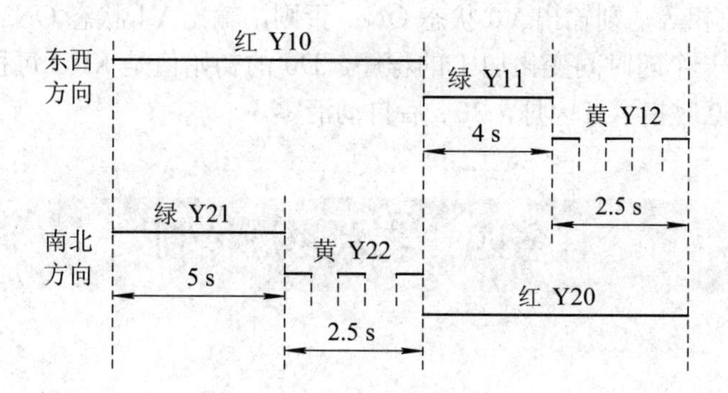

图 5-25　交通信号灯工作时间图

2) 梯形图设计

用触点比较指令完成交通信号灯的动作程序，其梯形图如图 5-26 所示。

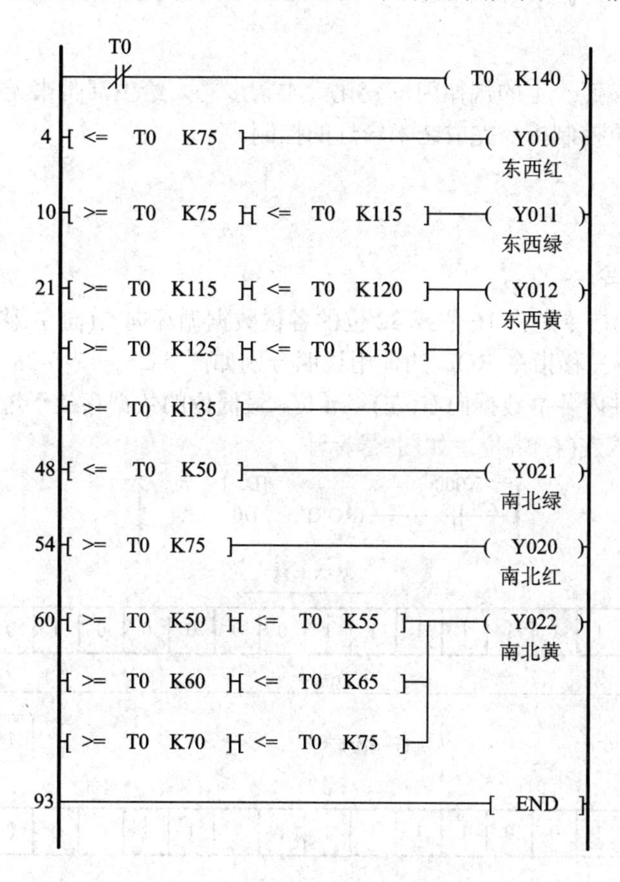

图 5-26　交通信号灯动作程序梯形图

【思考练习题】

5-3-1　比较类指令包括三种，即______指令、______指令和______指令。

5-3-2　试设计一个判断数据是否相等的程序。D0 的初始值是 K120，每秒钟将 K2 传送到 D1，如果两数相等，则输出 Y0 状态 ON；否则，输出 Y1 状态 ON。

5-3-3　试设计一个随时间变化加 1 的程序。D0 的初始值是 K0，每秒钟 D0 的数据增加 1，当 D0 达到 60 时指示灯闪烁，20 s 后自动清零。

任务四　艺术彩灯控制

【任务目标】

(1) 掌握循环右移、左移指令和位右移、位左移指令。

(2) 掌握移位指令在编程实践中的应用。

【任务分析】

各种艺术彩灯按照一定的规律闪烁变化，丰富多彩，给生活带来无穷的乐趣。本任务将学习如何应用移位控制指令完成艺术彩灯的控制。

【知识链接】

1. 循环移位指令

循环右移(左移)指令是将 16 位或 32 位的各位数据循环向右(向左)移位的指令。循环右移指令 ROR 与循环左移指令 ROL 的使用说明分别如图 5-27、图 5-28 所示。当 X0 = ON 时，[D.]指定的元件内各位数据向右(左)移 n 位，最低位的数据存放于进位标志 M8002 中，移出的 n 位依次移入左(右)端位，如图*号标注。

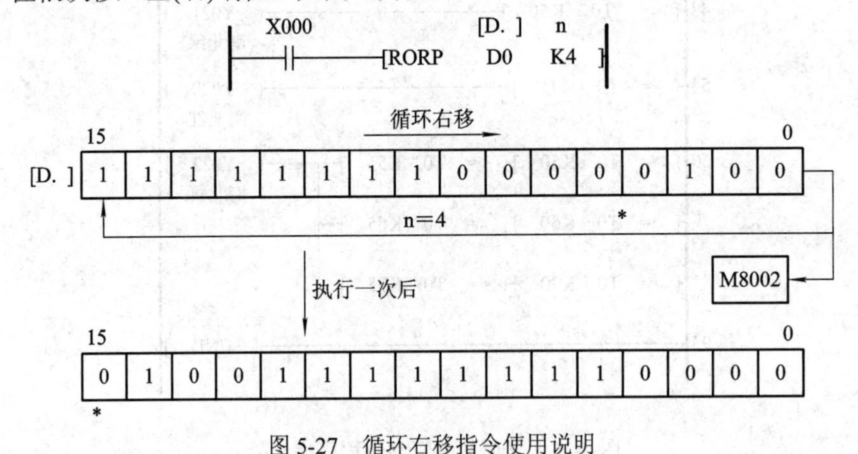

图 5-27　循环右移指令使用说明

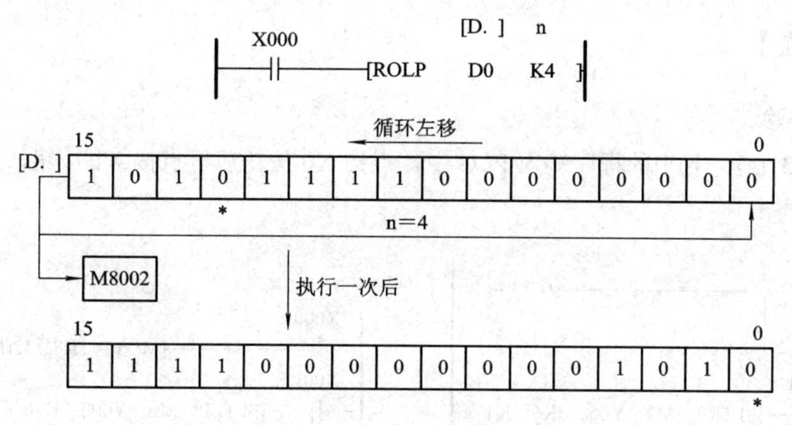

图 5-28　循环左移指令使用说明

2. 位移指令

位移指令包括位右移 SFTR 指令和位左移 SFTL 指令。位右移 SFTR 指令是对 n1 位 [D.] 所指定的位元件进行 n2 位 [S.] 所指定元件的位右移，其使用说明如图 5-29 所示。当 X0=ON 时，[D.] 指定的位元件 M0～M15 各位数据连同 [S.] 内 X0～X3(n2 = 4 位数据)向右移 4 位，X0～X3(4 位数据)从高端移入，M0～M3(4 位数据)从低端移出(溢出)。如图中 n1 = 5，表明位移寄存器的位(个)数只有 5 位；图中 n2=1，则每次只移 1 位。位左移指令的使用说明如图 5-30 所示，其位左移操作与位右移的类似。

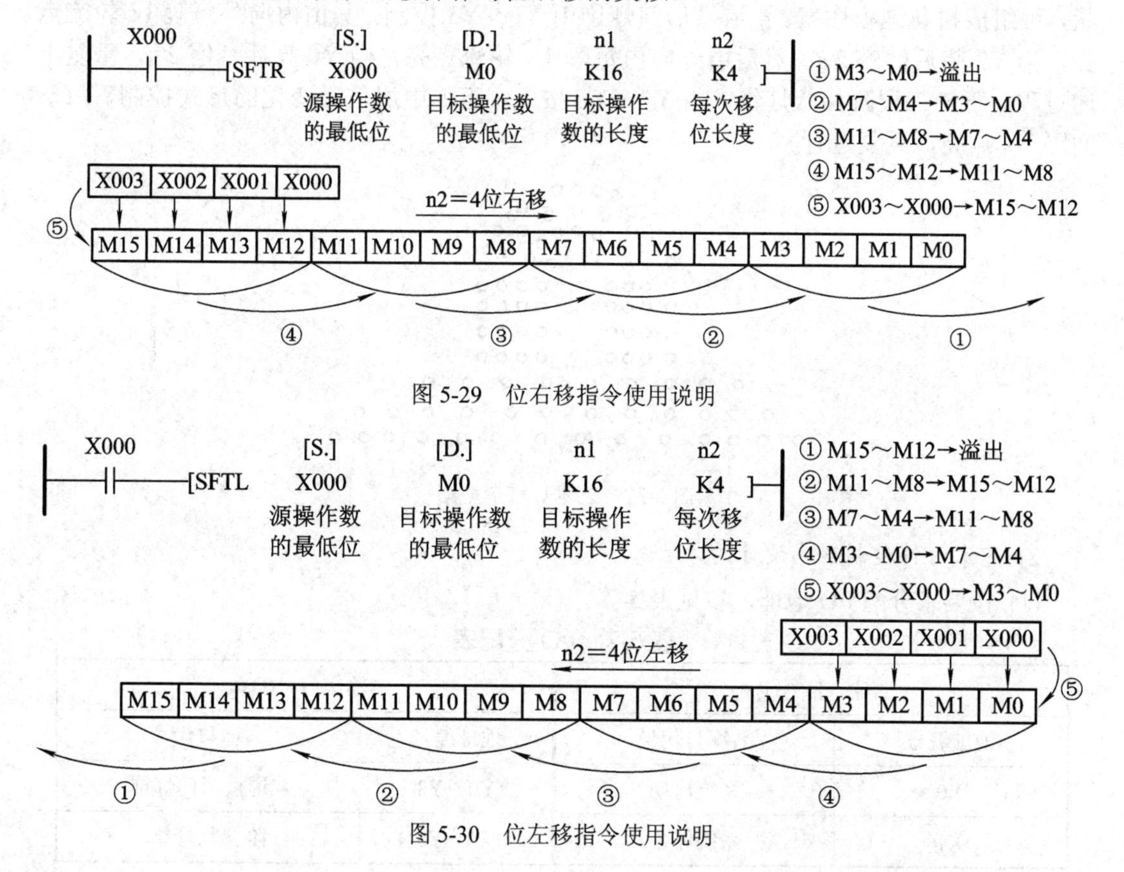

图 5-29　位右移指令使用说明

图 5-30　位左移指令使用说明

【任务实施】

1. 小实验

将图 5-31(a)、(b)中的程序输入 PLC 中，点按 X0 按钮后再点按 X1 按钮，观察输出 Y 的变化。

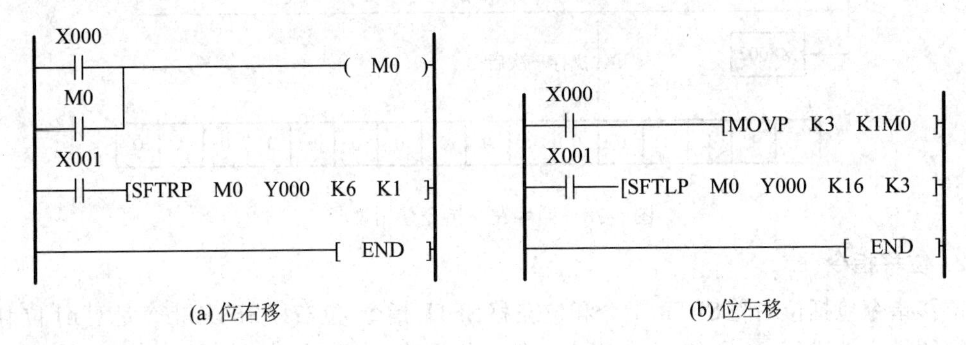

(a) 位右移　　(b) 位左移

图 5-31　位移指令实验

2. 艺术灯饰控制

1) 艺术灯饰控制要求

图 5-32 所示为一艺术灯饰的造型图，上方为 4 道灯饰呈拱形门，下部灯饰呈阶梯状，可组成拼花地板图案。4 道拱形门灯饰由 Y0～Y3 控制，其由内向外每隔 1 s 轮流点亮，当 Y3 亮后，停 2 s；然后由外向内每隔 1 s 轮流点亮，当 Y0 亮后，停 2 s，重复上述过程。下部三层阶梯状灯饰，由 Y4～Y6 按上、下、中层依次变化的形式控制，每层间隔 1 s 点亮，重复进行。

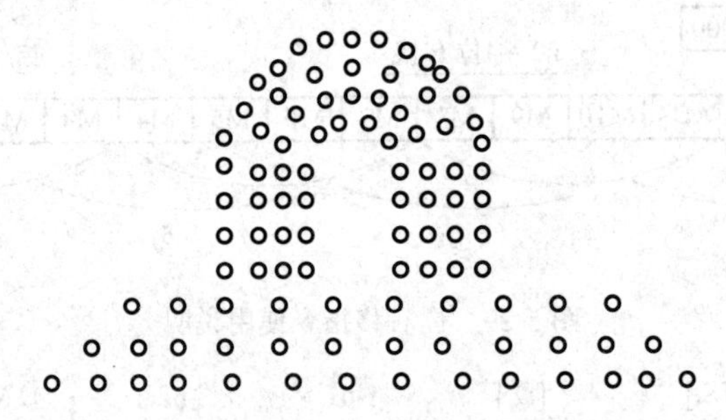

图 5-32　艺术灯饰造型图

2) 艺术灯饰控制程序设计的方法

(1) 按要求分配 I/O 地址，参见表 5-7。

表 5-7　I/O 分配表

输入信号(I)		输出信号(O)	
地址编号	名称与代号	地址编号	名称与代号
X0	系统启动	Y0～Y3	4 道拱形门灯饰
X1	系统停止	Y4～Y6	阶梯状灯饰

(2) 艺术灯饰控制程序设计梯形图如图 5-33 所示。

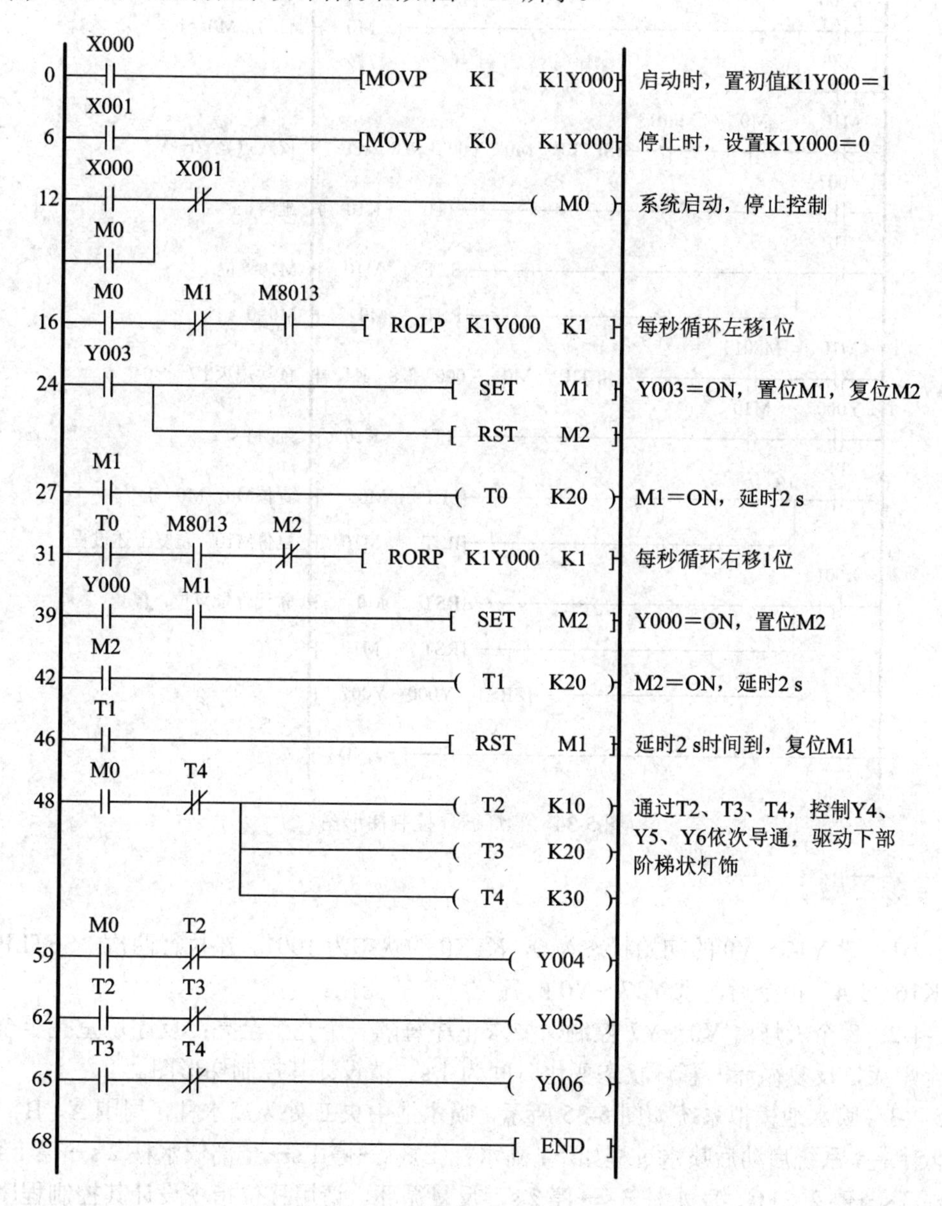

图 5-33　艺术灯饰控制程序设计梯形图

3. 彩灯循环控制

1) 控制要求

运用位移指令控制 8 个彩灯，正序依次亮至全亮，反序依次熄灭至全熄灭，反复循环。彩灯状态变化时间为 1 s。请设计其控制梯形图。

2) 程序设计

X0 启动系统，X1 停止系统，8 个彩灯分别由 Y0～Y7 控制。彩灯循环控制梯形图如图 5-34 所示。

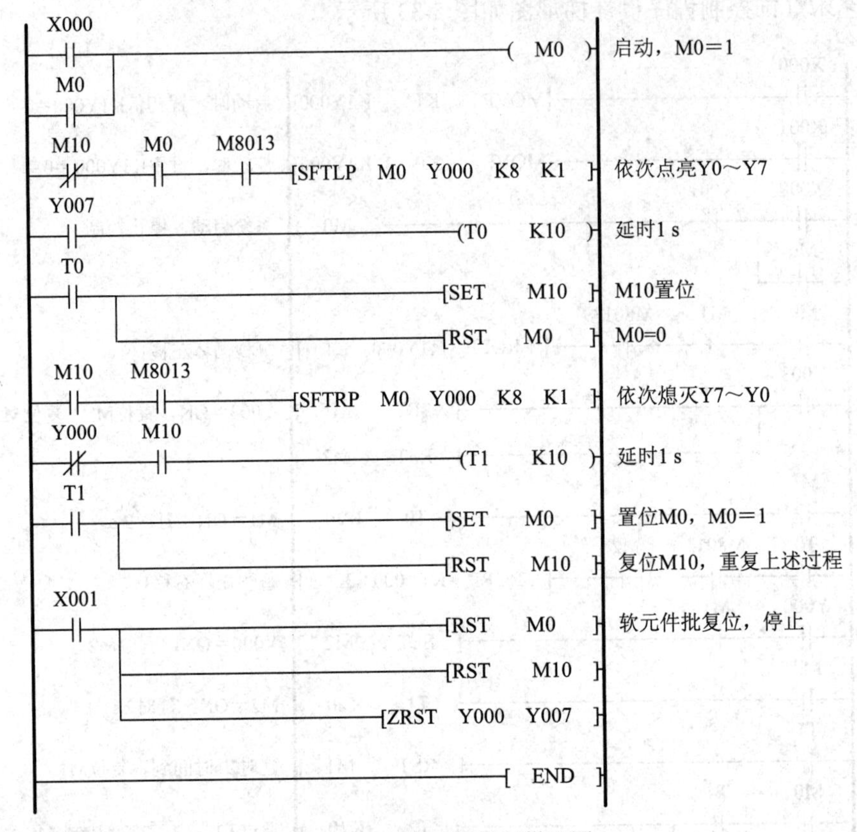

图 5-34　彩灯循环控制梯形图

【思考练习题】

5-4-1　设 Y17～Y0 的初始状态为 0，K1X0 的状态为 1001。在执行两次“SFTLP　X0　Y0　K16　K4”指令后，求 Y17～Y0 的各位状态的变化。

5-4-2　8 个彩灯由 Y0～Y7 控制，要求正序每隔一个亮至全亮；反序填空亮至全亮，然后全熄灭，反复循环。彩灯状态变化时间为 1 s。请设计其控制梯形图。

5-4-3　喷水池模拟系统如图 5-35 所示，喷水池中央 E 处为高水柱，周围 A、B、C、D 处为低水柱，系统启动后喷水过程如下：高水柱(E)3 s→停 1 s→全部低水柱 2 s→停 1 s→A、B 水柱 3 s→停 2 s→C、D 水柱 3 s→停 2 s，反复循环。请用移位指令设计其控制程序。

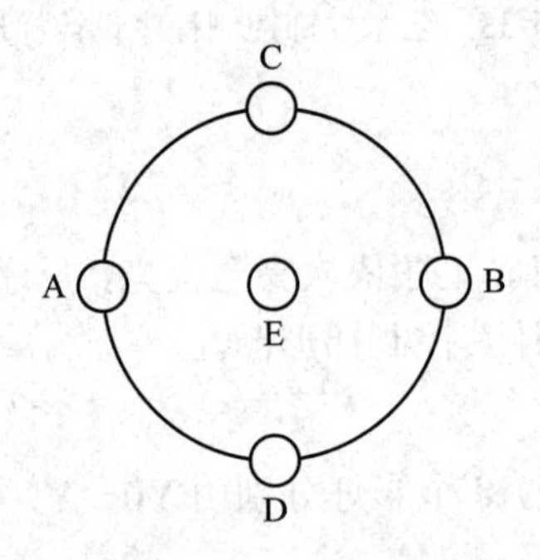

图 5-35　题 5-4-3 喷水池模拟系统

任务五　竞赛抢答器的制作

【任务目标】

(1) 掌握条件跳转指令 CJ(P)的编程方法及应用。
(2) 进一步熟练掌握 PLC 程序的输入、调试、监视及七段数码管的接线。

【任务分析】

在各种知识竞赛中，经常用到抢答器，它能显示抢答者的编号、抢答违规的情况及限时作答等，可谓功能齐全。本任务将学习如何应用条件跳转指令 CJ(P)设计抢答器的程序。

【知识链接】

1. 跳转指令 CJ(P)

CJ(P)是条件跳转指令，当满足某个条件时，跳过顺序程序的某部分，从相应的标号 P 处往下执行，如图 5-36 所示。如果常开触点 X1 闭合，则执行 CJ 指令，程序 B 被跳过而不执行，程序将跳到标号 P1 处，执行程序 C。如果常开触点 X1 断开，则不执行 CJ 指令，程序 A 执行完毕以后，按顺序执行程序 B 和程序 C。跳转指令的格式如图 5-36(b)所示。

(1) CJ(P)跳转指令所使用的标号为：P0～P63 共 64 个，每个标号只限于使用一次，否则将会出错。

(2) 当多个 CJ(P)指令跳转到相同的终点时，可以使用相同的标号，如图 5-37 所示。

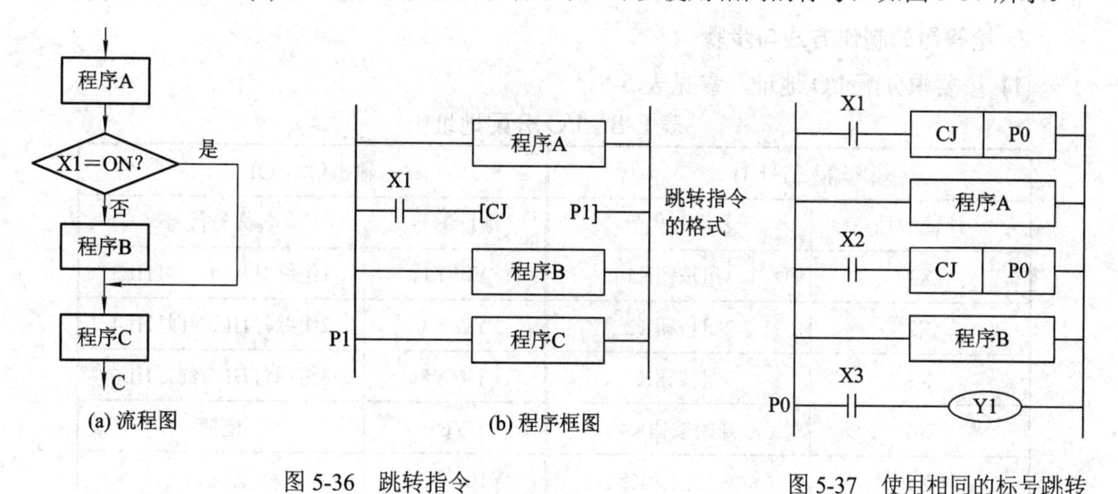

图 5-36　跳转指令　　图 5-37　使用相同的标号跳转

2. 小实验

请将图 5-38 所示的程序输入 PLC 中，观察 Y0 状态。其中 X0 是选择开关。

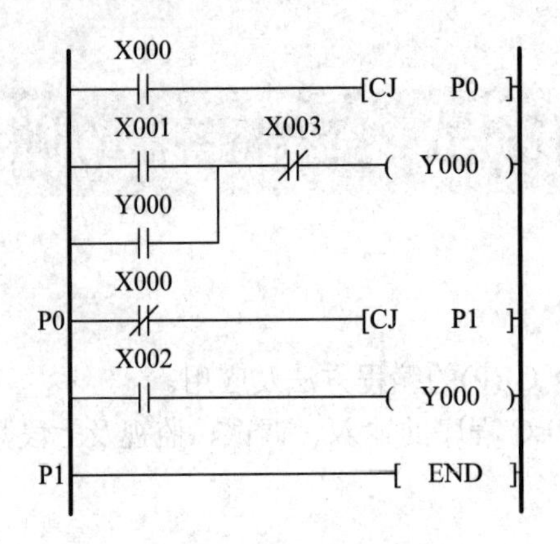

图 5-38　实验梯形图

实验解释：当 X0 = OFF 时，CJ(P0)不工作，点按闭合 X1，Y0 输出并自锁。当程序执行到 P0 处时，由于$\overline{X0}$闭合，CJ(P1)工作，程序跳转到 P1 处结束。当 X0 = ON 时，CJ(P0)工作，程序跳转到 P0 处，又因$\overline{X0}$断开，CJ(P1)不工作，所以闭合 X2，Y0 输出但不自锁。因此，这是一个电动机点动/连续的控制程序，其方式的选择由 X0 决定。

【任务实施】

1. 竞赛抢答器的制作要求

在知识竞赛中，共有 3 组队员参加，知识竞赛规则如下：主持人每念完一道题目后即发出“开始”的口令(按下开始按钮)，此时，各队进入抢答状态，可按抢答按钮抢答。若抢答成功，则该组指示灯绿灯亮，主显示牌显示抢答的组号。主持人未发出“开始”的口令就发生抢答的，视为偷答；偷答发生时，该组指示灯红灯亮，电铃响，主显示牌显示偷答的组号。当有人偷答时，该题作废。每当下一道题开始前，由主持人(或工作人员)对指示灯以及显示牌进行复位。请用 PLC 制作该抢答器的。

2. 抢答器的制作方法与步骤

(1) 按要求分配 I/O 地址，参见表 5-8。

表 5-8　I/O 分配地址

输入信号(I)		输出信号(O)	
地址编号	名称与代号	地址编号	名称与代号
X1	1组按钮K1	Y0/ Y1	1组绿灯HL1/红灯HL2
X2	2组按钮K2	Y2/ Y3	2组绿灯HL3/红灯HL4
X3	3组按钮K3	Y4/ Y5	3组绿灯HL5/红灯HL6
X4	开始按钮K4	Y6	电铃
X5	复位按钮K5	Y10～Y16	七段码

(2) PLC 的 I/O 接线如图 5-39 所示。

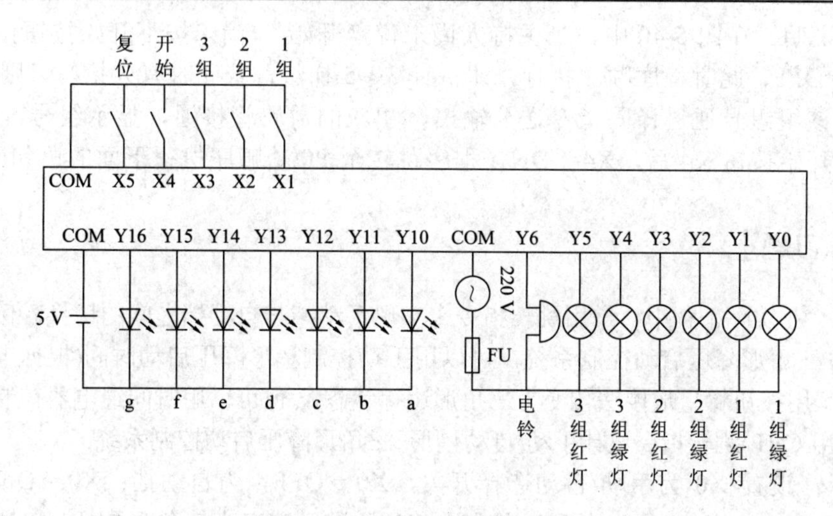

图 5-39　PLC 的 I/O 接线图

(3) 程序设计的梯形图如图 5-40 所示。

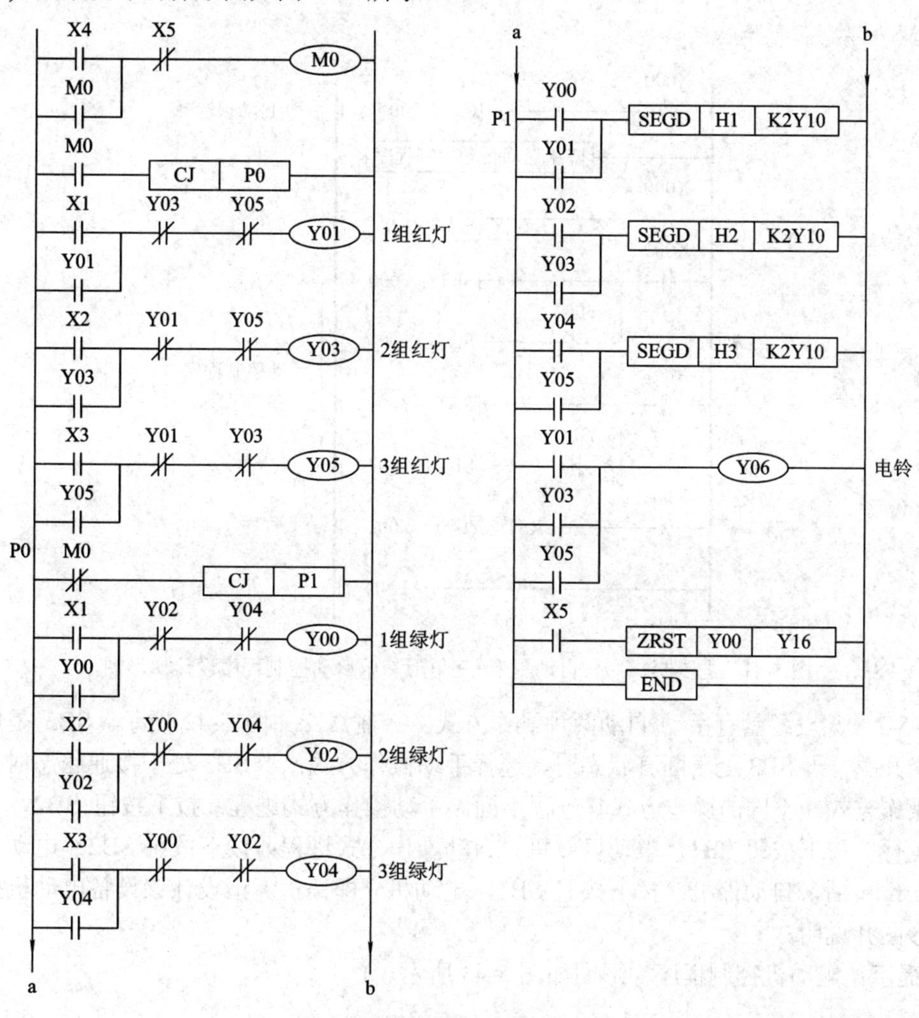

图 5-40　抢答器程序设计梯形图

程序说明：在图 5-40 中，当主持人尚未说“开始”(尚未按下开始按钮)，K4 没闭合，$\overline{X4}$ = OFF，此时程序顺序执行，即执行 3～5 梯级，若此时有人抢答，则该组红灯亮，且将该组组号通过译码指令送至输出，相应的数码管接通，显示组号。如主持人已经按下开始按钮 K4 后，X4 = DN，程序跳转至 P0 处顺序执行下面的语句(指令)。

【思考练习题】

5-5-1　在实际工程中，常用跳转指令来实现手动挡与自动挡之间的切换。例如，电动机的星形-三角形降压启动控制系统，可以用手动控制星形降压启动时间(根据电动机启动状况，人工用按钮将星形接法转变为三角形运行状态)，也可以用时间继电器控制降压启动时间。请用 CJ(P)跳转指令设计手动/自动星形-三角形降压启动控制系统。

(**提示**：设置 X0 为手动/自动选择开关，X0 = OFF，为自动挡；X0 = ON，为手动挡。X1 是启动按钮，(自动兼手动启动)，X2 是星形转变为三角形按钮，X3 是停止按钮。Y0、Y1、Y2 分别为主输出、星形输出、三角形输出，其程序设计梯形图如图 5-41 所示。)

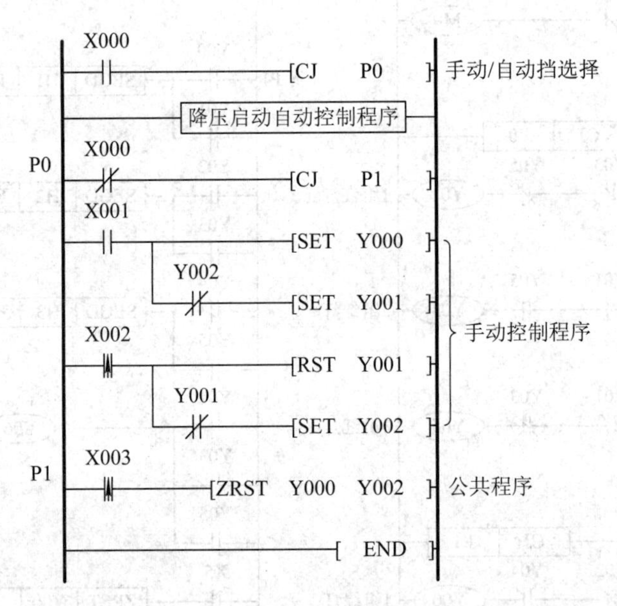

图 5-41　题 5-5-1 手动/自动星形-三角形降压启动控制程序设计梯形图

5-5-2　某设备具有手动/自动两种操作方式，控制线路如图 5-42 所示。SB3 是操作方式选择开关，当 SB3 处于断开状态时，选择手动操作方式；当 SB3 处于接通状态时，选择自动操作方式。不同的操作方式其进程不同。手动操作方式进程：按下按钮 SB2，电动机启动运行；按下按钮 SB1，电动机停机。自动操作方式进程：按下按钮 SB2，电动机连续运行 1 min 后，自动停机；按下按钮 SB1，电动机立即停机。请设计该设备电动机控制程序梯形图并说明。

(**提示**：电动机控制程序梯形图如图 5-43 所示。)

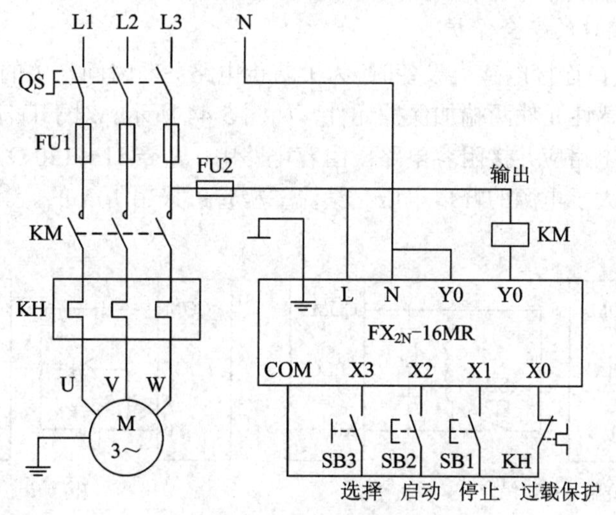

图 5-42　题 5-5-2 电动机控制线路

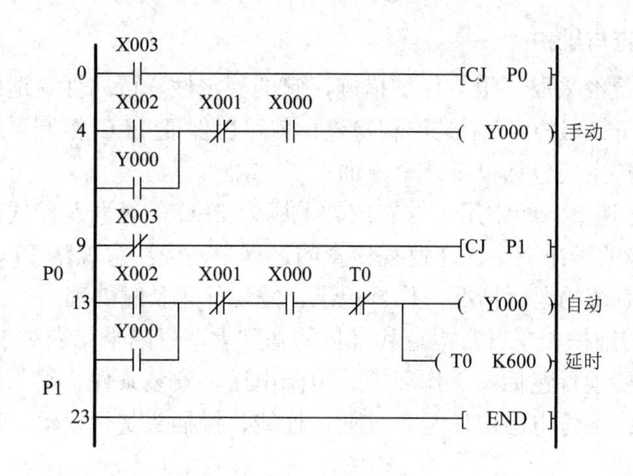

图 5-43　题 5-5-2 电动机控制程序梯形图

本项目阅读材料　PLC 抗干扰措施与日常维护

1. PLC 抗干扰措施

PLC 是专为工业环境设计的装置，通常可以直接使用，但为了提高 PLC 工作的稳定性和可靠性，一般仍需采取抗干扰措施。

1) 电源回路的抗干扰措施

电源回路主要采用隔离变压器以及正确的接地线来克服干扰。一般来说，PLC 的交流电源线应单独走线进入控制柜，不能与其他直流信号线、模拟信号线捆绑在一起走线，以减少对其他控制线路的影响。

PLC 在使用时必须保证良好的接地，这样可以避免发生电压偶然冲激对 PLC 内部电路造成损害。为了减少干扰，接地线必须专线专用，不能与其他动力设备的接地线串联使用，更不能通过水管、避雷线接地。

2) 输入/输出接口的安全保护

当输入/输出接口连接电感类设备时，为了防止电路关断瞬间产生的高压对输入/输出接口造成破坏，应在感性元件两端加保护元件，如图 5-44 所示。对于直流电源，应并接续流二极管，对于交流电路应并接阻容电路。阻容电路中，$R_C = 51 \sim 120\ \Omega$，$C = 0.1 \sim 0.47\ \mu F$，电容的额定电压应大于电源的峰值电压。续流二极管可采用 1 A 的，其额定电压应大于电源电压的 3 倍。

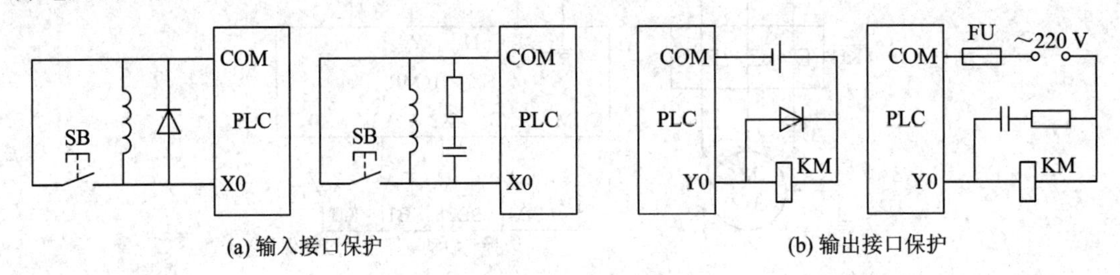

图 5-44　输入/输出接口的安全保护

2. PLC 的检查与维护

PLC 在设计时已经采取了很多保护措施，它的稳定性、可靠性、适应性都比较强。一般情况下，只要对 PLC 进行简单维护和检查，就可以保证 PLC 控制系统长期、稳定地工作。PLC 的日常维护主要包括以下几个方面：

(1) 日常清洁与巡查。经常用干抹布或软毛刷为 PLC 的表面及接线端子除尘除污，以保持 PLC 工作环境的干净卫生；在巡视检查的过程中，应注意观察 PLC 的工作状况、自诊断指示灯及控制系统的运行情况，作好记录，发现问题及时处理。

(2) 定期检查与维护。在日常检查和维护的基础上，每隔半年应对 PLC 作一次全面停机检查。检查的主要项目包括：工作环境、电源电压、安装条件、输入输出端子的工作电压是否符合要求等；备份电池电压是否过低，连线、接插头是否松动；电气、机械部件是否有腐蚀或损坏等。

(3) 备份电池(锂电池)的检查与更换。当备份电池电压过低时，“BATT.V” LED 指示灯亮，应在一个周内更换电池(一个月内电池仍有效)。备份电池的更换步骤如图 5-45 所示。

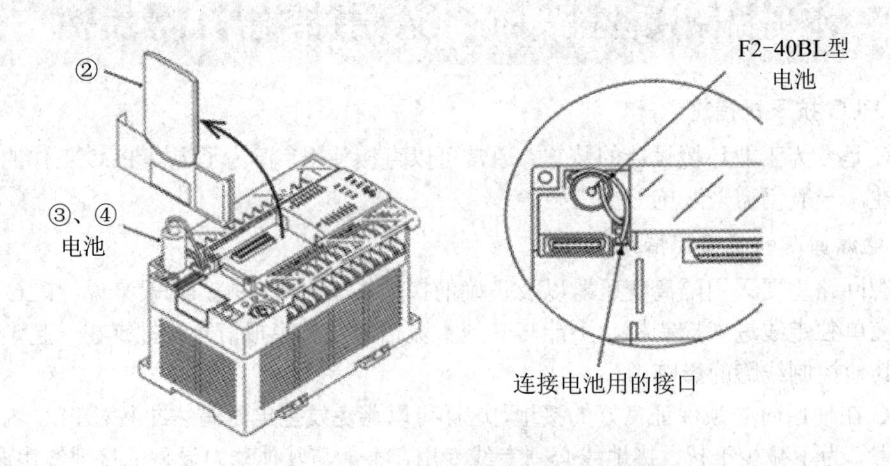

图 5-45　FX_{2N} 系列 PLC 备份电池更换步骤

① 断开 PLC 机器的交流电源。

② 用手指握住面板盖左角，抬起右侧，卸下面板盖。

③ 从电池架中取出旧电池，拨出插座。

④ 在插座拨出后的 20 s 内，插入新电池插座。

⑤ 插入新电池插座后盖上电池盖板。

本项目小结

1．数据寄存器 D 是存储数值、数据用的软元件，其可分为一般用途和掉电保持用数据寄存器及变址用数据寄存器 V、Z。D 可组合成 32 位数据寄存器，如 D11D10。

2．传送指令 MOV 是将源操作数的内容原封不动地传送到目标操作数中去，且源操作数的内容不变。应用 MOV 指令传送数值时须熟悉二进制与十进制的转换。

3．比较指令有两数据比较(CMP)和区间比较(ZCP)两种，它们比较的结果驱动设定的继电器，应用 ZCP 指令时须使源操作数［S1.］≤［S2.］。

4．触点比较指令有 = (等于)、< (小于)、> (大于)、<> (不等于)、<= (小于或等于)、>= (大于或等于)等，适用于 LD、AND、OR 等触点连接形式，其比较的结果驱动设定的继电器如 M、Y 等，使用起来比 CMP 指令方便。触点比较适用于 KnXn、KnYn、T、C、D 等。

5．位元件用于处理继电器的 ON/OFF 状态，它只能存储一位数据 0 或 1，如 X、Y、M 等。字元件由 16 位寄存器组成，用于处理 16 位数据，如 D、C、T 等都是字元件。位元件可合成字元件，组合原则是以 4 个位元件为一组，如 K1M0 表示最低位为 M0，组成的一组是 M3M2M1M0。

6． INC(加 1)/DEC(减 1)指令的功能是将数据源的内容自动加 1/减 1。四则算术运算 ADD、SUB、MUL、DIV(二进制加、减、乘、除)指令与其他功能指令的使用方法类似。

7．移位控制指令常用的有循环移位指令和位移指令，循环移位分为循环右移 ROR 和循环左移 ROL 两种。循环右移(左移)指令是将 16 位或 32 位的各位数据循环向右(向左)移位的指令。位移指令包括位右移 SFTR 指令和位左移 SFTL 指令，应用移位指令时必须明确源操作数和目标操作数的最低位、目标操作数的长度、源操作数每次移位长度。

8．CJ(P)条件跳转指令是当满足某个条件时，跳过顺序程序的某部分至相应的标号 P 处往下执行，这样可以按操作者的要求去执行程序段，以适应生产的要求。

项目六　通用变频器的基本操作

【项目概述】

电动机是各类生产机械的主要动力来源，但它的不足之处是调速比较困难。生产机械如机床、起重机等在传动中需要采取相应的调速措施以满足生产工艺要求。随着大功率晶体管电子技术、大规模集成电路和微机技术的迅猛发展，极大地促进了交流变频技术的进步。目前，交流异步电动机变频调速技术已成为主要的交流调速方式，广泛应用于各行各业中。

本项目主要学习变频器的基本结构和在生产中的操作、接线方法。

任务一　认识通用变频器

【任务目标】

(1) 懂得异步电动机变频调速原理及通用变频器的基本结构、工作原理。

(2) 了解三相异步电动机变频调速后的机械特性。

(3) 了解通用变频器在生产中的应用。

【任务分析】

异步电动机作为机械设备的主要动力来源，广泛应用于工农业生产、国防科技、医药卫生、家用电器等领域，可对异步电动机进行调速，以满足生产工艺的各种需要。例如，机床加工根据工件精度的不同进行调速；电梯为了提高舒适度也需要调速；风机、泵类机械为了节能，需要根据负载轻重调速；生产过程为了提高控制要求，还必须进行闭环速度控制等。变频器已广泛应用于各类生产设备中，以实现无级调速。本任务主要学习变频器的基本结构、工作原理和在生产中的应用。

【知识链接】

1. 异步电动机的变频调速

由异步电动机的转速公式 $n = n_0(1-s) = (1-s)\dfrac{60f_1}{p}$ 知，通过改变电动机的电源频率 f_1，可改变电动机的同步转速 n_0 实现调速，这种调速方法称为变频调速。由于电源频率 f_1 可以连续调节，因此变频调速可以实现无级调速，而且调速范围宽、平滑性好，具有优良的动、静态特性，是一种理想的高性能调速手段。

2. 通用变频器的基本结构及工作原理

变频器是利用电力电子器件的通断作用，将工频交流电变换成频率、电压连续可调的交流电的电能控制装置，如图 6-1 所示。它结构简单，性能优越，广泛用于异步电动机调速。

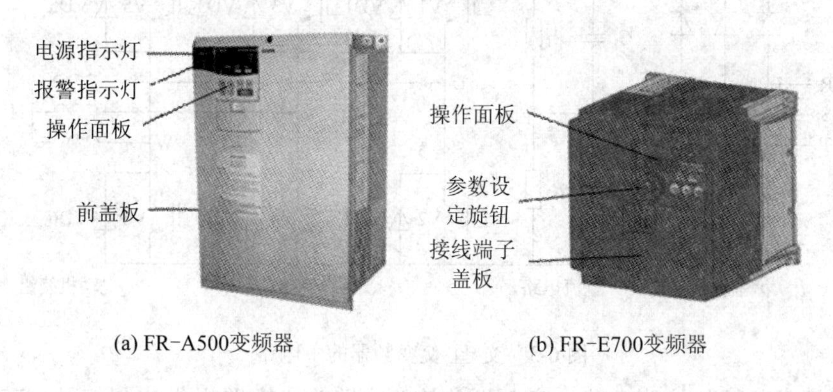

图 6-1　变频器的外形

1) 通用变频器的基本结构

目前，通用变频器大多采用交-直-交变频变压方式，基本构成框图如图 6-2 所示。其工作过程是：先把三相(或单相)工频交流电通过整流器(电路)变成直流电，又经逆变电路把直流电逆变成频率和电压任意可调的交流电。其中，变频器的核心部分是逆变电路。

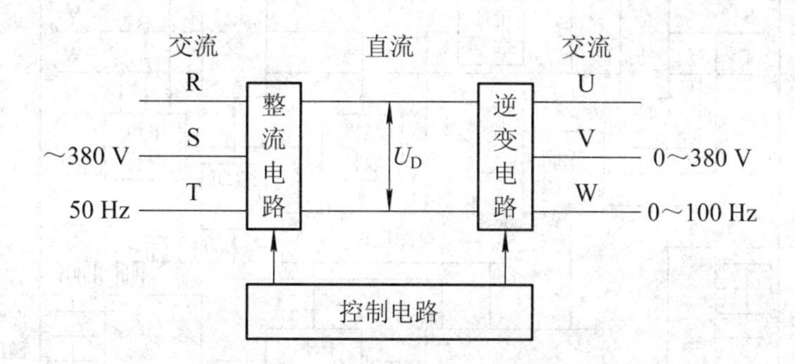

图 6-2　交-直-交变频器的基本构成框图

通用变频器主要由主电路和控制电路组成。主电路包括整流电路、直流电路和逆变电路三部分。

(1) 通用变频器的主电路。图 6-3 所示为交-直-交变频器的主电路，各部分的作用如下：

① 整流电路。由 6 只二极管构成三相桥式整流电路，将交流电全波整流为直流电。

② 直流电路。由电容 C_1、C_2、R_1、R_2 构成直流电路，具有滤平桥式整流后的电压纹波，保持直流电压平稳的作用。为了防止刚接通电源时对电容器充电电流过大，可串入限流电阻 R，当充电电压上升到正常值后，并联开关 S 闭合，将 R 短接。

③ 逆变电路。由 6 只绝缘栅双极晶体管(IGBT)V1～V6 和 6 只续流二极管 VD1～VD6(在换相过程中为电流提供通路)构成三相逆变桥式电路。晶体管工作在开关状态，

按一定规律轮流导通，将直流电逆变成三相正弦频率和电压都可调的交流电，驱动电动机工作。

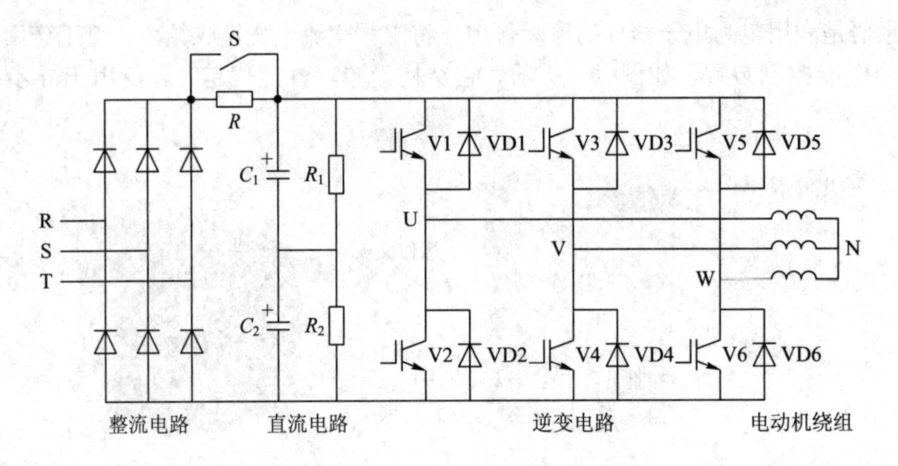

图6-3　交-直-交变频器的主电路

(2) 通用变频器的控制电路。变频器的控制电路为主电路提供控制信号，其主要任务是对逆变器开关元件进行开关控制和提供多种保护功能。通用变频器控制电路框图如图6-4所示，它主要由主控电路、键盘与显示电路、控制电源与驱动电路、保护电路、外接输入/输出控制电路等构成。

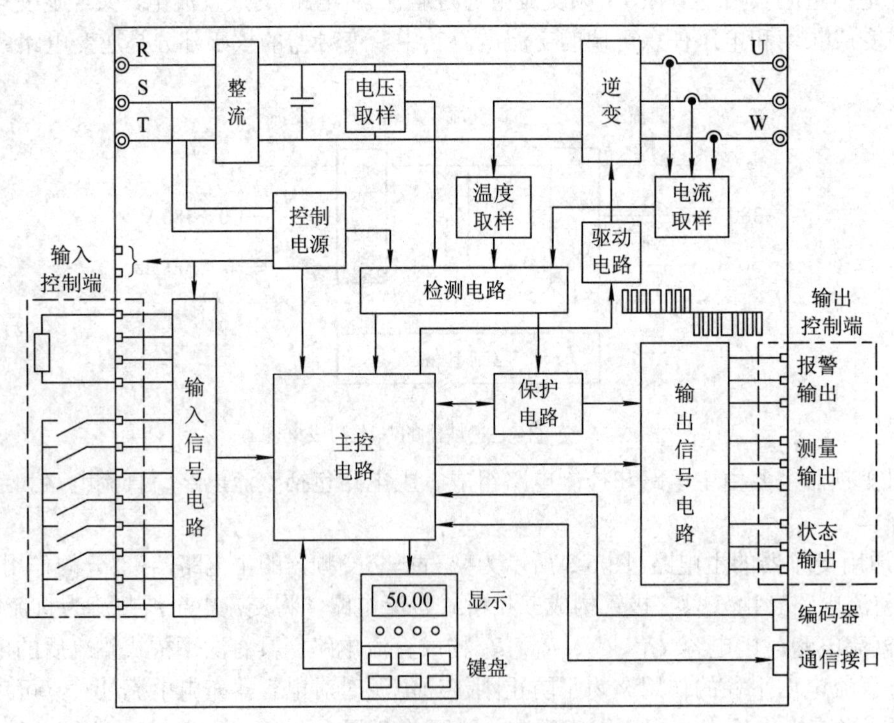

图6-4　变频器控制电路的控制框图

2) 通用变频器的工作原理

(1) 逆变的基本工作原理。将直流电变换为交流电的过程称为逆变；完成逆变功能的

装置叫做逆变器，它是变频器的核心部分。电压型逆变器的工作原理如图 6-5 所示，图中 V1、V2、V3、V4 为开关器件，组成单相逆变器，接到直流电源 P(+)与 N(−)之间，电压为 U_D，R 为负载。当 V1、V2 与 V3、V4 轮流闭合和断开时，在负载上即可得到如图 6-5(b)所示的交流电压波形，完成由直流到交流的逆变过程。实际单相逆变电路结构和输出电压波形如图 6-6 所示。改变逆变器开关元件的导通与截止时间，就可改变输出电压的频率而完成变频。

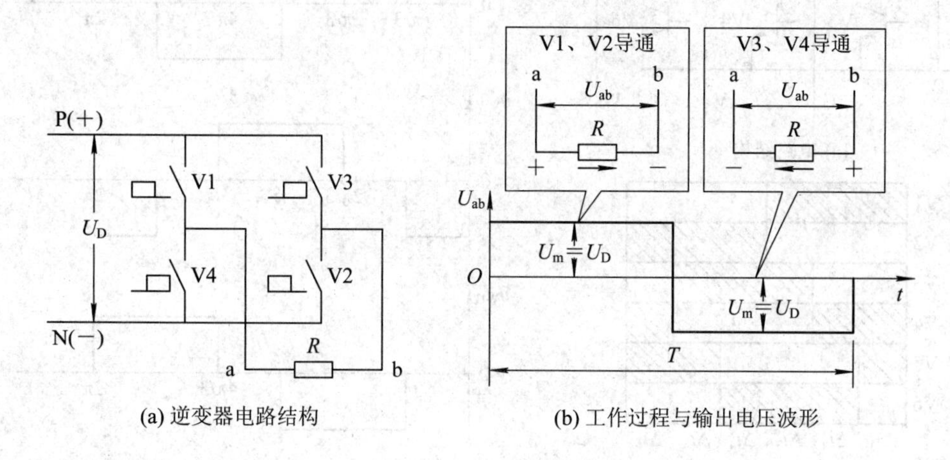

(a) 逆变器电路结构　　(b) 工作过程与输出电压波形

图 6-5　电压型逆变器的工作原理

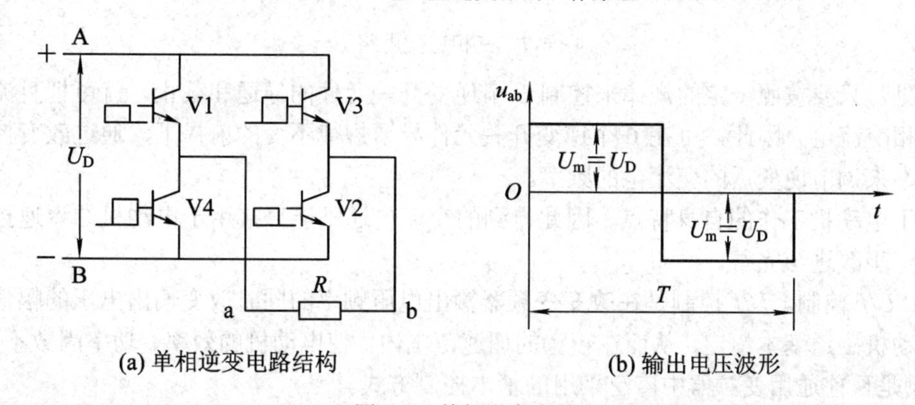

(a) 单相逆变电路结构　　(b) 输出电压波形

图 6-6　单相逆变电路

生产中常用的变频器采用三相逆变电路，电路结构如图 6-7(a)所示。在每个周期中，各逆变器开关元件的工作情况如图 6-7(b)所示，图中阴影部分表示各逆变管的导通时间。

下面以 U、V 之间的电压为例，分析三相逆变电路的输出线电压。

① 在 Δt_1、Δt_2 时间内，V1、V4 同时导通，U 为“+”、V 为“−”，u_{UV} 为“+”，且 $U_m=U_D$。

② 在 Δt_3 时间内，V2、V4 均截止，$u_{UV}=0$。

③ 在 Δt_4、Δt_5 时间内，V2、V3 同时导通，U 为“−”、V 为“+”，u_{UV} 为“−”，且 $U_m=U_D$。

④ 在 Δt_6 时间内，V1、V3 均截止，$u_{UV}=0$。

由上述分析，可画出 U 与 V 之间的电压波形。同理可画出 V 与 W 之间、W 与 U 之间的电压波形，如图 6-7(c)所示。从图中可看出，三相电压的幅值相等、相位互差 2π/3。

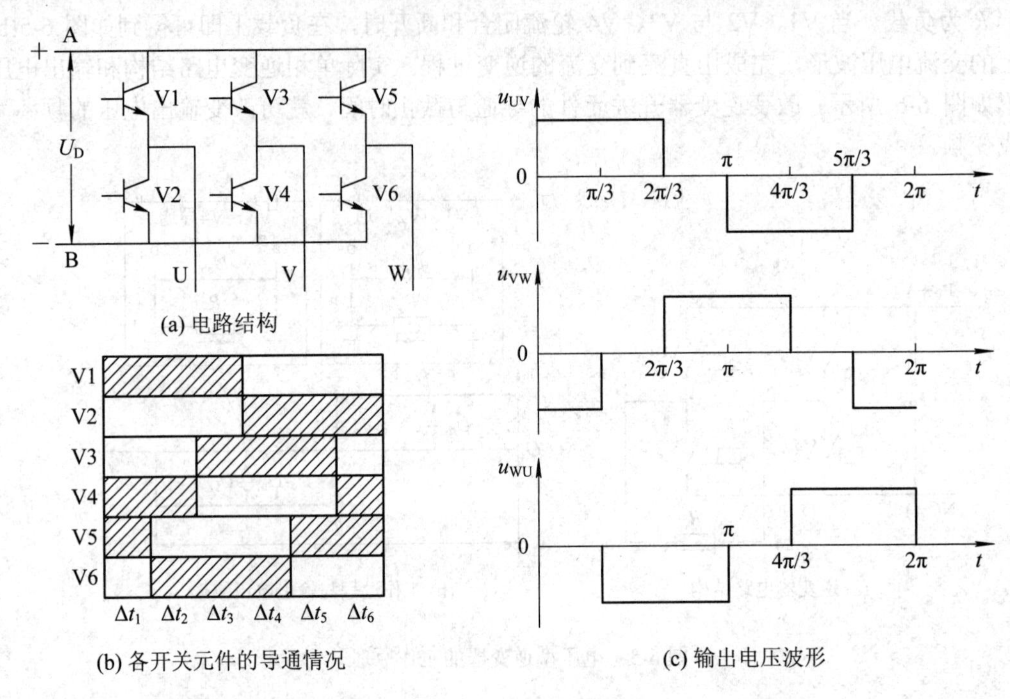

图 6-7　三相逆变电路

可见，只要按照一定的规律来控制 6 个逆变开关元件的导通和截止，就可把直流电逆变成三相交流电。因此，可在 6 个逆变开关元件导通规律不变的前提下，通过改变控制信号的频率来调节逆变后的交流电的频率。

由于电动机工作的自身特点，因此得到的交流电还不能直接用于电动机的调速控制，还需进一步改进与完善。

(2) *U*/*f* 控制。*U*/*f* 控制是在改变变频器输出电压频率的同时改变输出电压的幅值，以维持电动机磁通基本恒定，从而在较宽的调速范围内，使电动机的效率、功率因数不下降。*U*/*f* 控制是目前通用变频器中广泛采用的基本控制方式。

三相交流异步电动机在工作过程中，铁芯磁通接近饱和状态，使得铁芯材料得到充分利用。在变频调速的过程中，当电动机电源的频率变化时，电动机的阻抗将随之变化，从而引起励磁电流的变化，使电动机出现励磁不足或励磁过强的情况。

在励磁不足时，电动机的输出转矩将降低；而励磁过强时，又会使铁芯中的磁通处于饱和状态，使电动机中流过很大的励磁电流，增加电动机的铁耗，降低其效率和功率因数，并易使电动机温升过高。因此在改变频率进行调速时，必须采取措施保持磁通恒定并为额定值。

由异步电动机定子绕组感应电动势的有效值 $E = 4.44kf_1N_1\Phi_m$，得

$$\Phi_m = \frac{E}{4.44kf_1N_1} \approx \frac{U}{4.44kf_1N_1}$$

式中，k 为定子绕组的绕组系数；N_1 为每相定子绕组的匝数；f_1 为定子电源的频率，单位为

Hz；Φ_m为铁芯中每极磁通的最大值，单位为 Wb；U 为电源电压。

从上式可以看出，要使电动机的磁通在整个调速过程中保持不变，只要在改变电源频率 f_1 的同时改变电动机的电源电压 U，使其满足 U/f 为常数即可。采用这种控制方式的变频器称为 U/f 控制变频器。

采用 U/f 控制的调速系统在工作频率较低时，电动机的输出转矩将下降。为了改善低频时的转矩特性，一般采用补偿电源电压的方法，即低频时适当提升电压 U 来补偿定子阻抗上的压降，以保证电动机在低速区域运行时仍能得到较大的输出转矩，这种补偿功能称为变频器的转矩提升功能。

通用型变频器对电动机进行供电调速，一般要求兼有调压和调频功能，通常将这种变频器称为变频变压(VVVF)型变频器。

(3) 脉冲宽度调制(PWM)技术。目前实现变频器变频变压功能应用较广泛的方法是脉冲宽度调制技术，简称 PWM 技术。PWM 技术是指在保持整流得到的直流电压大小不变的条件下，在改变输出频率的同时，通过改变输出脉冲的宽度(或用占空比表示)，达到改变等效输出电压的一种方法。

PWM 的输出电压基本波形如图 6-8 所示。在半个周期(简称半周)内，输出电压平均值的大小由半周中输出脉冲的总宽度决定。在半周中保持脉冲个数不变而改变脉冲宽度，可改变半周内输出电压的平均值，从而达到改变输出电压有效值的目的。

PWM 输出电压的波形是非正弦波的，用于驱动三相异步电动机运行时性能较差。如果使整个半周内脉冲宽度按正弦规律变化，即使脉冲宽度先逐步增大，然后逐渐减小，则输出电压也会按正弦规律变化。这就是目前变频器中应用最多的正弦 PWM 法，简称 SPWM。

如图 6-9 所示，在每半个周期内输出若干个宽度不同的矩形脉冲波，每个矩形波的面积近似对应于正弦波各相应波形下的面积，则输出电压可近似认为与正弦波的等效。如将一个正弦波的正半周划分为若干等份，每一等份正弦波下的面积可用一个与该面积近似相等的矩形脉冲来代替，则这若干个等幅不等宽的矩形脉冲的面积之和与正弦波所包围的面积等效。

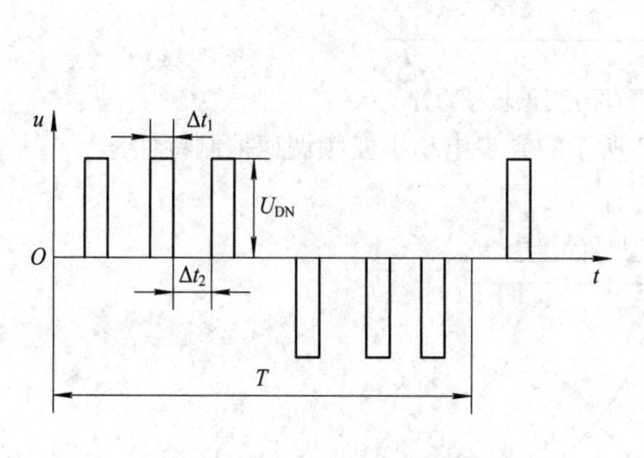

图 6-8　PWM 输出电压基本波形

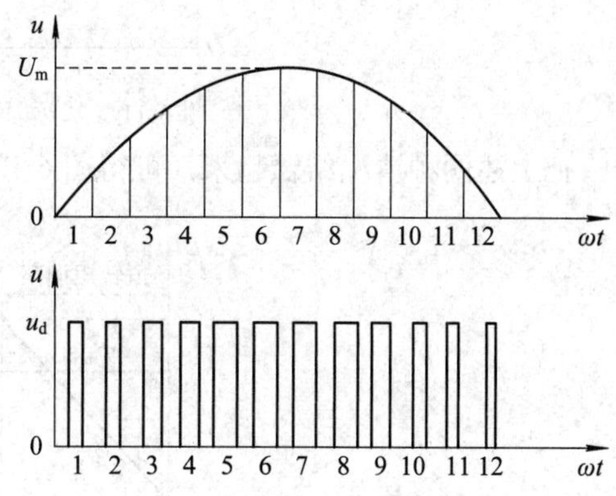

图 6-9　SPWM 的原理图

3) 三相异步电动机变频调速后的机械特性

(1) 在基频 f_{1N} 以下调速。在基频 f_{1N}(一般为电动机的额定频率)以下调速时，采用的是

U/f 恒定控制方式。此时，电动机的机械特性基本上是平行下移的，如图 6-10 所示。由图可看出，在频率较低时，最大转矩将减小(此时定子阻抗上的压降不能忽略，电动机主磁通有较大削弱)，采用转矩提升后的特性曲线如图中的虚线所示。由于采用 U/f 恒定控制时电动机主磁通基本恒定，因此在基频以下调速属于恒转矩调速。

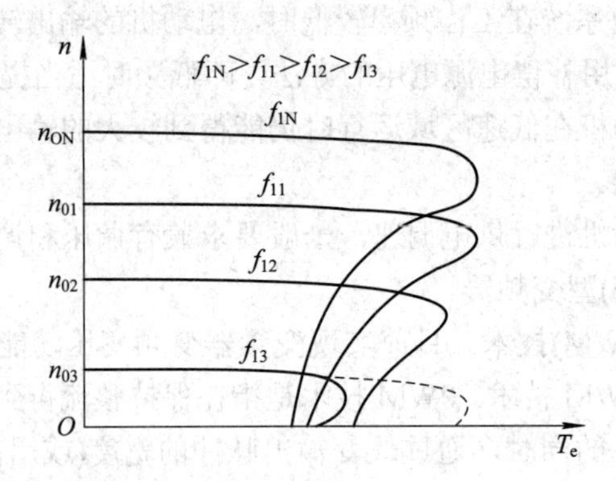

图 6-10　基频以下调速时的机械特性

(2) 在基频 f_{1N} 以上调速。在基频以上调速时，频率可以从 f_{1N} 向上增高，但电压 U_1 不能超过额定电压 U_{1N}，最大值只能保持 $U_1 = U_{1N}$。在基频 f_{1N} 以上变频调速时，电压 U_1 保持不变，频率提高，同步转速随之提高，最大转矩减小，机械特性上移，如图 6-11 所示。频率提高而电压不变，气隙磁动势必然减弱，导致转矩减小。但由于转速升高了，可以认为输出功率基本不变，因此在基频以上变频调速属于弱磁恒功率调速。

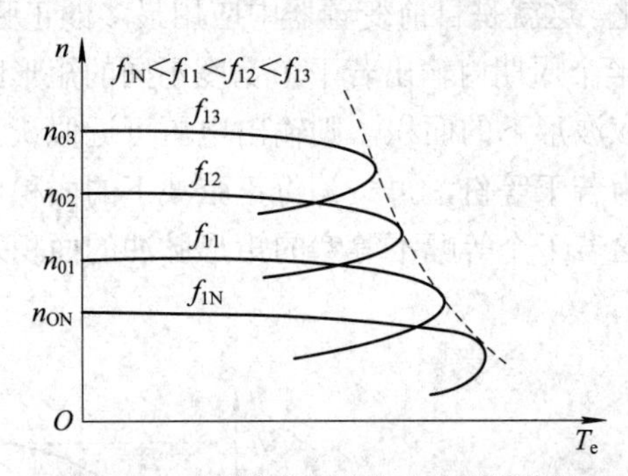

图 6-11　基频以下调速时的机械特性

把上述两种情况结合起来，可得图 6-12 所示的异步电动机变频调速控制特性。

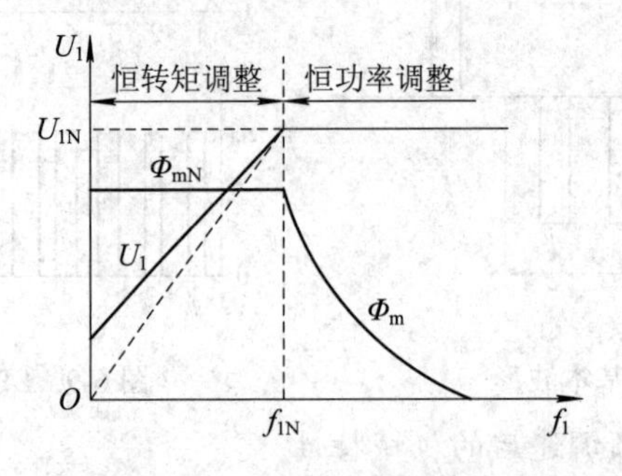

图 6-12　异步电动机变频调速控制特性

4) 变频器在生产中的应用

变频器与笼型异步电动机的结合是交流电动机调速系统的最佳选择，它具有显著的节能效果，较高的控制精度及较宽的调速范围，便于使用和维护以及易于实现自动控制及远程控制等性能。变频器不仅可以用于标准电动机调速，而且也可以用于其他调速电动机。从工厂设备到家用空调都可以采用，在节能、减少维修、提高产量、保证质量等方面都取得了明显的经济效益。目前，变频器已在钢铁、有色冶金、油田、炼油、石化、纺织印染、医药、造纸、高层建筑供水、建材及机械行业得到广泛应用。变频器的应用领域如表 6-1 所示。

表 6-1　变频器的应用领域

应用效果	领域(用途)	应用方法	变频器应用前的控制方式
节能	鼓风机、泵、搅拌机、挤压机、精纺机	(1) 调速运转； (2) 采用工频电源恒速运转与采用变频器调速运转相结合	(1) 采用工频电源恒速运转； (2) 采用挡板、阀门控制； (3) 机械式变速器； (4) 液压联轴器
省力化 自动化	各种搬运机械	(1) 多台电动机以比例速度运转； (2) 联动运转，同步运转	(1) 机械式变速减速机； (2) 定子电压控制； (3) 电磁滑差离合器控制
提高产量	机床、搬运机械、纤维机械	(1) 增速运转； (2) 消除或缓冲启动、停止引起的不良情形	(1) 采用工频电源恒速运转； (2) 定子电压控制
提高设备的效率(节省设备)	金属加工机械	采用高频电动机进行高速运转	M-G装置
减少维修(恶劣环境的对策)	纤维机械(主要为纺纱机)、机床的主轴传动、生产流水线、车辆传动	取代直流电动机	直流电动机
提高质量	机床、搅拌机、纤维机械制、茶机	选择无级的最佳速度运转	采用工频电源恒速运转
提高舒适性	空调机	采用压缩机调速运转，进行连续温度控制	采用工频电源的通、断控制

【任务实施】

1. 变频器的外形观察

认真观察三菱 FR-E500、FR-E700 系列通用变频器的外形。图 6-13 所示是 FR-E740-1.5K 通用变频器的型号、结构与各部分的名称。

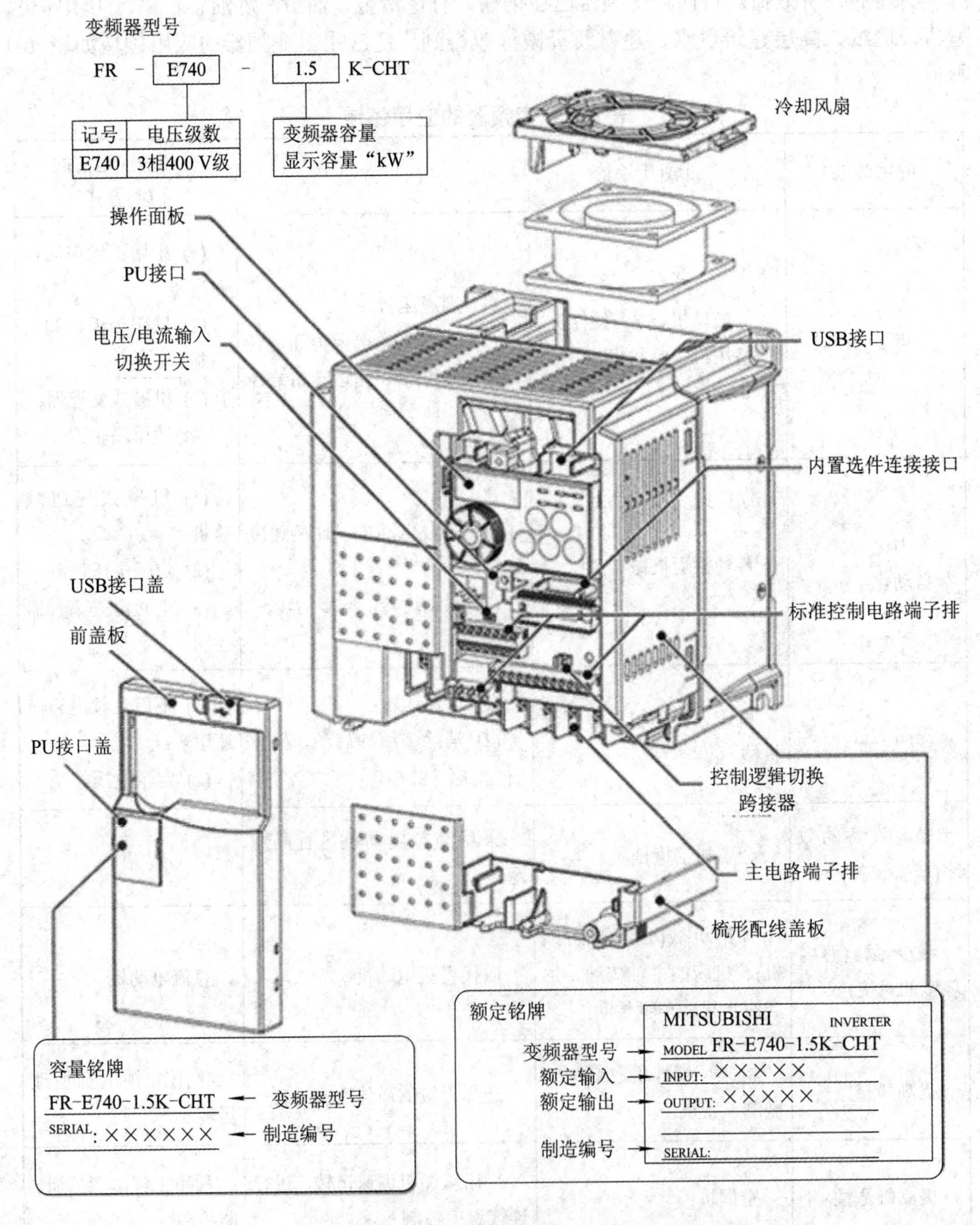

图 6-13　FR-E740-1.5K 通用变频器的结构与各部分名称

2. 通用变频器前盖板的拆卸与安装

变频器要进行控制与接线需拆开前盖板，因此，前盖板的拆卸与安装很重要。

1) FR-E740 系列通用变频器前盖板的拆卸与安装

(1) 前盖板的拆卸与安装。拆卸时，将前盖板沿箭头方向向前拉，将其卸下，如图 6-14(a)所示。安装时，将前盖板对准主机正面笔直装入，如图 6-14(b)所示。

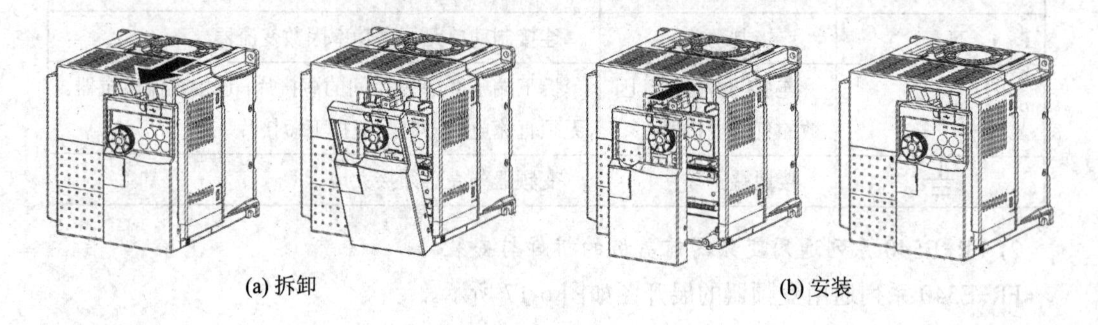

(a) 拆卸　(b) 安装

图 6-14　前盖板的拆卸与安装

(2) 配线盖板的拆卸与安装。将配线盖板向前拉即可简单卸下，如图 6-15 所示。安装时，请对准安装导槽将盖板装在主机上。

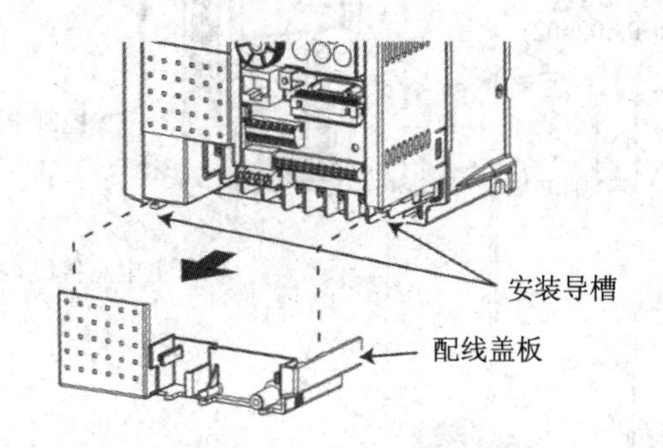

图 6-15　配线盖板的拆卸

(3) 观察接线端子布局与标识。如图 6-16 所示是其主电路接线端子；各端子功能参见表 6-2。

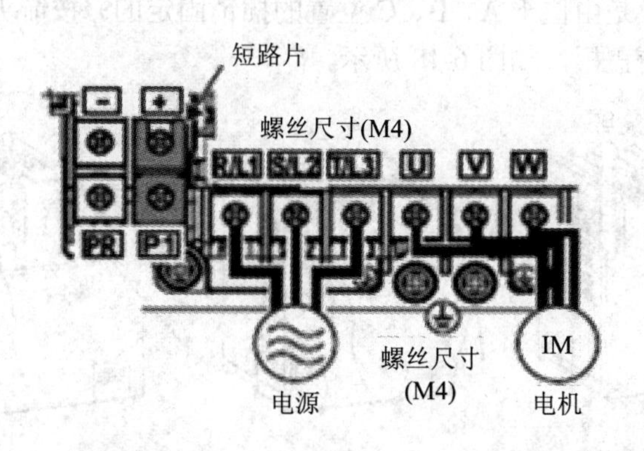

图 6-16　FR-E740 主电路接线端子图

表 6-2　主电路接线端子功能

端子名称	端子功能	端子功能说明
R/L1、S/L2、T/L3	交流电源输入端	一般通过空气断路器连接电源
U、V、W	变频器输出端	连接电动机
P / +、PR	连接制动电阻器	在端子 P / + -PR 间连接制动电阻器(FR-ABR)
P / +、N / −	连接制动单元	连接制动单元、高功率因数变流器
P / +、P1	连接改善功率因数的直流电抗器	拆下端子 P / + -P1 间的短接片，连接直流电抗器。无须直流电抗器时不能拆下短接片
⏚	接地端子	变频器外壳必须接大地

2) FR-E540 系列通用变频器前盖板的拆卸与安装

FR-E540 系列通用变频器的展开图如图 6-17 所示。

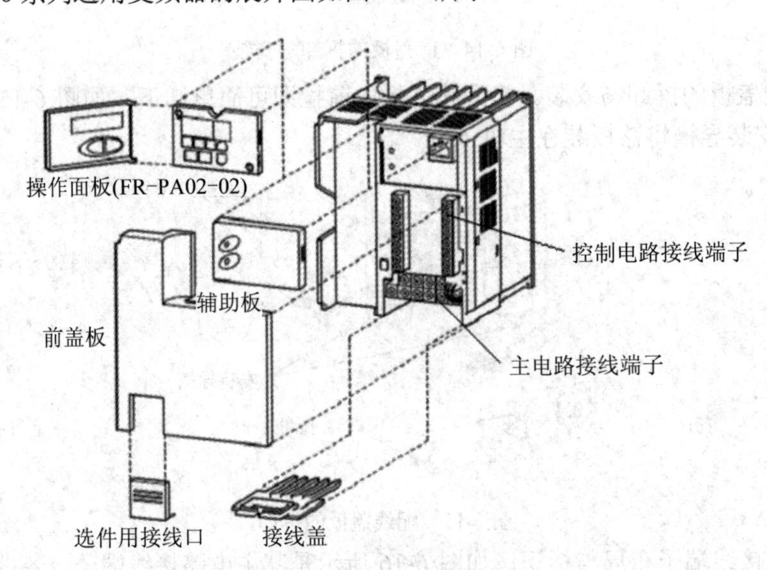

图 6-17　FR-E540 系列通用变频器的展开图

(1) 拆卸。前盖板是由位于 A、B、C 位置的插销固定的。按箭头方向以 C 为支点，同时按下 A、B，取下前盖板，如图 6-18 所示。

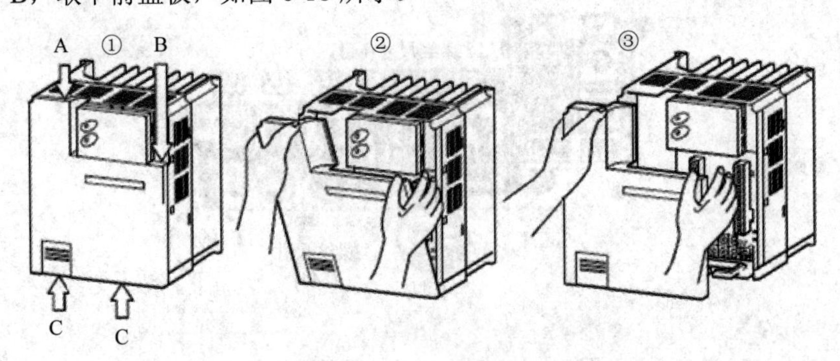

图 6-18　前盖板的拆卸

(2) 安装。接线完毕后，将前盖板的插销插入变频器底部的插孔，然后将盖板完全推入机身，固定好插销。

(3) 观察接线端子布局与标识。图 6-19 所示为其主电路接线端子。

	−	P1	+	PR	
L1	L2	L3	U	V	W

图 6-19　主电路接线端子

各端子功能与 FR-E740 相同。

注意：为确保安全，拆卸、安装前盖板前请断开电源。

【思考练习题】

6-1-1　为什么要对生产机械进行调速？

6-1-2　变频器一般由哪几部分组成？

6-1-3　简述变频器前盖板的拆卸与安装的方法。

6-1-4　简述变频器的工作原理。

任务二　变频器操作面板(PU)控制电动机正反转运行

【任务目标】

(1) 熟悉变频器基本参数的功能。

(2) 掌握变频器功能单元及参数设置方法。

(3) 熟练掌握利用变频器控制电动机连续运行。

【任务分析】

升降机是工厂生产机械中常见的设备，其上升与下降是由电动机的正反转运行来拖动的。为了安全、高效、节能，人们已广泛应用变频器控制三相笼型异步电动机正反转来牵引重物上升与下降，在其起始和结束阶段，电动机的转速不能太快，否则会因惯性作用对机械设备及被起吊的物体产生较大的冲击力，影响机械设备的使用寿命或损坏被起吊的物体。如何利用变频器操作面板(PU)控制电动机正反转变速运行？下面介绍变频器的参数设置和面板操作方法。

【知识链接】

设置和修改变频器的参数必须了解各参数的功能。变频器主要有以下基本功能参数：

(1) 转矩提升(Pr. 0)。转矩提升用于设定电动机启动时的转矩大小。它主要用于改善电动机低频低速启动和运行的转矩性能，一般最大值设定为 10%。

(2) 上限频率(Pr. 1)和下限频率(Pr. 2)。上限频率和下限频率用于设定电动机运转上限频率和下限频率的两个参数。电动机运行时变频器的输出频率被钳位在设定的上限频率和下限频率范围内，如图 6-20 所示。

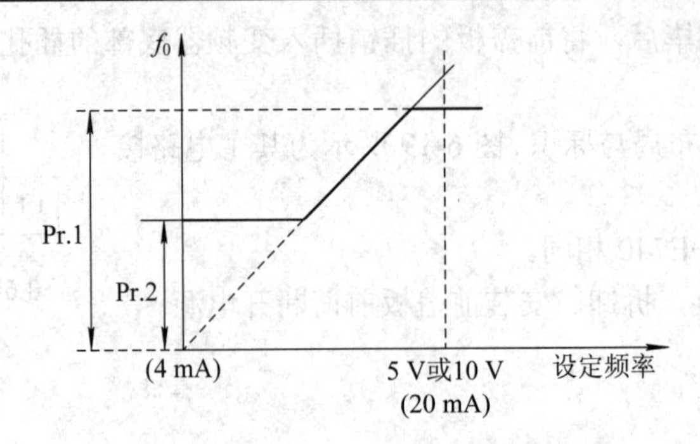

图 6-20　Pr. 1、Pr. 2 参数功能图

(3) 基底频率(Pr. 3)。基底频率用于调整变频器输出到电动机的额定值。对于标准电动机，将其设定为电动机的额定频率。当电动机需在工频电源与变频器之间切换运行时，将其设定为电源频率。

(4) 多段速度(Pr. 4、Pr. 5、Pr. 6)。多段速度用于设定多段不同的运行速度，通过输入端子进行各段速度间的切换。各输入端子名称与参数之间的对应关系参见表6-3。

表 6-3　各输入端子与参数之间的对应关系

输入端子	RH	RM	RL	RM、RL	RH、RL	RH、RM	RH、RM、RL
参数号	Pr. 4	Pr. 5	Pr. 6	Pr. 24	Pr. 25	Pr. 26	Pr. 27

Pr.24、Pr.25、Pr.26 和 Pr.27 也是多段速度的运行参数，与 Pr.4、Pr.5、Pr.6 组成七种运行速度。

设定多段速度参数时应注意以下几点：

① 在变频器运行期间，每种速度(频率)均能在 0～400 Hz 范围内被设定。

② 多段速度在参数单元 PU 运行和外部运行时都可以设定。

③ 多段速度比主速度优先。

④ 以上各参数之间的设定没有优先级。

(5) 加、减速时间(Pr. 7、Pr. 8)及加、减速基准频率(Pr. 20)。Pr. 7、Pr. 8 用于设定电动机加速和减速时间，加速时间 Pr.7 的值设定得越大，加速时间越长；减速时间 Pr. 8 的值设定得越大，减速越慢。Pr. 20 是加、减速基准频率，Pr. 7 设定值就是从 0 Hz 加速到 Pr. 20 所设定的基准频率的时间，Pr. 8 设定值就是从 Pr. 20 所设定的基准频率减速到 0 Hz 的时间，如图 6-21 所示。

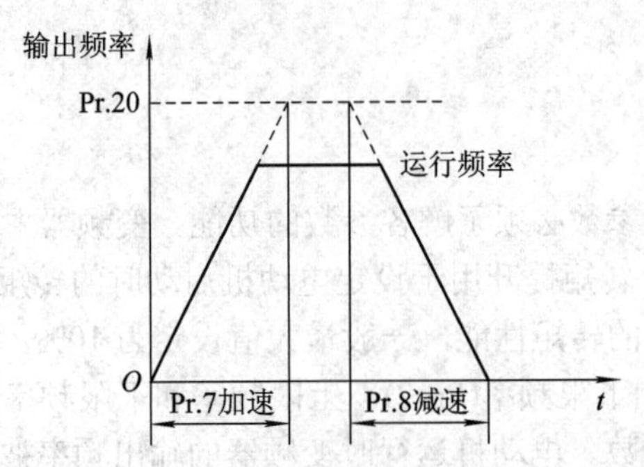

图 6-21　Pr. 7、Pr. 8 参数功能

(6) 电子过流保护(Pr. 9)。通过设定电子过流保护的电流值，可防止电动机过热。当控制一台电动机运行时，此参数的值应设定为 1～1.2 倍的电动机额定电流。

(7) 直流制动相关参数(Pr. 10、Pr. 11、Pr. 12)。Pr. 10 是直流制动时的动作频率，Pr. 11 是直流制动时的动作时间(作用时间)，Pr. 12 是直流制动时的电压(转矩)，通过这三个参数的设定，可以提高停止的准确度，使之符合负载的运行要求，如图 6-22 所示。

(8) 启动频率(Pr. 13)。启动频率用于设定电动机开始启动时的频率，如图 6-23 所示。

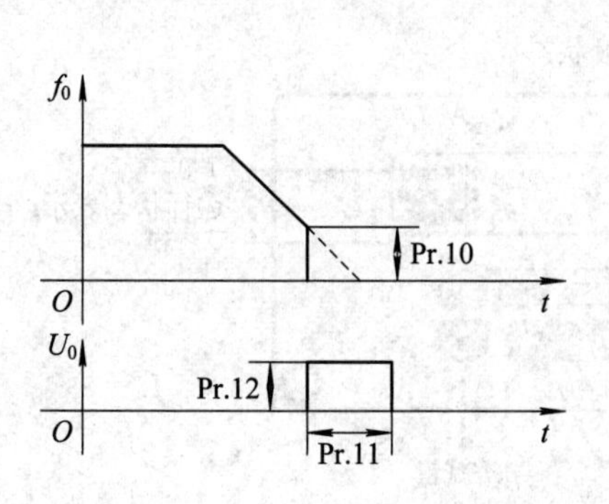

图 6-22　Pr. 10、Pr. 11、Pr. 12 参数功能图

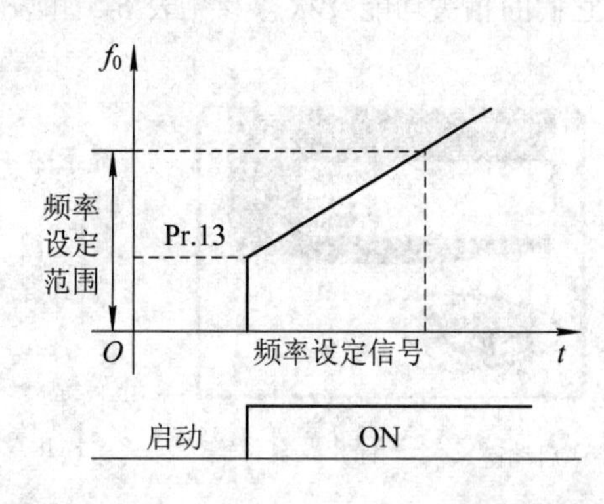

图 6-23　Pr. 13 参数功能图

(9) MRS 端子输入选择。MRS 端子输入选择用于选择 MRS 端子的逻辑，如图 6-24 所示。

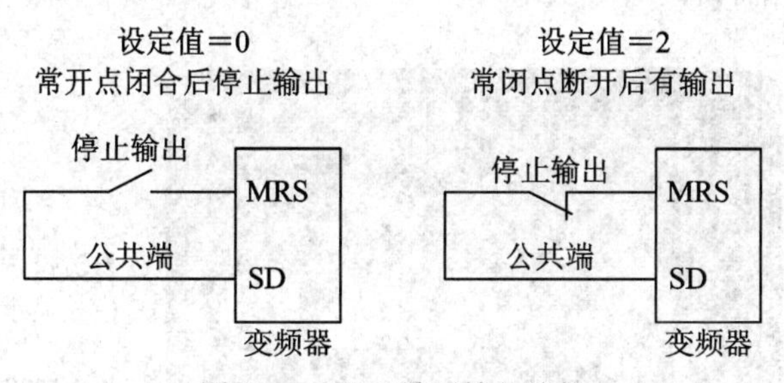

图 6-24　MRS 端子输入选择

(10) 参数禁止写入选择(Pr. 77)和防止逆转选择(Pr. 78)。Pr. 77 用于参数写入禁止或允许，主要用于参数被意外改写；Pr. 78 用于泵类设备，防止反转。Pr. 77、Pr. 78 具体设定值见表 6-4。

表 6-4　Pr. 77、Pr. 78 的设定值及相应功能

参数号	设定值	功　能
Pr. 77	0	在“PU”模式下，仅限于停止时可以写入(出厂设定)
	1	不可写入参数，但 Pr.75、Pr.77、Pr.79 参数可以写入
	2	即使运行时也可以写入
Pr. 78	0	正转、反转均可(出厂设定)
	1	不可正转
	2	不可反转

【任务实施】

1. 变频器操作面板功能单元的认知

认真观察三菱 FR-E540、FR-E700 系列变频器操作面板的功能单元，图 6-25 所示是 FR-E540 系列变频器操作面板的名称；图 6-26 所示是 FR-E700 系列变频器操作面板的名称；它们的相关功能及状态参见表 6-5 和表 6-6。

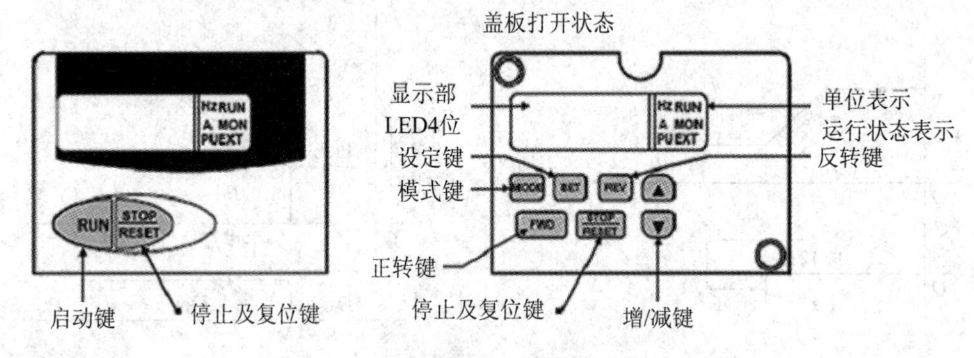

图 6-25　FR-E540 系列变频器操作面板名称

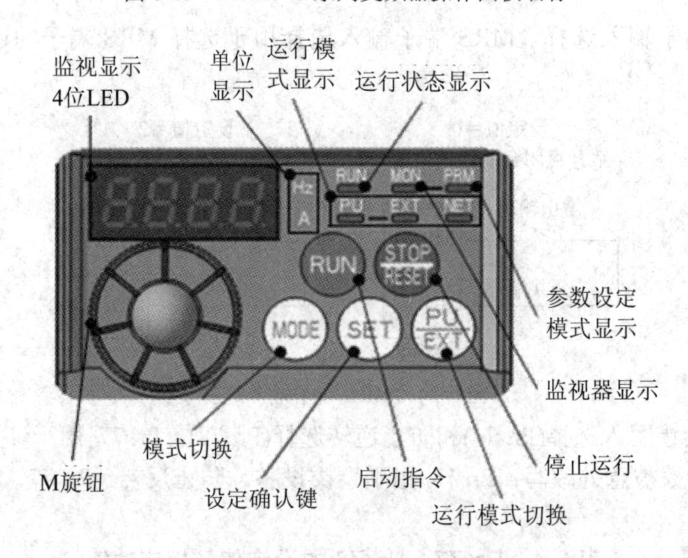

图 6-26　FR-E700 系列变频器操作面板的名称

表 6-5　各按键功能

按　键	功 能 说 明	备注
MODE模式 键	用于选择操作模式或设定模式。 MODE键和(PU/EXT)同时按下可用来切换运行模式	
SET 或 (SET) 键	用于确定频率和参数的设定	

续表

按　键	功 能 说 明	备注
▲/▼ 键 或 M 旋钮	用于连续增加或减少运行频率；在设定模式下按下此键或旋转M旋钮，可连续设定参数	
STOP/RESET 键	用于停止运行。 用于保护功能动作、输出停止时，复位变频器	
FWD 键	用于给出正转指令	FR-A540系列
REV 键	用于给出反转指令	
RUN 键	启动命令，通过Pr.40设定，可以选择旋转方向	FR-E700系列
PU/EXT 键	用于运行模式切换，切换PU/外部运行模式。 使用外部运行模式时请按下此键，EXT灯处于点亮状态；切换组合模式时，可同时按下此键与 MODE模式 键0.5 s	

表 6-6　LED 状态显示

<table>
<tr><th>显　示</th><th colspan="2">说　　明</th></tr>
<tr><td>Hz</td><td colspan="2">显示频率时点亮</td></tr>
<tr><td>A</td><td colspan="2">显示电流时点亮</td></tr>
<tr><td>V</td><td colspan="2">显示电压时点亮。FR-E700系列无此灯，显示电压时，Hz、A灯熄灭</td></tr>
<tr><td>MON</td><td colspan="2">监视显示模式时点亮</td></tr>
<tr><td>PU</td><td>PU操作模式时点亮</td><td rowspan="2">PU、EXT均亮表示PU和外部操作组合模式</td></tr>
<tr><td>EXT</td><td>外部操作模式时点亮</td></tr>
<tr><td>FWD</td><td colspan="2">正转时闪烁</td></tr>
<tr><td>REV</td><td colspan="2">反转时闪烁</td></tr>
<tr><td>RUN</td><td colspan="2">运行状态显示，灯亮/闪烁。正转运行，点亮或慢闪烁；反转运行，快闪烁</td></tr>
<tr><td>PRM</td><td colspan="2">参数设定模式时灯亮</td></tr>
</table>

2. 变频器面板的操作

通过操作变频器面板可改变监视模式、设定运行频率、设定参数、显示相关内容等。

1) 改变监视显示

按下 MODE 键，可改变监视显示，如图 6-27 所示。

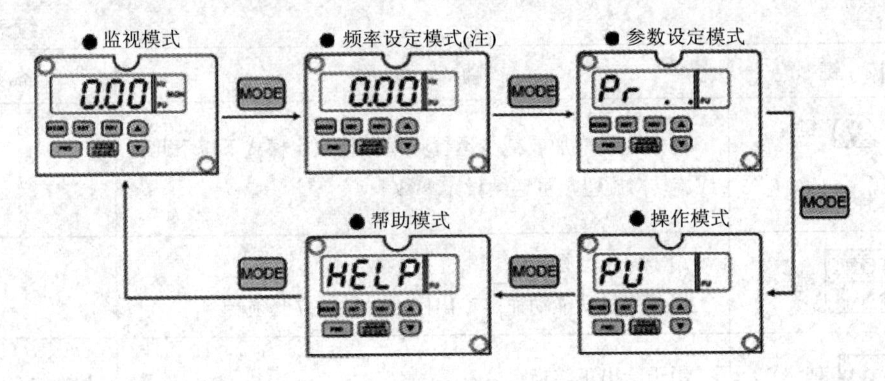

图 6-27　按下“MODE”键改变监视显示模式

2) 监视运行中的参数

按下SET键，可监视运行中的参数，操作如图 6-28 所示。

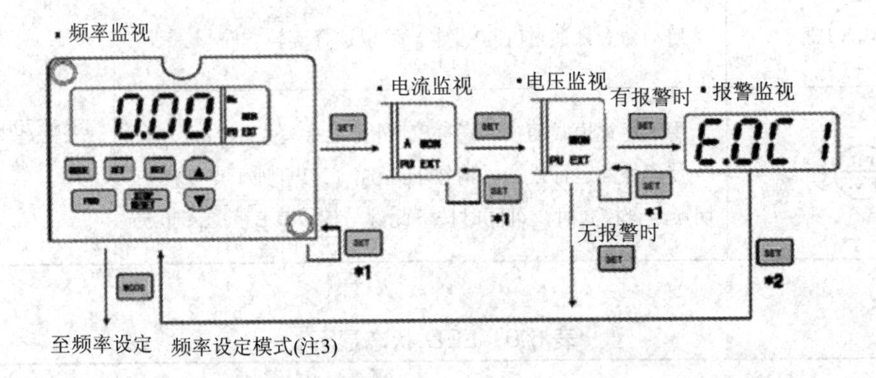

图 6-28　改变监视类型(运行的参数)的操作方法

注意：按下标有 *1 的 SET 键超过 1. 5 s，能把监视模式改为上电监视模式；按下标有 *2 的 SET 键超过 1.5 s，能显示包括最近 4 次的错误指示。

3) 运行频率设定

在 PU 操作模式下设定运行频率，如图 6-29 所示。用▲/▼键增/减或左右旋动旋钮改变频率数值设定。

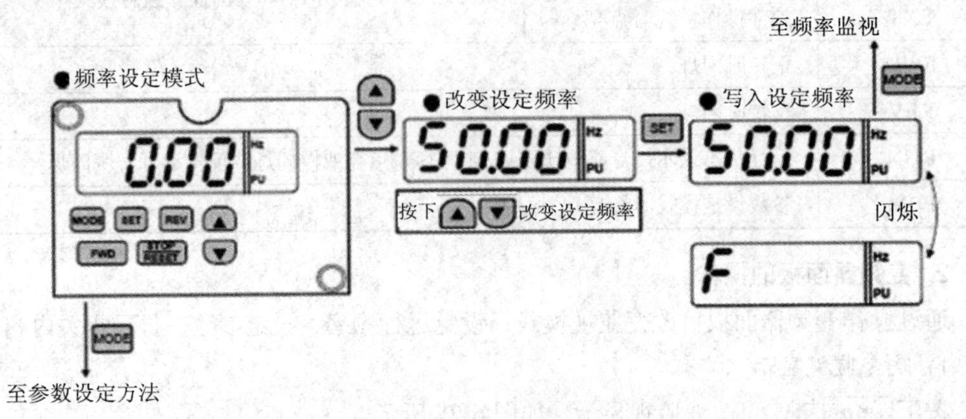

图 6-29　运行频率设定

4) 参数清除

进行变频器相关数据设置前须清除有关设置。将参数值初始化到出厂设定值，校准值不能被初始化！当 Pr. 77(参数功能号)设定为“1”时，即选择参数写入禁止，参数值不能被清除。图 6-30 所示为参数清除方法。

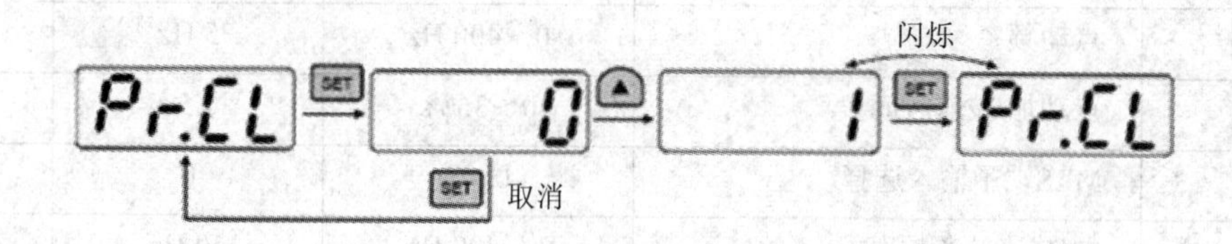

图 6-30　参数清除方法

5) 全部消除操作

将参数值和校准值全部初始化到出厂设定值，如图 6-31 所示。

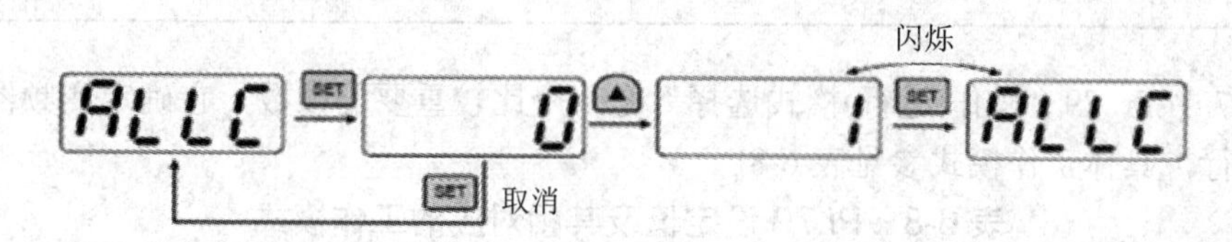

图 6-31　参数全部清除方法

注意：Pr.75 不能被初始化!

6) 参数设定

要使变频器按一定的模式和要求运行，必须设置相应的参数，其基本功能参数参见表 6-7。变频器常用的参数较多，详见附录二。

表 6-7　基本功能参数

参数号(Pr)	参数名称	设定范围	出厂设定值	备注
0	转矩提升	0%～30%	3%或2%	
1	上限频率	0～120 Hz	120 Hz	
2	下限频率	0～120 Hz	0 Hz	
3	基底频率	0～400 Hz	50 Hz	
4	多段速度(高速)	0～4 Hz	60 Hz	
5	多段速度(中速)	0～400 Hz	30 Hz	
6	多段速度(低速)	0～400 Hz	10 Hz	
7	加速时间	0～3 600 s	5 s	
8	减速时间	0～3 600 s	5 s	
9	电子过流保护(电机过热保护)	0～500 A	据额定电流整定	
10	直流制动动作频率	0～120 Hz	3 Hz	
11	直流制动动作时间	0～10 s	0.5 s	

续表

参数号(Pr)	参数名称	设定范围	出厂设定值	备注
12	直流制动电压	0%～30%	4%	
13	启动频率	0～60 Hz	0.5 s	
15	点动频率	0～400 Hz	5 Hz	
16	点动加/减速时间	0～360 s	0.5 s	
17	MRS端子输入选择	0，2	0	
20	加/减速参考频率	1～400 Hz	50 Hz	
77	参数禁止写入选择	0，1，2	0	
78	防止逆转选择	0，1，2	0	
79	操作(运行)模式选择	0～4，6～8	0	

表 6-7 中 Pr. 79“操作(运行)模式选择”是一个比较重要的参数，它确定变频器在什么模式下运行，具体工作模式参见表 6-8。

表 6-8　Pr.79 设定值及其相对应的工作模式

Pr.79 设定值	工 作 模 式
0	电源接通时为外部操作模式，通过增/减键可以在外部和 PU 间切换； FR-E700，通过 PU/EXT 键可以在外部和 PU 间切换
1	PU 操作模式(参数单元操作)，启动信号和运行频率均由 PU 面板设定
2	外部操作模式，启动信号和运行频率均由外部输入
3	外部/PU 组合操作模式 1： 运行频率——从 PU 设定，由增/减键或旋轮设定或由外部信号多段速度设定； 启动信号——外部端子 SFT、STR 输入
4	外部/PU 组合操作模式 2： 运行频率——外部输入(端子 2、5、10，多段速度选择)； 启动信号——从 PU 输入(由正转 FWD 键、反转 REV 键或 RUN 键)

(1) 参数设置方法。参数值的设定用▲/▼键增/减或左右旋动旋钮来改变，然后按下 SET 键 1. 5 s 写入设定值并更新。例如，把 Pr. 79“运行模式选择”设定值从“2”(外部操作模式)变更到“1”(PU 操作模式)，设定方法如图 6-32 所示。图中，“P. 79”与“1”之间交替闪烁，表明设置成功；否则，表明设置未成功，应从最初开始再来一次。其他的设置类似。

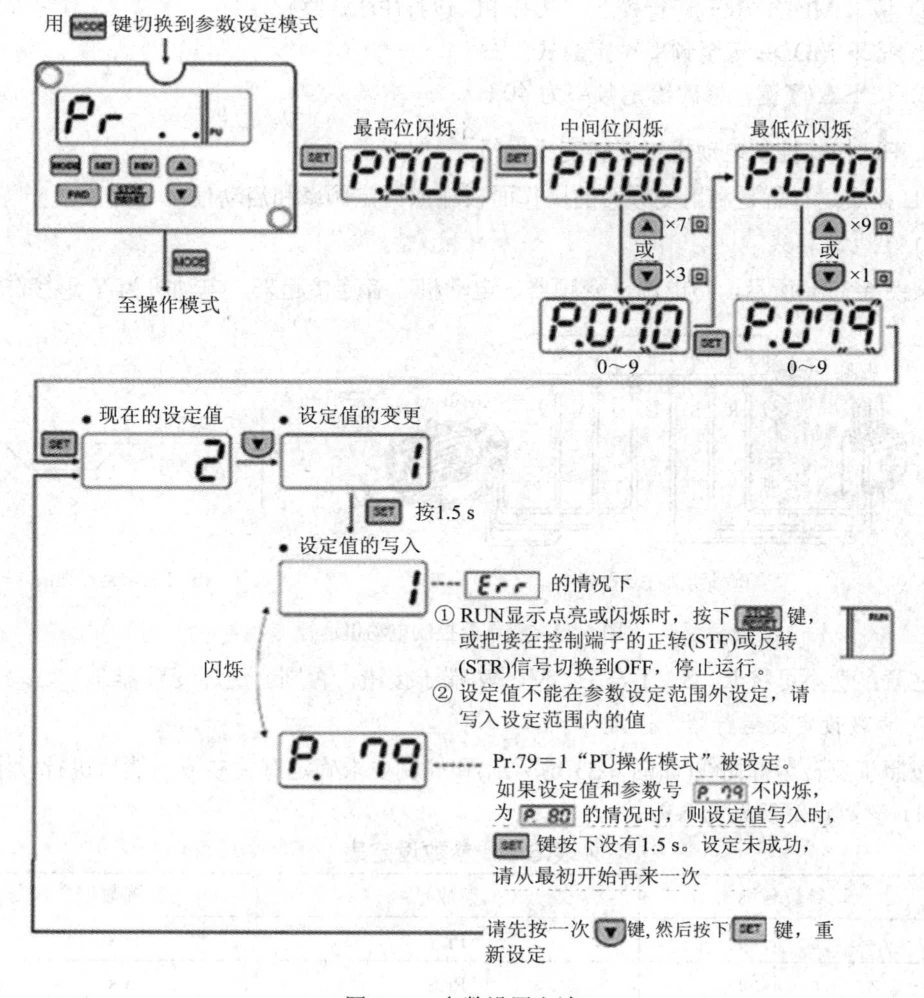

图 6-32　参数设置方法

(2) 参数设置训练。将上限频率预置为 50 Hz，查基本功能参数表 6-7 或附录二可知，上限频率功能码为 Pr.1。预置有下面两种方法：

方法一：

① 按下 MODE 键至参数给定模式，此时显示 Pr…。

② 按下▲/▼键改变功能码，使功能码为 1。

③ 按下 SET 键，读出原数据。

④ 按下▲/▼键更改数据为 50。

⑤ 按下 SET 键 1.5 s，写入给定。

方法二：

① 按下 MODE 键至参数给定模式，此时显示 Pr…。

② 按下 SET 键，再用▲/▼键逐位将功能码翻至 P.1。

③ 按下 SET 键，读出原数据。

④ 按下▲/▼键将原数据改为 50 Hz。

(3) 给定频率的修改。例如，将给定频率修改为 40 Hz。

① 按下MODE键至运行模式，选择PU运行(PU灯亮)。

② 按下MODE键至频率设定模式。

③ 按下▲/▼键，修改给定频率为40 Hz。

3. PU模式控制电动机正反转变频运行

PU模式运行就是利用变频器的操作面板输入给定频率和启动信号。

1) 主电路接线

按图6-33(a)所示，将电源、变频器、电动机三者连接起来，电动机为Y形接法。

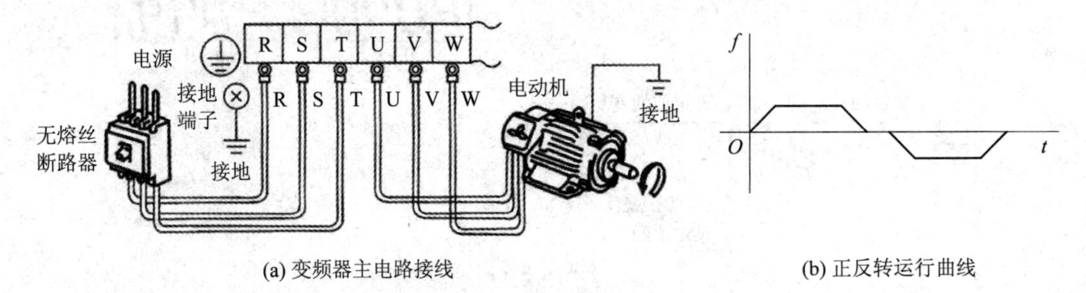

(a) 变频器主电路接线　　(b) 正反转运行曲线

图6-33　变频器控制电动机运行

注意：切不可将R、S、T与U、V、W端子接错，否则会烧坏变频器。

2) 参数设定及运行频率设定

按照正反转运行曲线(如图6-33(b)所示)和控制要求确定有关参数，然后进行设定。

(1) 参数设定参见表6-9。

表6-9　参数设定表

参数名称	参数号	设置数据
上升时间	Pr.7	4 s
下降时间	Pr.8	3 s
加/减速基准频率	Pr.20	50 Hz
基底频率	Pr.3	50 Hz
上限频率	Pr.1	50 Hz
下限频率	Pr.2	0 Hz
运行模式	Pr.79	1

(2) 运行频率。运行频率分别设定为：第一次20 Hz、第二次30 Hz、第三次50 Hz。

(3) 参数设定。

① 按操作面板上的MODE键两次，显示“参数设定”画面，在此画面下设定参数Pr.79 = 1，“PU”灯亮。

② 依次按表6-9设定相关参数。

③ 再按下操作面板上的MODE键，切换到“频率设定”画面下，设定运行频率为20 Hz。

④ 返回“监视模式”，观察“MON”和“Hz”灯亮。

⑤ 按下FWD键，电动机正转运行在设定的运行频率上(20 Hz)，同时，FWD灯亮。

⑥ 按下 REV 键，电动机反转运行在设定的运行频率上(20 Hz)，同时，REV 灯亮。

⑦ 再分别在“频率设定”画面下改变运行频率为 30 Hz、50 Hz，重复第⑤步和第⑥步反复练习。

4. FR-E740 的基本操作

FR-E740 的基本操作与 FR-E540 的基本相同，前者是用 M 旋钮切换模式，速度较快，后者是用增/减键进行的。

(1) 各种模式间的切换与基本操作。图 6-34 所示为 FR-E740 的基本操作。

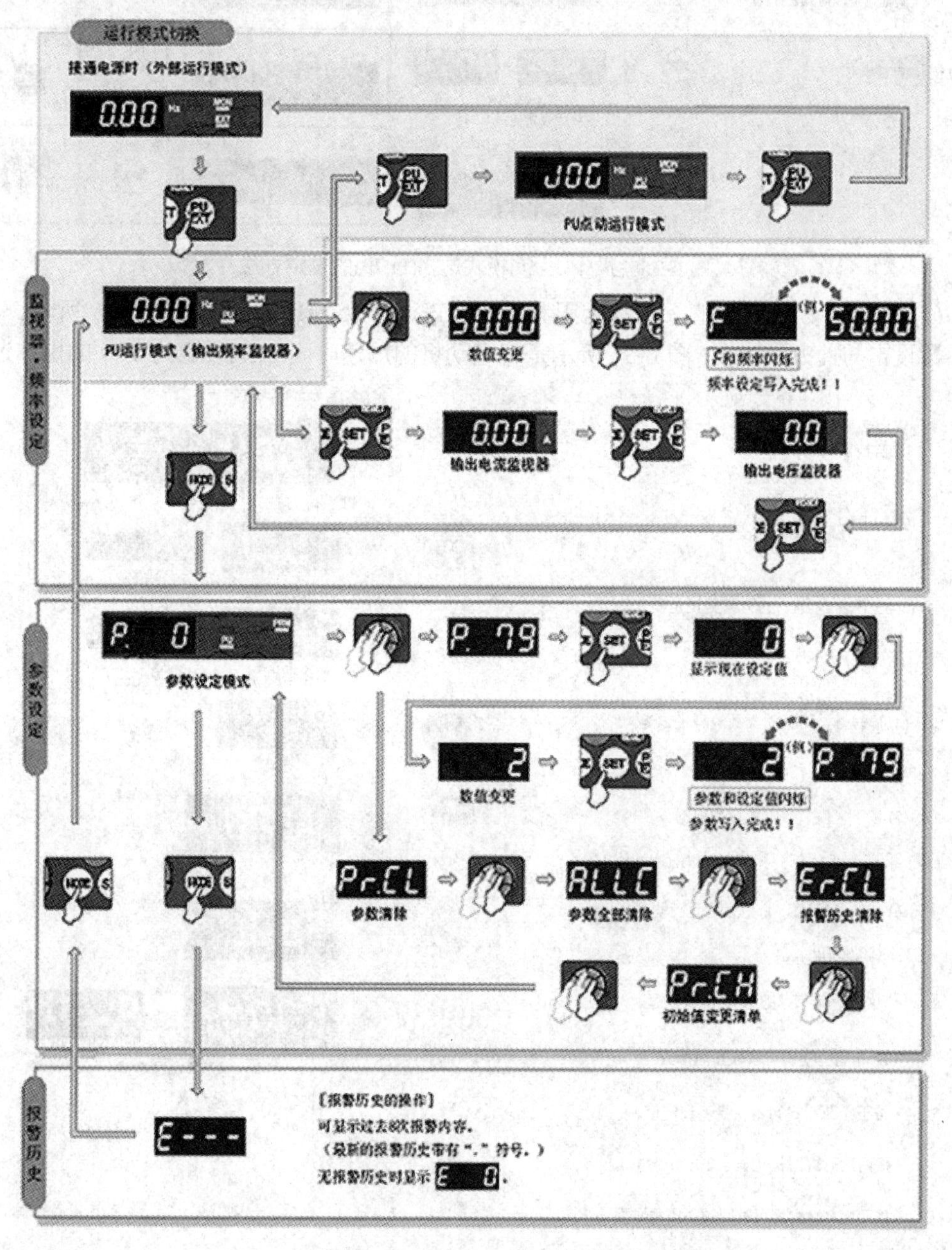

图 6-34　FR-E740 的基本操作

(2) 操作(运行)模式选择(Pr.79)的设定方法如图 6-35 所示。

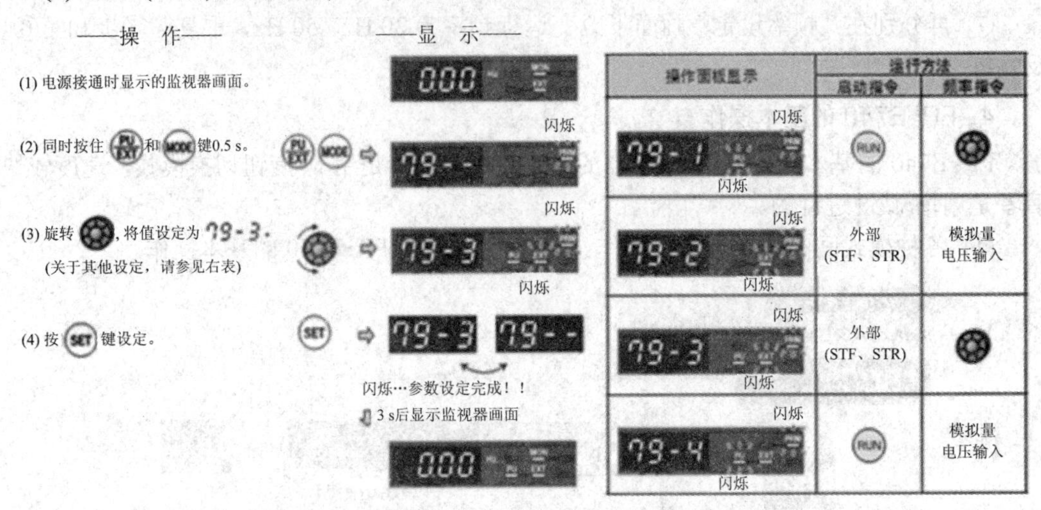

图 6-35　操作(运行)模式选择(Pr.79)的设定方法

(3) 变更参数的设定值。如将上限频率(Pr.1)变更为 50 Hz，操作如图 6-36 所示。其他的参数设定与此方法相同，图 6-37 所示是将电动机的加速时间(Pr.7)设定为 10 s 的操作过程。

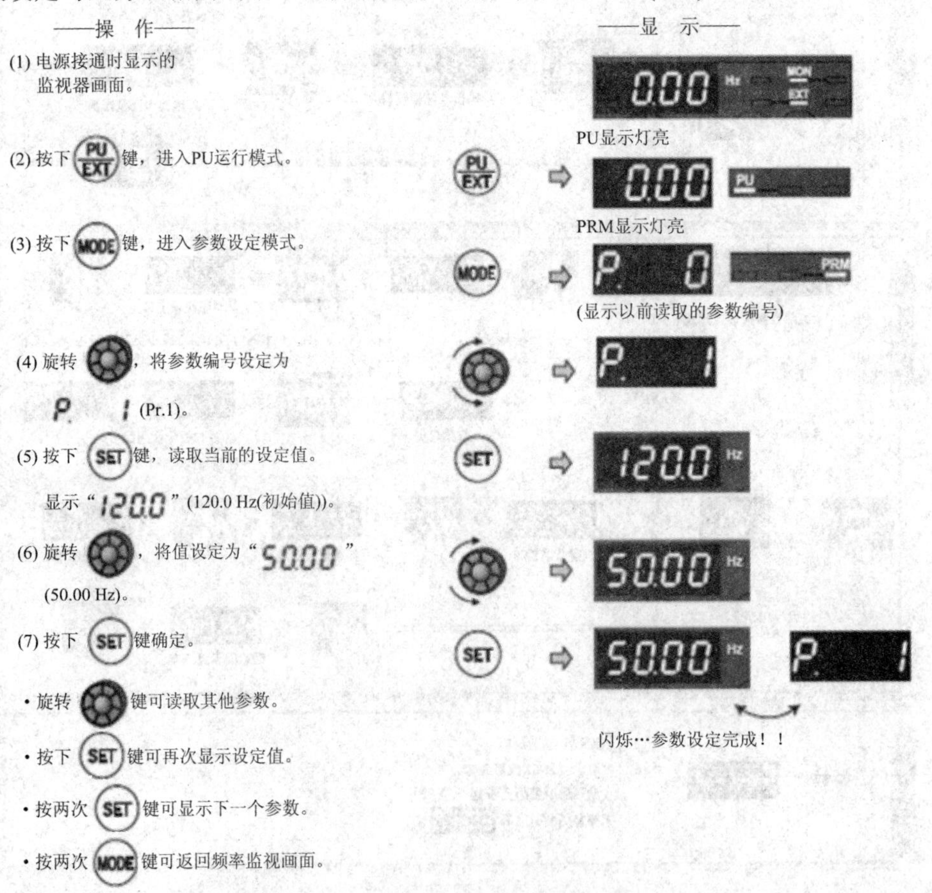

图 6-36　变更参数设定值的方法

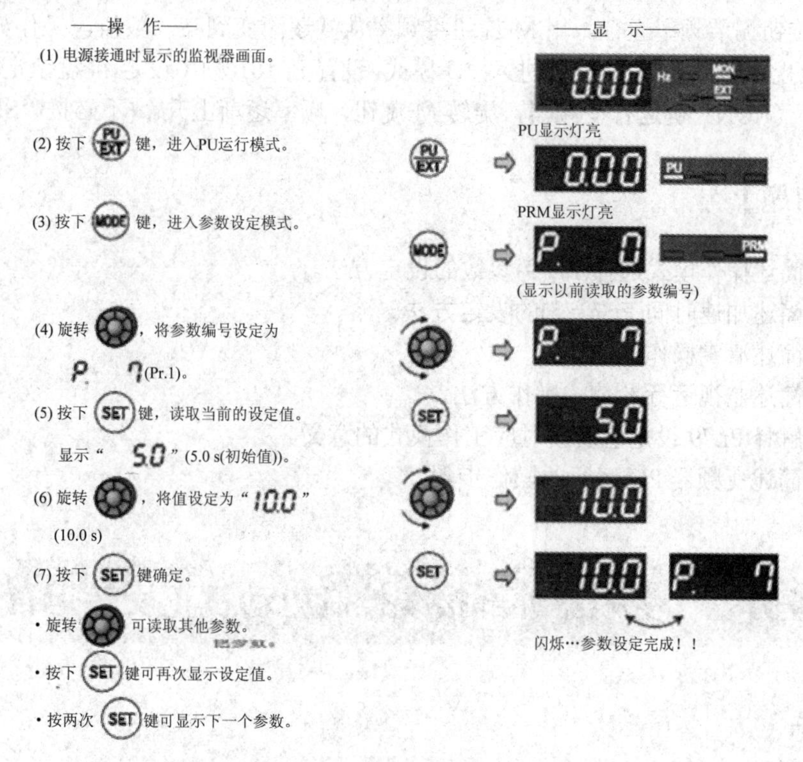

图 6-37　电动机加速时间(Pr.7)的设定方法

(4) PU 运行模式。可设置 Pr.79 = 1(固定 PU 模式)，也可用 PU/EXT 键直接切换(Pr.79 = 0 模式)。以 30 Hz 的运行频率为例(其他参数参见表 6-9，设置方法参考图 6-37)，操作如图 6-38 所示。

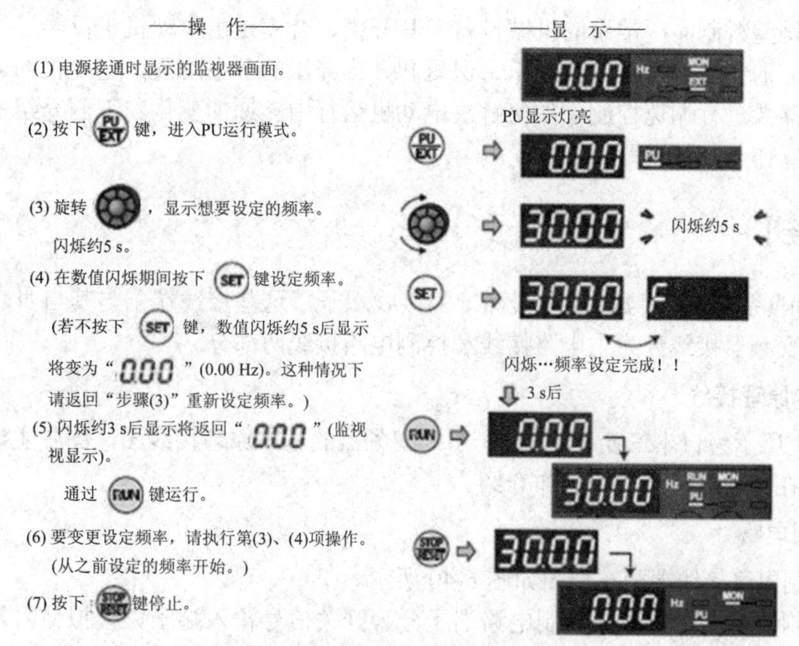

图 6-38　FR-E740 PU 运行模式

(5) M 旋钮调节频率运行。用 M 旋钮将频率从 0 逐渐变到某一数值，操作如下：

① 在监视状态下按下 PU/EXT 键，进入 PU 模式，设置 Pr.161(频率设定/键盘锁定操作) = 1。

② 按下“RUN”键运行变频器，旋转 M 旋钮，频率逐渐上升。(不必按“SET”键。)

【思考练习题】

6-2-1　简述操作模式选择(Pr.79)参数的设定方法。

6-2-2　简述加速时间(Pr.7 = 5)的设定方法。

6-2-3　简述清零操作方法。

6-2-4　简述监视运行参数的操作方法。

6-2-5　解释 Pr.79 设定值及其对应工作模式的意义。

6-2-6　简述变频器 PU 运行的操作步骤。

任务三　变频器外部接线控制电动机正反转运行

【任务目标】

(1) 掌握变频器各端子的功能并能正确接线。

(2) 会对三菱变频器进行参数设置、外部接线与调试。

【任务分析】

注塑机是塑料制品厂常用的机械设备，其开模、合模是由电动机正反转运行拖动的。它在合模过程的一次加压、二次加压、保压和开模释压的各个阶段，电动机的运行速度是不一样的，需要进行调速控制。如何解决电动机运行中转速的变化？下面介绍变频器的外部接线控制操作与相关设置。

【知识链接】

各种品牌(系列)的变频器都有其标准的接线端子，这些接线端子与其自身功能的实现密切相关。变频器接线分为主电路接线和控制电路接线两部分。

1. 基本原理接线

图 6-39 所示为日本三菱 FR-E540 系列变频器的基本原理接线图，图中主电路端子接线较简单，在本项目任务二中已作介绍。

2. 控制电路

(1) 控制电路接线端子布局图如图 6-40 所示。

(2) 控制电路端子功能。控制电路端子分为开关信号输入端子、模拟信号输入端子和输出信号端子三部分。其功能分别参见表 6-10、表 6-11、表 6-12。

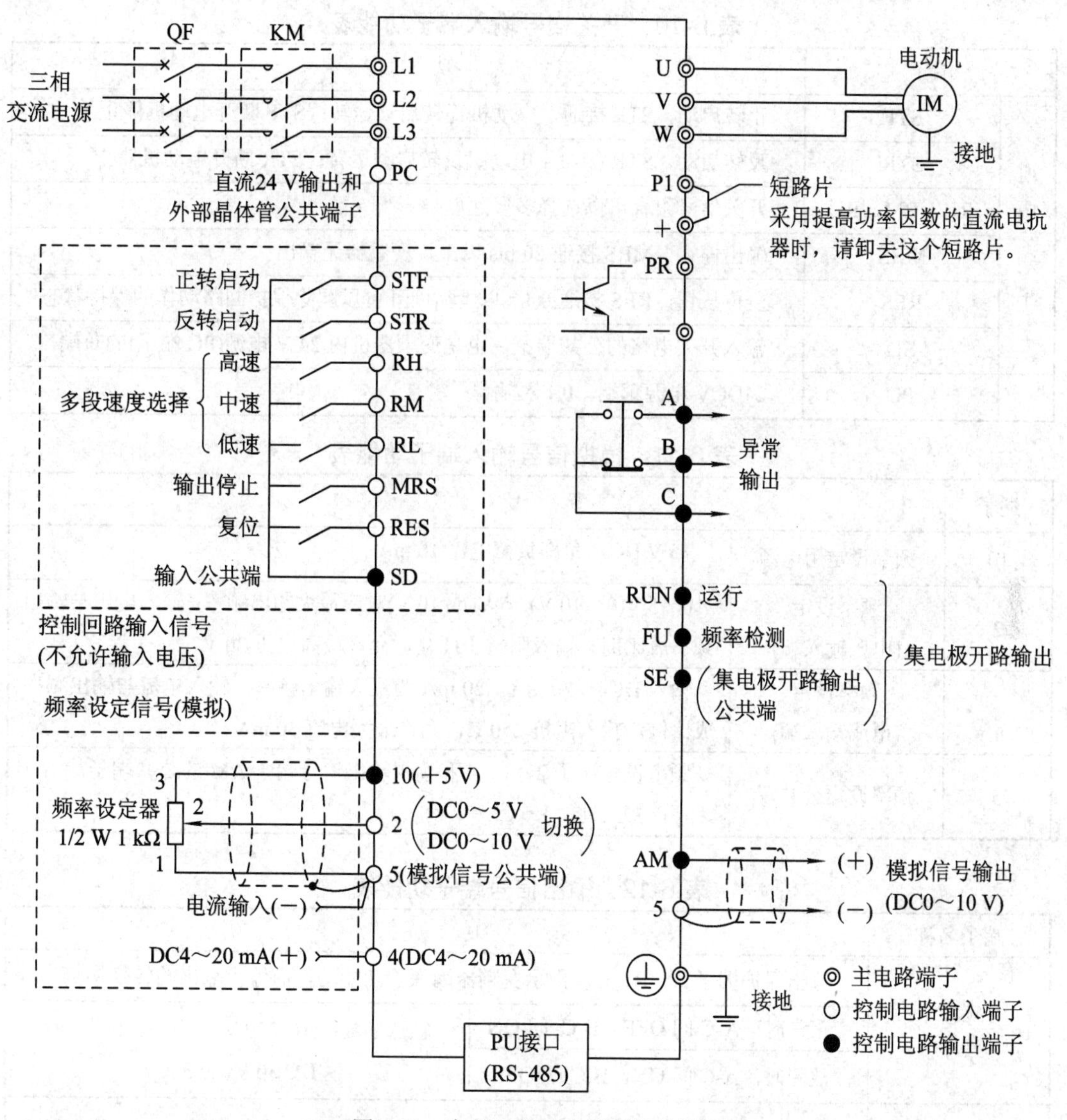

图 6-39　变频器的基本原理接线图

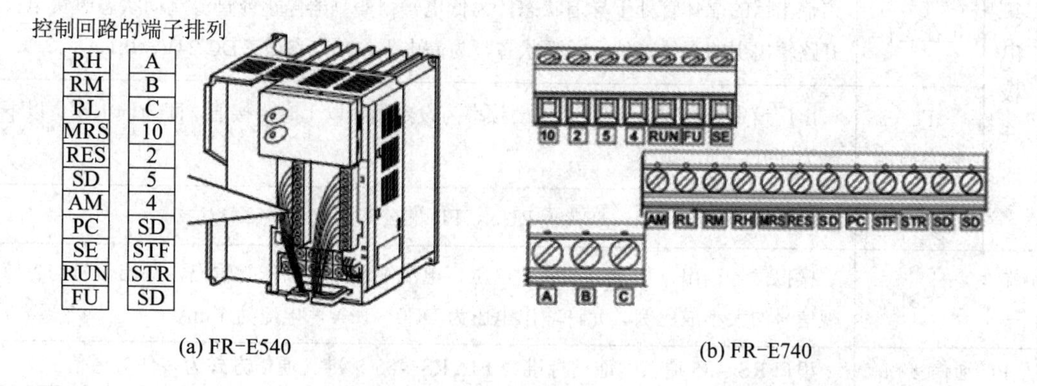

(a) FR-E540　　(b) FR-E740

图 6-40　控制电路接线端子布局图

表 6-10　开关信号输入端子功能表

端子		功　能
通用端子	STF	正转启动，STF 接通，电动机正转启动运转；STF 断开电动机停止
	STR	反转启动，STR 接通，电动机反转启动运转；STR 断开电动机停止
	RH、RM、RL	开关信号组合可以选择多段速度
	MRS	输出停止，MRS 接通 20 ms 以上，变频器无输出
	RES	复位按钮，RES 接通 0.1 s 以上后断开可以解除保护回路动作的保持状态
	SD	输入开关电路的公共端子，也是变频器机内 24 V 电源(PC 端了)的负端
	PC	24DCV 电源正端，0.1 A 输出

表 6-11　模拟信号输入端子功能表

端子	功　能	
10	频率设定用电源	+5 V DC，允许负荷电流 10 mA
2	频率设定 (电压输入端)	0～5 V(0～10 V)。5 V(或 10 V)对应最大输出频率；输入电压与输出频率成比例。输入阻抗 10 kΩ，允许最高电压 20 V
4	频率设定 (电流输入端)	输入 DC4～20 mA。20 mA 为最大输出频率；输入电流与输出频率成比例。输入阻抗 250 Ω，允许最大电流 30 mA
5	频率设定公共端	频率设定端子 2、1、4 和模拟输出信号端子 AM 的公共端子。不能接大地

表 6-12　输出信号端子功能表

<table>
<tr><td colspan="2">端子名称</td><td colspan="2">功　能</td></tr>
<tr><td colspan="2" rowspan="3">保护端子</td><td colspan="2">输出保护端子 A、B、C：指示变频器因保护功能动作而停止输出的转换接点</td></tr>
<tr><td>正常时，A-C 间 OFF，B-C 间 ON</td><td rowspan="2">触点参数：AC 230 V，0.3 A
DC 30 V，0.3 A</td></tr>
<tr><td>故障时，A-C 间 ON，B-C 间 OFF</td></tr>
<tr><td rowspan="3">集电极开路</td><td>RUN
正在运行</td><td colspan="2">出厂设定为“变频器正在运行”，当变频器输出频率为启动频率以上时，集电极开路输出用的晶体管处于导通状态，为低电平；变频器停止或直流制动状态时集电极开路输出用的晶体管处于关断状态，为高电平。端点参数：DC 24V，0.1 A</td></tr>
<tr><td>FU
频率检测</td><td colspan="2">出厂设定为“频率检测”，输出频率为设定频率以上时为接通，即为低电平；以下时为断开，即高电平</td></tr>
<tr><td>SE</td><td colspan="2">集电极开路公共端，是端子 RUN、FU 的公共端</td></tr>
<tr><td>端子</td><td>AM</td><td colspan="2">模拟信号输出，从输出频率、电压、电流中选择一种作为输出，输出信号与各监视信号的大小成比例。允许输出电压为 DC0～10 V，电流为 1 mA</td></tr>
<tr><td colspan="2">PU 通信接口</td><td colspan="2">串口 RS-485 通信，通信标准为 EIA RS-485 标准。通信方式为多任务通信</td></tr>
</table>

【任务实施】

变频器的外部接线控制是指除 PU 控制模式外的其他几种控制模式。它们需要通过外部接线或一部分功能需要通过外部接线来完成。

1. 组合操作模式

组合操作模式是应用参数单元和外部接线共同控制变频器运行的一种方法。组合操作模式有两种，一种是参数单元(PU)控制电动机的启停，外部接线控制电动机的运行频率；另一种是参数单元控制电动机的运行频率，外部接线控制电动机的启停。

1) 外部/PU 组合操作模式 1(Pr. 79 = 3)

外部/PU 组合操作模式 1 的运行频率由 PU 设定，或者由多段速度(简称多段速)设定的外部输入信号确定；启动信号由外部输入端子 STF、STR 确定。这种模式在实践中应用最多。

(1) 运行频率由 PU 设定，启动信号由 STF、STR 输入。操作要点如下(其他参数设定参见表 6-9，以下相同)：

① 启动指令通过将 STF 或 STR 与 SD 接通后发出。

② 设置 Pr. 79 = 3。

③ 用操作面板设定频率。

接线与操作过程如图 6-41 所示。

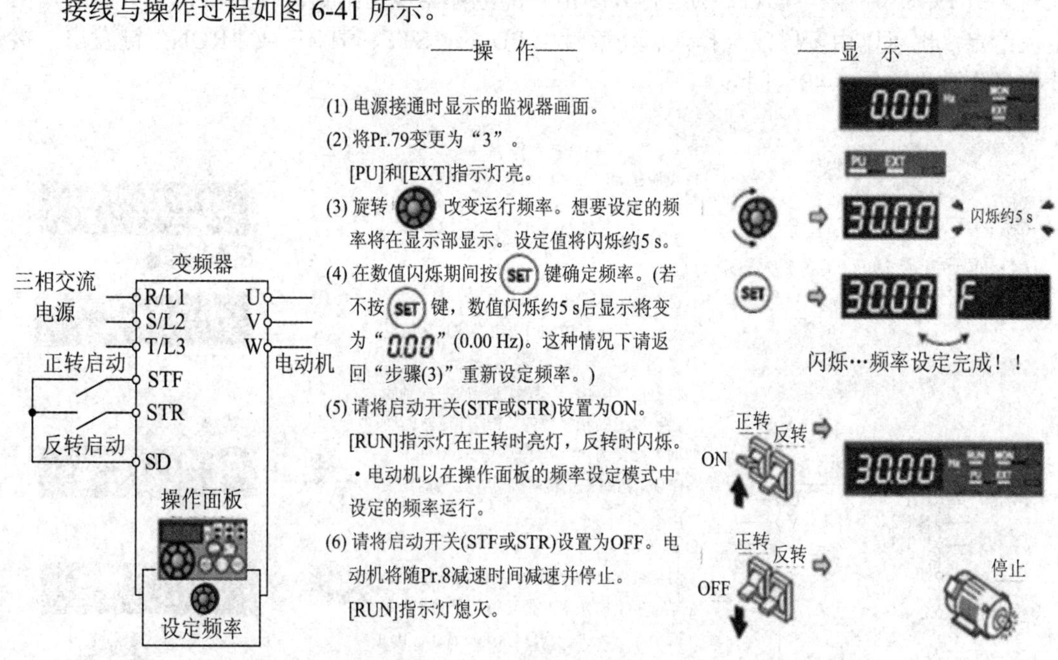

图 6-41　PU 设定频率，STF、STR 输入启动信号的接线与操作

(2) 运行频率由多段速设定的外部信号输入，启动由 STF、STR 输入。操作要点如下：

① 用端子 STF(STR)—SD 连接发出启动指令；通过端子 RH、RM、RL—SD 连接给出设定的频率。

② 设置 Pr. 79 = 3。设置端子 RH、RM、RL 参数 Pr. 4、Pr. 5、Pr. 6 值(分别如 40 Hz、

30 Hz、10 Hz)。“EXT”须亮灯，如果“PU”灯亮，用 PU/EXT 键进行切换。

接线与操作过程(以中速 40 Hz 为例)如图 6-42 所示。

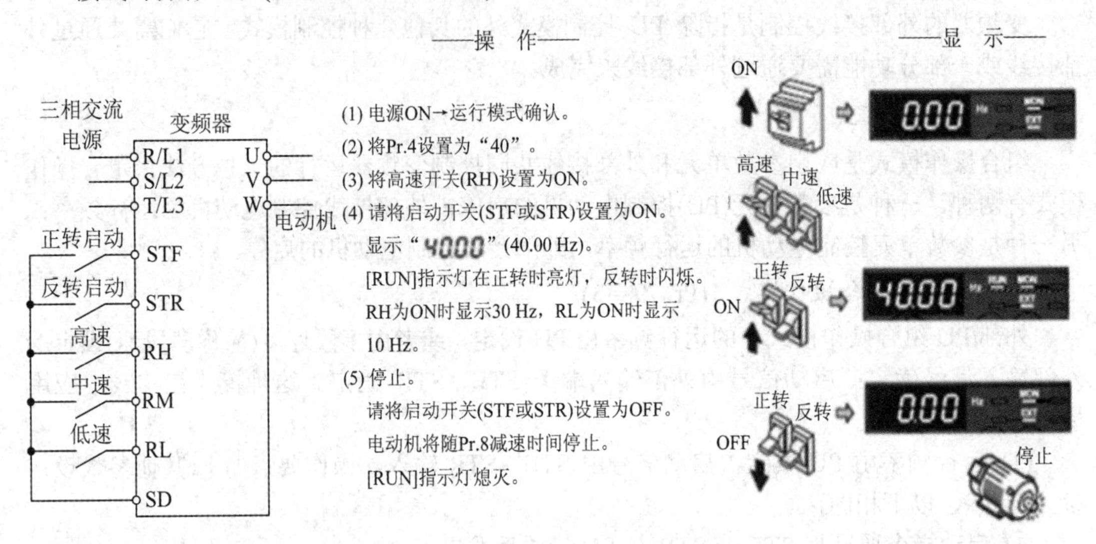

图 6-42　多段速设定频率输入信号，启动由 STF、STR 输入的接线与操作

2) 外部/PU 组合操作模式 2(Pr. 79 = 4)

外部/PU 组合操作模式 2 的运行频率由外部电位器电压给定或传感器、调节器的输出电流给定，也可以由多段速选择，启动信号由 PU 的“STF、STR”或“RUN”键发出。接线与操作过程如图 6-43、图 6-44 所示。

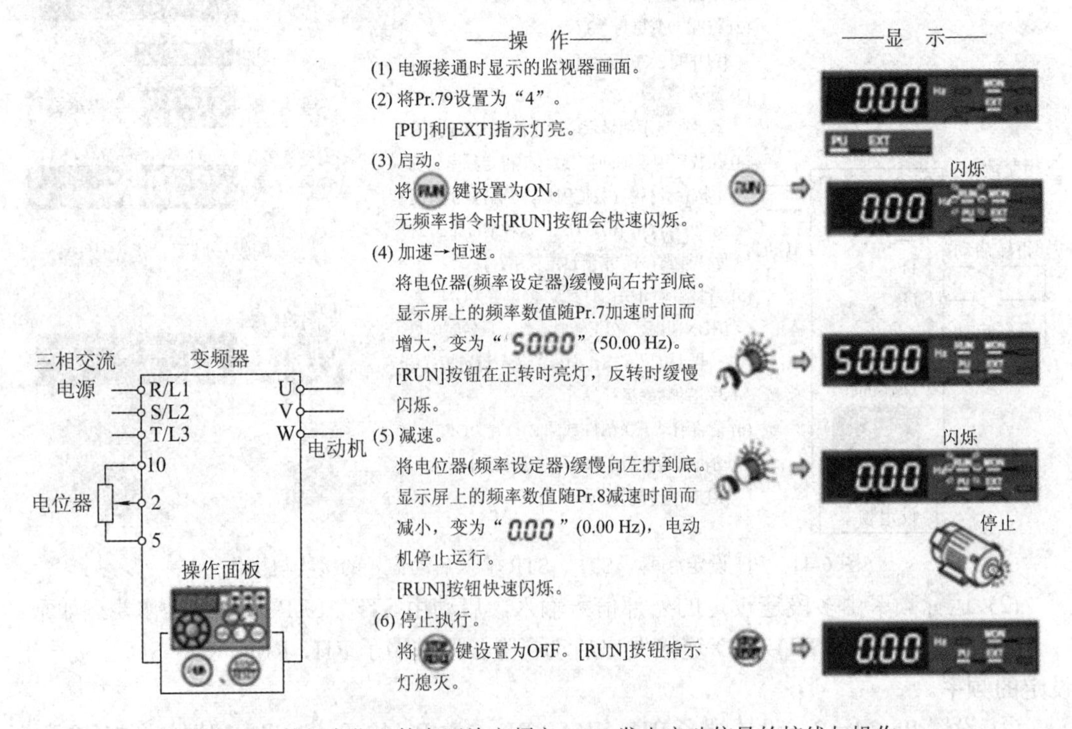

图 6-43　外部电位器的电压给定频率，PU 发出启动信号的接线与操作

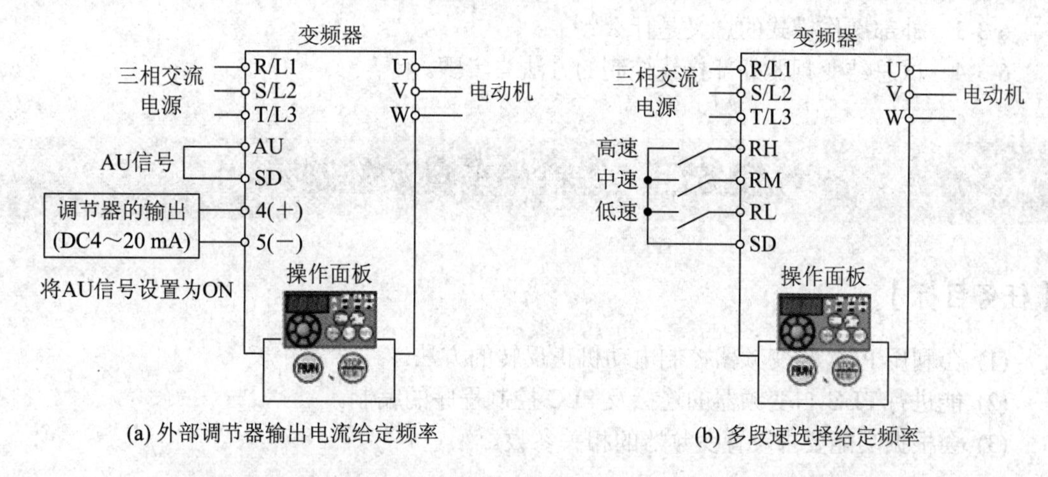

图 6-44　电流或多段速选择给定频率，PU 发出启动信号的接线图

2. 外部操作模式(Pr. 79 = 2)

外部操作模式是指用外部信号操作，即利用外部开关、电位器将外部操作信号送到变频器，控制变频器的操作方式。操作模式 Pr. 79 设为 2(FR−E540 的 Pr. 79 设为 0)，注意，“EXT”须亮灯，如果“PU”灯亮，说明没有设置 Pr. 79 = 2，重新设置或用PU/EXT键进行切换。其接线与操作过程如图 6-45 所示。

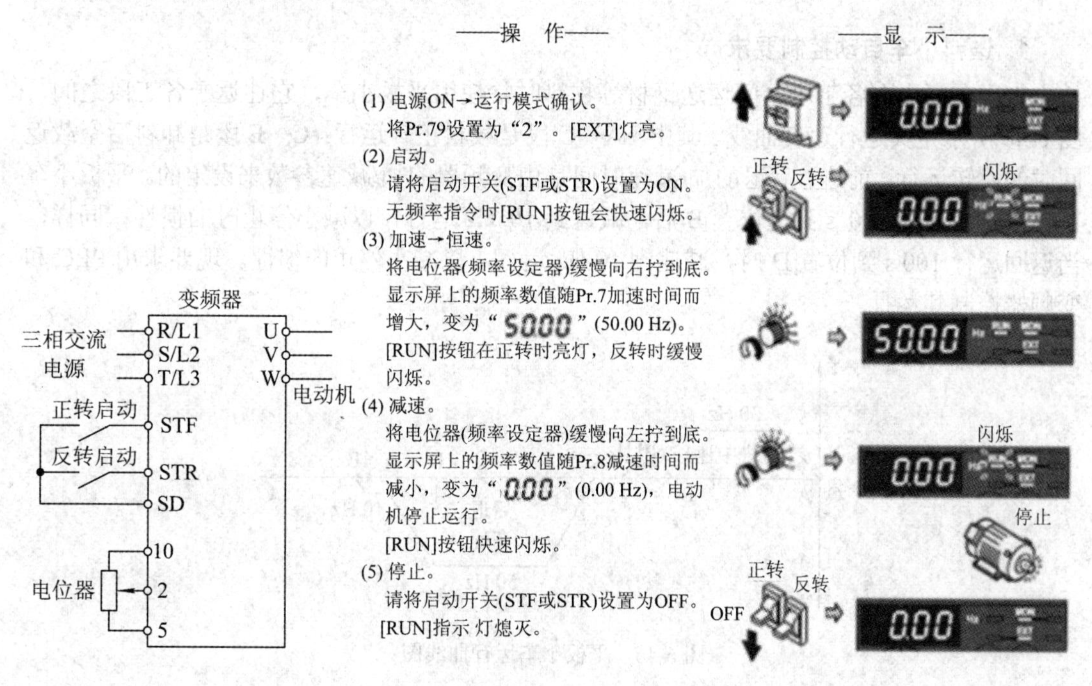

图 6-45　外部控制模式的接线与操作

【思考练习题】

6-3-1　简述控制回路各端子的功能？

6-3-2　组合操作模式共有哪几种形式？相应的 Pr. 79 设定值是多少？

6-3-3　外部操作模式的意义是什么？

6-3-4　试总结变频器外部接线控制的方法与步骤。

任务四　送料小车自动控制

【任务目标】

(1) 会利用 PLC 和变频器控制电动机正反转的方法。

(2) 能进行 PLC 与变频器的连接及 PLC 控制程序的编制。

(3) 会根据功能要求设置变频器的相关参数。

【任务分析】

送料小车、电梯等输送设备需要平稳、慢速启动和停车，高速运行以提高工作效率。采用 PLC 和变频器自动控制能很好地完成这些设备的控制要求。

【任务实施】

1. 送料小车自动控制要求

工厂车间内在各工段之间运送钢材等物料时常使用平板小车，它往返于各工段之间，图 6-46 所示是其运行速度曲线。其中，A—C 段是载料正转运行；C—E 段是卸料后空载返回时的反转运行；前进、后退的加/减速时间是由变频器的加/减速参数来设定的。平板小车正转启动后运行 120 s 到达位置 B 后，减速到 10 Hz 运行，以减小停止时的惯性；同样，当返回运行 100 s 到位置 D 时，减速到 10 Hz 运行，以减小停止的惯性。现要求用 PLC 和变频器控制其运行。

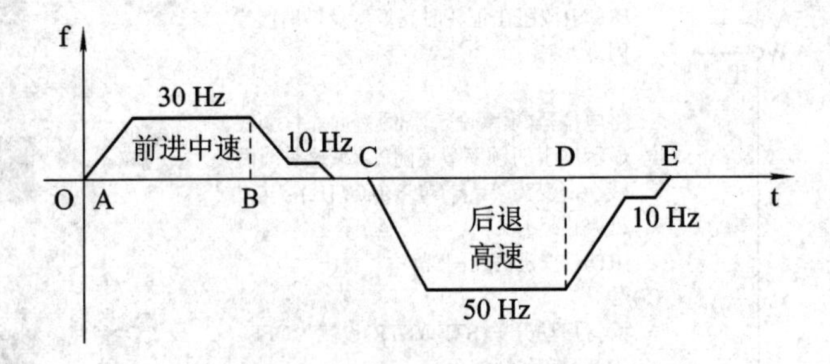

图 6-46　平板小车运行曲线图

2. 送料小车自动控制的接线与编程方法

用变频器控制送料小车正反向运行，只需交替接通 STF 和 STR，如图 6-47 所示。而 PLC 的输出端子相当于开关触点，采用程序控制 PLC 按要求接通 STF 和 STR 即可。

(1) 按图 6-48 所示的 PLC 控制变频器实现电动机正反转变速运行的接线图接线。

(2) 将图 6-49 所示的 PLC 控制程序梯形图输入到 PLC 中。

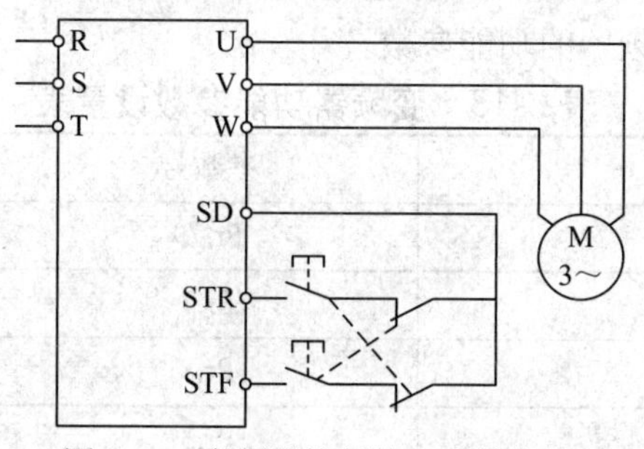

图 6-47　变频器控制的正反转电路

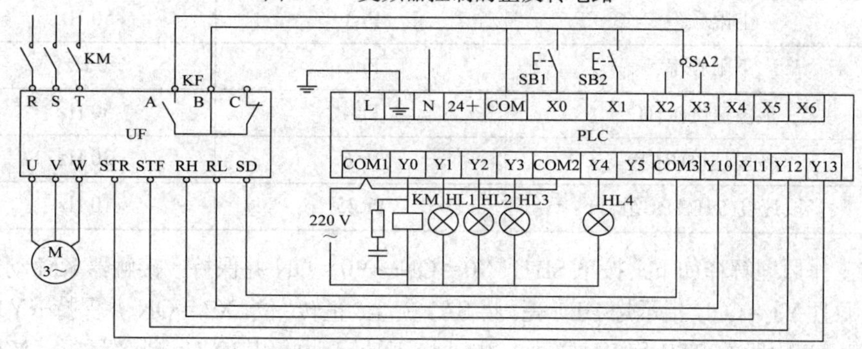

图 6-48　PLC 控制变频器实现电动机正反转变速运行的接线图

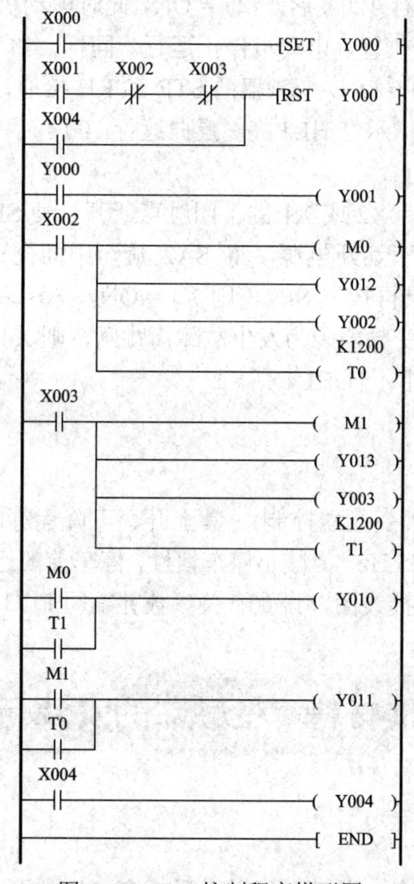

图 6-49　PLC 控制程序梯形图

(3) 按表6-13设置变频器的功能参数。

表6-13　变频器功能参数设置表

参数名称	参数号	参考值
运行模式	Pr.79	3
上升时间	Pr.7	3 s
下降时间	Pr.8	3 s
基底频率	Pr.3	50 Hz
上限频率	Pr.1	50 Hz
下限频率	Pr.2	0 Hz
多段速度(RH)	Pr.4	50 Hz
多段速度(RL)	Pr.6	30 Hz
多段速度(RH、RL组合)	Pr.25	10 Hz

电路工作原理解释如下：按下SB1，X0 = ON→Y0 = ON并保持，接触器KM动作，变频器接通电源且Y1 = ON，指示灯HL1亮。将SA2旋至“正转”位，X2 = ON并保持→Y10 = ON，Y12 = ON，变频器的STF和RL接通，电动机正转启动并以30 Hz频率运行，Y2 = ON，正转指示灯HL2亮。正转运行120 s后，Y11 = ON，此时电动机以RH、RL组合频率10 Hz慢速运行。当SA2旋至中间位置，电动机停止运行。同样，如SA2旋至“反转”位，X3 = ON并保持→Y11 = ON，Y13 = ON，变频器的STR和RH接通，电动机反转启动并以50 Hz频率运行且Y3 = ON，反转指示灯HL3亮。反向运行100 s后，Y10 = ON，电动机以RH、RL组合频率10 Hz慢速运行。

当电动机正转或反转时，X2或X1的常闭触点断开，使SB2(X1)不起作用，从而防止变频器在电动机运行的情况下切断电源。将SA2旋至中间位置时，则电动机停转，X2、X3的常闭触点均闭合。如果再按下SB2，则X1 = ON，Y0复位，KM断电，变频器脱离电源。电动机运行时，如果变频器因为发生故障而跳闸，则X4 = ON，Y0复位，变频器切断电源；同时，Y4 = ON，指示灯HL4亮。

【思考练习题】

6-4-1　有一台升降机(用变频器控制)，其上升、下降运行时要求有指示灯显示，上升频率为45 Hz，下降频率为25 Hz，为减小停车惯性，停车前的运行频率为10 Hz。试用PLC与变频器联合控制，并画出接线图，设置有关参数并编写PLC程序。

本项目阅读材料　变频器的安装与日常维护

1. 变频器的安装

1) 安装环境

变频器是精密的电子设备，其正常运行对环境有一定的要求。

(1) 工作场所应符合一般工业电子设备运行要求，安装室湿气应少，无易燃、易爆、腐蚀性气体，液体、粉尘少。

(2) 易于变频器搬入和搬出和定期维修、检查。

(3) 应备有通风口或换气装置，以排出变频器产生的热量。

(4) 应与易受高次谐波干扰的装置隔离。

2) 安装空间

变频器运行时会产生热量。为使变频器通风、散热，变频器应垂直安装，如图 6-50 所示，不可倒置。安装时要使其距离其他设备、墙壁或电路管道有足够的距离，如图 6-51 所示。如果将变频器安装在电控柜内，这时应注意散热问题，如图 6-52 所示。变频器工作时其散热片的温度有时可高达 90℃，故所安装的底板必须为耐热材料。

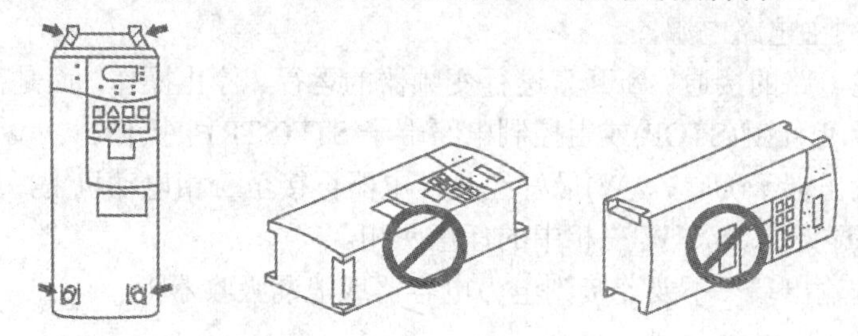

图 6-50　变频器的正确安装

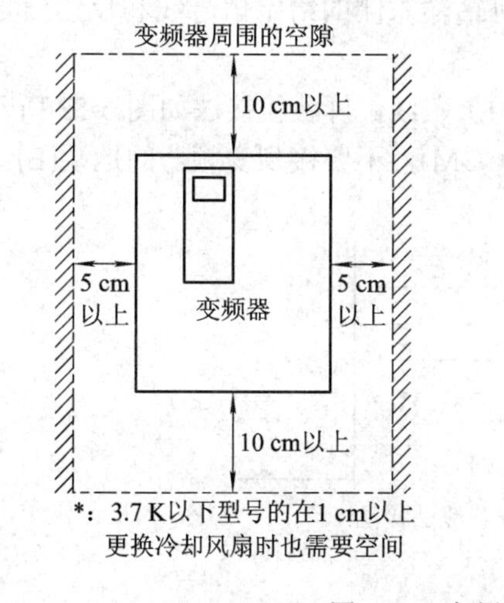

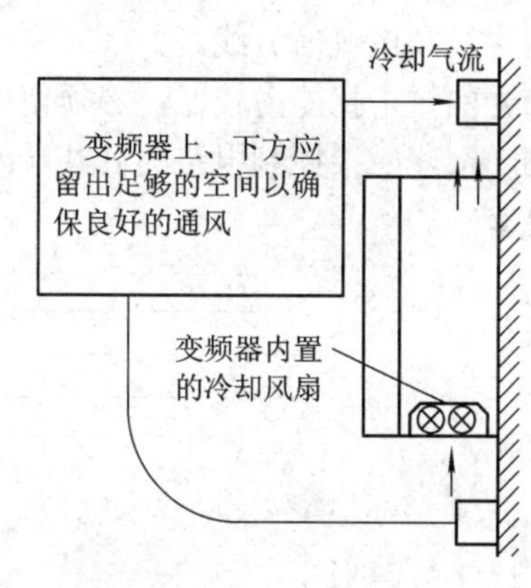

图 6-51　变频器的安装空间

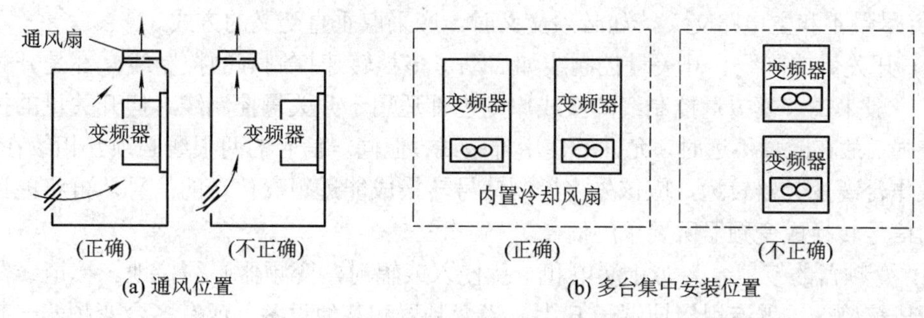

图 6-52　变频器在柜内安装

3) 主电路的安装

(1) 电源与变频器之间的导线。一般来说，和同容量普通电动机的电线选择方法相同。考虑到其输入侧的功率因数往往较低，应本着宜大不宜小的原则来决定线径。

(2) 变频器与电动机之间的导线。当频率下降时，电压也要下降，在电流相等的条件下，线路电压降 ΔU 在输出电压中的比例将上升，而电动机得到电压的比例则下降，有可能导致电动机发热。所以，决定变频器与电动机之间导线的线径时，最关键的因素是线路电压降 ΔU 的影响。一般要求：$\Delta U \leqslant (2\sim3)\%U_N$

(3) 主电路连接时应注意事项：

① 主电路电源端子 R、S、T，经接触器和空气开关与电源连接，不需要考虑相序。

② 变频器的保护功能动作时，继电器的常闭触点控制接触器电路，会使接触器断开，从而切断变频器的主电路电源。

③ 不应以主电路的接通、断开来进行变频器的运行、停止操作，而是需用控制面板上的运行键(RUN)和停止键(STOP)或用控制电路端子 STF(STR)来操作。

④ 变频器输出端子(U、V、W)最好经热继电器再接至三相电动机上，当旋转方向与设定不一致时，要调换 U、V、W 三相中的任意两相。

⑤ 变频器的输出端子不要连接到电力电容器或浪涌吸收器上。

4) 控制电路的接线

(1) 模拟量控制线。模拟量控制线主要包括输入侧的给定信号线和反馈信号线以及输出侧的频率信号线和电流信号线。

模拟量信号的抗干扰能力较低，必须使用屏蔽线。屏蔽线接法如图 6-53 所示。屏蔽层靠近变频器的一端，应接控制电路的公共端(COM)，不要接到变频器的地端(E)，屏蔽层的另一端应该悬空。

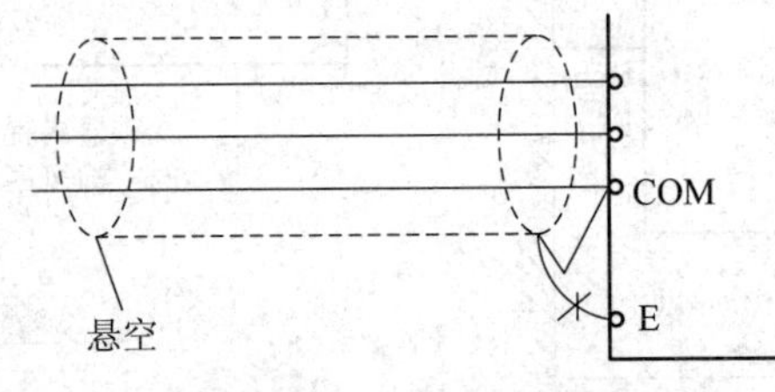

图 6-53　屏蔽线的接法

布线时还应该遵守以下原则：

① 尽量远离主电路 100 mm 以上。

② 尽量不和主电路交叉，如必须交叉时，应采取垂直交叉的方式。

(2) 开关量控制线。开关量控制线如启动、多挡转速控制等的控制线，都是开关量控制线。一般来说，模拟量控制线的接线原则也都适用于开关量控制线。但开关量的抗干扰能力较强，故在距离不远时，允许不使用屏蔽线，但同一信号的两根线必须互相绞在一起。如果操作台离变频器较远，应该先将控制信号转换成能远距离传送的信号，再将能远距离传送的信号转换成变频器所要求的信号。

(3) 变频器的接地。为防止漏电和干扰侵入或辐射，变频器必须接地。接地线需用较粗的短线接到变频器专用接地端子 E 上。当变频器和其他设备，或有多台变频器一起接地时，每台设备应分别和地相接，不允许将一台设备的接地端和另一台设备的接地端相接后再接地，如图 6-54 所示。

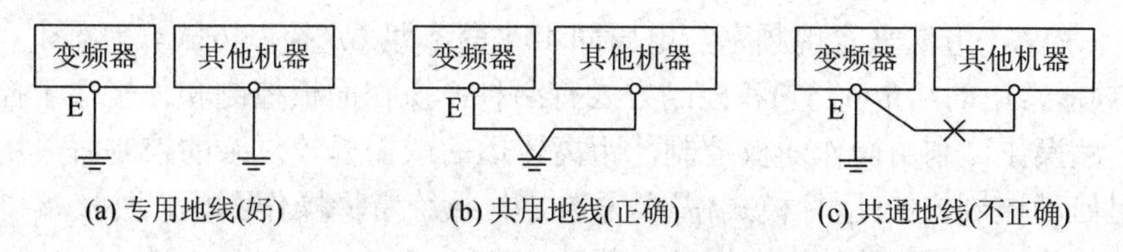

图 6-54　变频器接地方式示意图

(4) 大电感线圈瞬间高电压的吸收。同 PLC 一样，当变频器连接接触器、电磁继电器的线圈及其他各类电磁铁的线圈时，因为它们都具有很大的电感，所以在接通和断开瞬间会产生很高的感应电动势，致使变频器误动作。因此，在交流电路中，可采用阻容元件吸收；在直流电路中可只用一只续流二极管吸收。

2. 变频器的日常维护

变频器是以半导体元件为核心构成的静止装置，会由于温度、湿度、尘埃、振动等使用环境的影响及零部件老化等原因发生故障。另外，变频器中使用滤波电容器、冷却风扇等消耗性器件，因此，日常检查和定期维护是必不可少的。

1) 变频器的日常检查

变频器在运行过程中，可以从设备外部目视检查运行状况有无异常。主要检查项目有：

(1) 电源电压是否在允许范围内；

(2) 冷却系统是否运转正常；

(3) 变频器、电动机等是否过热、变色或有异味；是否有异常振动和异常的声音。

2) 变频器的定期维护

为了防止出现因元器件老化和异常等造成故障，变频器在使用过程中必须定期进行保养和维护，根据需要更换老化的元器件。定期维护应放在暂时停产期间，在变频器停机后进行。主要维护项目有：

(1) 清扫冷却系统积尘；

(2) 对紧固件进行必要的紧固；

(3) 检查导体、绝缘物是否有腐蚀、变色或破损；

(4) 确认保护电路的动作；

(5) 检查冷却风扇、滤波电容器、接触器等的工作情况。

本项目小结

1. 变频器能改变交流异步电动机的电源频率 f_1，实现交流异步电动机无级调速，在工农业生产、国防科技、医药卫生、家用电器等领域得到了广泛应用。通用变频器由输入电路、内部电路、输出电路组成。内部电路主要由主电路和控制电路组成。主电路包括整流电路、直流电路和逆变电路三部分。控制电路为主电路提供控制信号，主要任务是对逆变器开关元件进行开关控制和提供多种保护功能。

2．电动机在变频运行时，必须注意使磁通保持不变。正确方法是保持反电动势与频率之比不变，实践中则是在改变频率的同时，也改变电压。目前，大多数变频器采用正弦脉冲宽度调制(SPWM)方法来实现频率与电压同步改变，即 U/f 控制方式。

3．变频器常用的给定(设置)和控制方式有两种：操作面板控制和外接端子控制。距离较近的一般性操作可利用操作面板控制，距离较远的或需要较复杂的控制时采用外接端子控制，采用何种控制方式(运行模式)需事先选定。熟练掌握操作面板、外接端子的功能及操作、接线方法对变频器的使用有很好的帮助。

4．频率给定(设置)是变频器控制的核心。频率给定有模拟量和数字量两种；模拟量给定有电压、电流两种；数字量给定有操作面板给定、频率递增与递减给定、多挡速给定和程序给定等。

5．要使变频器按一定的模式和要求运行，必须设置相应的参数。变频器常用的基本功能参数参见表6-7。其中Pr. 79“运行模式选择”是一个比较重要的参数，它确定变频器在何种模式下运行，具体工作模式有5种，参见表6-8，可根据控制要求选择相应的运行模式。

6．参数值的设定用▲/▼键增减或左右旋动旋钮来改变，然后按下SET键 1.5 s写入设定值并更新。不同的参数值设定，应在不同的状态下进行，否则参数设置不能成功。

7．在设定多挡速控制时，需预置两种功能：一是选定多挡转速的控制端子；二是设定各挡转速对应的频率。应用Pr.59外接输入端子遥控设定功能(参阅附录二)可取代电位器进行频率给定控制，还可方便地实现多处控制、同步控制，该功能在有的变频器外接输入控制端子中直接标有“升速(UP)”和“降速(DOWN)”功能端子。

8．变频器可通过 Pr.7、Pr.8 任意设定电动机的加、减速过程(时间)。加速过程中主要问题是电动机的加速电流。减速过程中主要问题是直流回路的电压。制动过程必要时可加入制动电阻和制动单元。

9．采用PLC可以按照某种要求或程序控制变频器实现多挡速运行，其实质是PLC的输出端控制变频器的多个输入端子的状态。

10．变频器的安装接线。主电路电源端子R、S、T须经空气开关和接触器与电源连接，变频器输出端子(U、V、W)最好经热继电器再接至三相电动机上。注意：不要将电源输入端子R、S、T与输出端子U、V、W接反了。变频器的输出端子不要连接到电力电容器上。变频器须做好接地和抗干扰处理。

项目七　物料搬运/分拣自动控制设备的组装与调试

【项目概述】

自动控制系统中，传感器是必不可缺少的检测器件。PLC 获得检测信号后发出指令驱动执行装置如电磁阀、电动机等完成自动控制任务。本项目介绍一个完整的自动控制装置组装、程序编写与整机调试的方法和过程。

任务一　认识传感器与电磁阀

【任务目标】

(1) 懂得传感器的特性并会安装调试。
(2) 能按要求安装并能手动/电动调试电磁阀。

【任务分析】

在自动检测与控制系统中，传感器感受外界信息并将其转换成电信号传送给控制装置，控制装置根据此信息发出指令控制执行装置工作。传感器是自动控制装置中采集外界信息的重要器件，而电磁阀是自动控制装置中的重要执行器件。图 7-1 所示是一个材料分拣实验装置实物图，传送带上方和最右侧出料口、落料口处都是传感器在作材料的

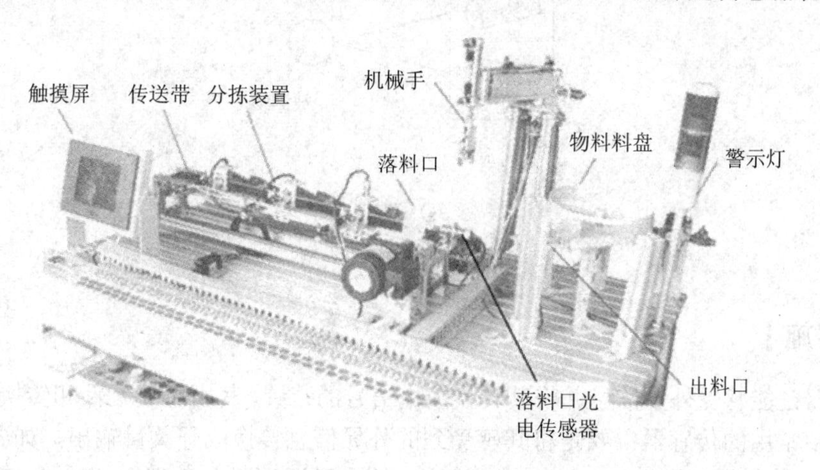

图 7-1　材料分拣实验装置

检测，材料分拣则由电磁阀控制气缸完成。本任务主要探究电磁阀的控制、传感器特性与安装接线、调试方法。

【知识链接】

光电接近开关的工作原理

光电接近开关由光发射器、光接收器以及转换电路组成。光发射器是将电能转换为光能的元件，如 LED 发光二极管；光接收器为光电传感器，它是把光信号转变为电信号的一种传感器，主要有光敏二极管、光敏三极管、光敏电阻、光电池等。

光电开关可分为两类：遮断型和反射型。图 7-2(a)所示为遮断型光电开关，发射器和接收器相对安放，轴线严格对准。当有物体在两者之间通过时，红外光束被遮断，接收器接收不到红外线而产生一个电脉冲信号。反射型光电开关分为两种情况：反射镜反射型和被测物反射型(简称散射型)，分别如图 7-2(b)、(c)所示。反射镜反射型光电开关单侧安装，需要调整反射镜的角度以取得最佳的反射效果，它的检测距离不如遮断型。散射型光电开关安装最为方便，并且可以根据被测物体上的黑、白标记来检测，但散射型光电开关的检测距离较小，只有几百毫米。

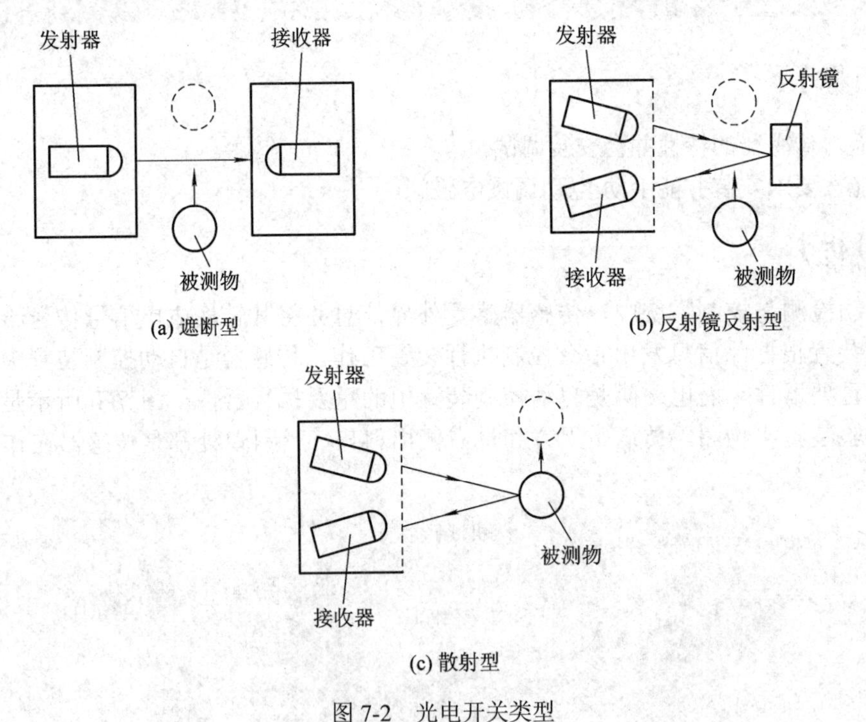

图 7-2　光电开关类型

【任务实施】

传感器是能感受外界信息并将其转换成电信号的装置，其由感受元件和转换电路组成。机电设备中常用的传感器主要是将其感受到的外界信息转换成开关量输出，如各种类型的接近开关：电感式接近开关、光电接近开关、磁性开关(磁性传感器)、光纤传感器等。

1. 电感式接近开关

图 7-3 所示为电感式接近开关的结构，其由直流 24 V 电源供电。一般来说，棕色为电源“+”极，蓝色为“-”极即公共端，黑色线为信号输出线(具体情况详见说明书)。

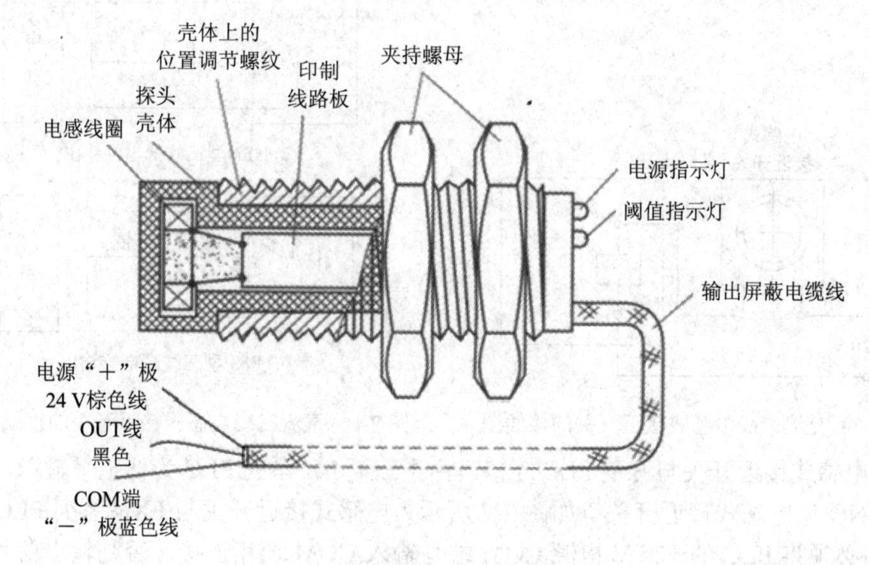

图 7-3　电感式接近开关结构

1) 实验

将电感式接近开关按图 7-4(a)或(b)所示连接，用金属块和塑料板靠近、远离电感式接近开关，观察继电器的动作情况。

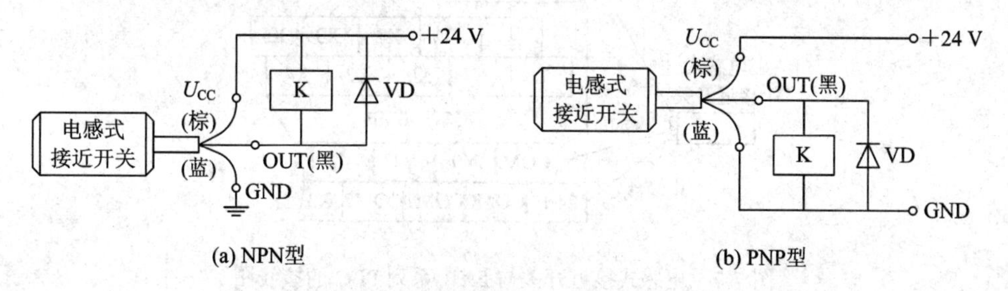

图 7-4　电感式接近开关实验

由图中可以看到：当金属块靠近电感式接近开关时，继电器吸合；当金属块远离电感式接近开关时，继电器断开。而塑料板靠近和远离电感式接近开关时，继电器均没有反应。这说明电感式接近开关只能检测到金属导体而不能检测非金属体。

当物体移向接近开关到一定的距离时，接近开关才“感知”，并发出动作信号。通常人们把接近开关刚好动作时探头与检测体之间的距离称为检测距离。不同的接近开关检测距离也不同。

2) 电感式接近开关的接线

不同的电感式接近开关其输出端口数量是不一样的，有二线、三线、四线甚至五线输出的电感式接近开关，其中两线、三线输出电感式接近开关应用较多。电感式接近开关一般配合继电器或 PLC、计算机接口使用。

(1) 电感式接近开关与继电器的连接。图 7-5 所示为交流二线电感式接近开关与继电器线圈的接线图；图 7-6 所示为直流三线电感式接近开关与继电器线圈的接线原理图。

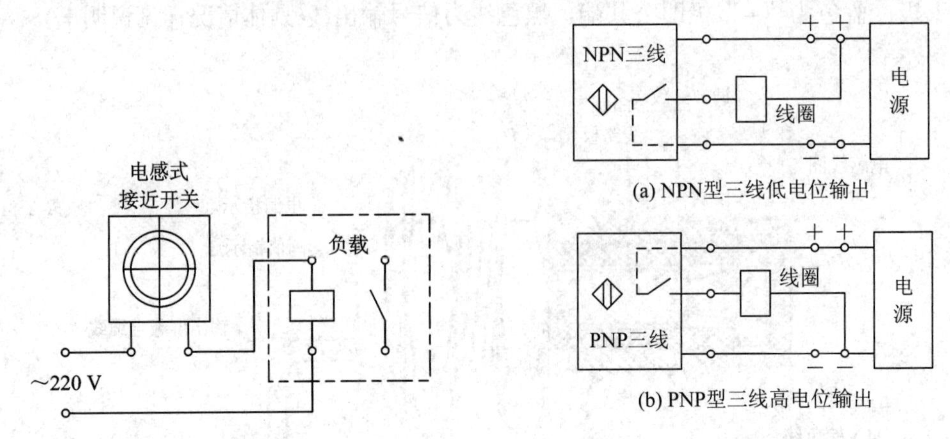

图 7-5　交流二线电感式接近开关的接线图　　图 7-6　直流三线电感式接近开关的接线图

(2) 电感式接近开关与三菱 PLC 连接。由于三菱 FX 系列 PLC 为低电平输入，因此选择 NPN-NO 型电感式接近开关。如图 7-7 所示为电感式接近开关与 FX_{1N} 系列 PLC 的接线图，图中必须将 PLC 的 +24 V 电源 COM 端与输入 COM 端相连接，否则输出信号不能与 PLC 输入端形成回路。FX_{2N} 系列 PLC 的 +24 V 电源 COM 端与输入 COM 端同侧，在 PLC 内部已完成连接。图 7-7 中 PLC 接线端子上的粗线是用来区分输出与 COM 端的。

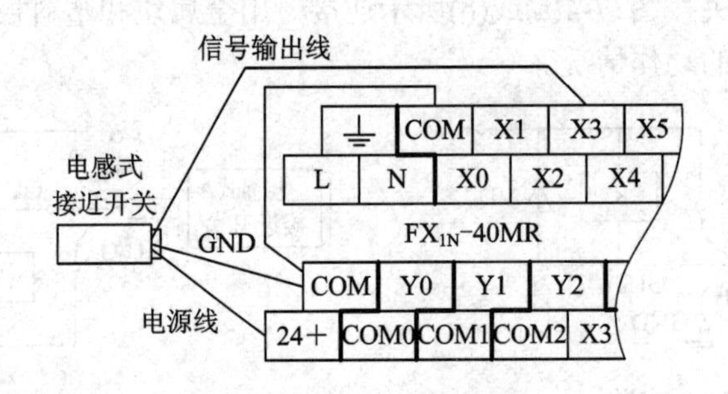

图 7-7　电感式接近开关与 FX_{1N} 系列 PLC 的接线图

注意：① 电感式接近开关在使用之前，一定要看清电感式接近开关上的铭牌，否则可能会因为电压不相称而烧坏设备。② 使用直流/交流二线电感式接近开关时，必须连接负载。如不经负载直接连接电源，其内部元器件将会烧坏，且无法修复。

2. 光电接近开关

光电接近开关又称光电开关，它由光发射器、光接收器以及转换电路组成。光电接近开关一般采用功率较大的红外发光二极管(红外 LED)作为红外光发射器。为防止日光灯的干扰，一般在光敏元件表面加红外滤光透镜。光电接近开关的外形与电感式接近开关很相似，只是它的探头表面为红外滤光透镜，它的输出线与电感式接近开关完全相同，接线方法也相同。

1) 实验

将光电接近开关按图 7-7 所示与三菱 PLC 连接，上电后用金属块、白色塑料和黑色塑料分别靠近和远离光电接近开关，观察PLC输入端指示灯的点亮情况。

指示灯点亮，说明光电接近开关检测到靠近它的物体，输出信号；否则就是没有检测到物体。观察发现，光电接近开关能检测到金属块、白色塑料和黑色塑料，但检测距离不同。对于反射光强的物体，检测距离大；反射光弱的物体，检测距离小，如黑色塑料。

2) 光电接近开关的特性

光电接近开关能检测所有物体，对于散射型光电开关，反射光强的物体，检测距离大；反射光弱的物体，检测距离小。因此，光电接近开关应保持探头的清洁，不能工作在粉尘多的环境中。

3. 磁性开关

磁性开关也称霍尔开关或磁性传感器。它能完成接近开关的功能，但它只能检测磁性物体。在区分同质金属材料时，常在其中一个材料上嵌装磁性物质，用磁性开关区分检测。例如，对气缸活塞极限位的检测，常在气缸活塞上装上磁性物体，将磁性开关装在气缸体上。图7-8所示为磁性开关的外形、应用及与PLC连接图。磁性开关是电子器件，响应速度快，可输出标准信号，易与计算机或PLC配合使用。

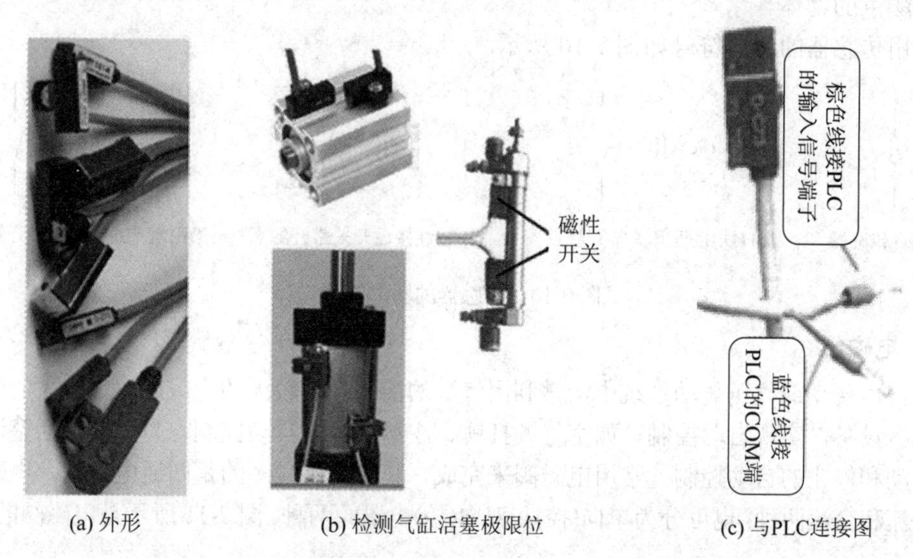

图7-8　磁性开关的外形、应用及与PLC连接图

将图7-8(b)所示的磁性开关按图(c)的方法连接到PLC中，用手拉动气缸活塞杆(活塞顶端装有磁铁块)，观察活塞在两极限位时，PLC输入端指示灯点亮情况。

4. 光纤传感器

光纤传感器是一种把被测量转变为可测光信号的装置，它由光发送器、敏感元件(光纤或非光纤)、光接收器、信号处理系统及光纤构成。图7-9所示是光纤传感器。

光发送器发出的光反射经入射光纤引导到敏感元件等进行处理，使光信号变成电信号输出。调节光纤放大器，可调节传感器与被测物之间的检测距离。反之，由于不同颜色的物体反射光的强弱不一样，当传感器与被测物之间的检测距离一定时，可通过检测反射光的强弱来判别物体的颜色。

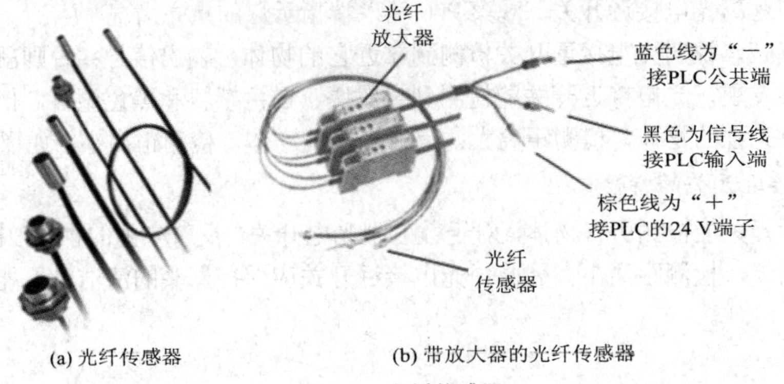

(a) 光纤传感器　　(b) 带放大器的光纤传感器

图 7-9　光纤传感器

下面做一个实验，按图 7-9 所示的方法将光纤传感器连接到三菱 PLC 上，当传感器与被测物之间的检测距离一定时，调节光纤放大器使之刚好检测到某一白色物体(PLC 输入指示灯点亮)，在此情况下，将白色物体换成同样的黑色物体，则 PLC 无法检测到。

这个实验说明，当传感器与被测物之间的检测距离一定时，通过调节光纤放大器可判别不同颜色的物体。

常用传感器的图形符号如图 7-10 所示。

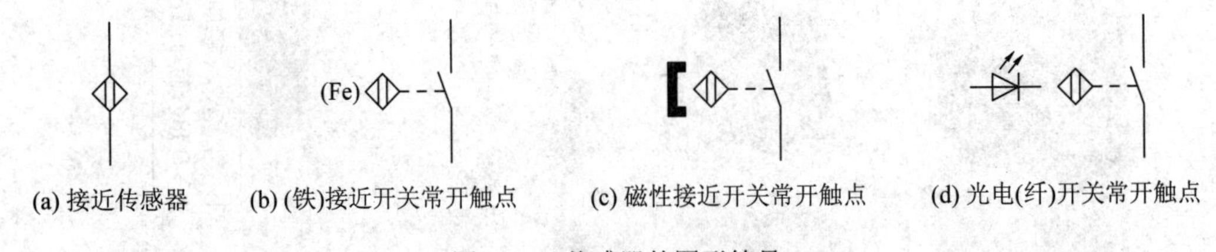

(a) 接近传感器　　(b) (铁)接近开关常开触点　　(c) 磁性接近开关常开触点　　(d) 光电(纤)开关常开触点

图 7-10　传感器的图形符号

5. 电磁阀

在液压传动或气压传动系统中，常利用气缸的活塞产生较大的力或产生足够大的位移去控制机械设备，实现自动控制。如空气锻打锤、注塑机等的自动控制。为了实现活塞运动方向、启动和停止的自动控制，常用电磁阀来完成，其中使用最多的是四通电磁阀。电磁阀可分为直流和交流两种；也可分为单向(控)和双向(控)电磁阀两种。图 7-11 所示是电磁阀的外形。

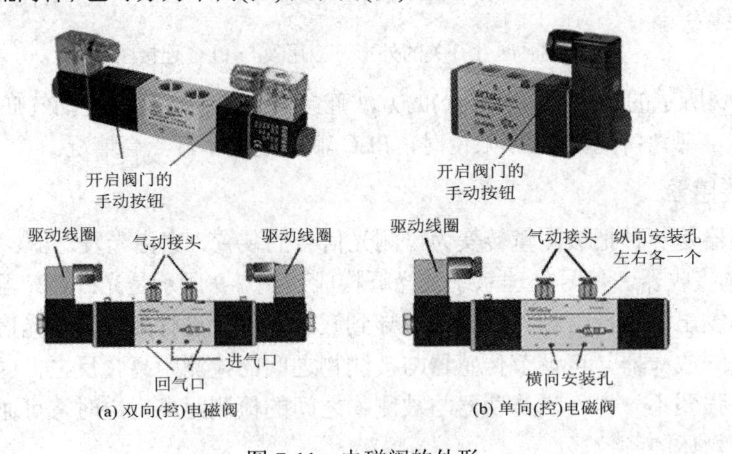

(a) 双向(控)电磁阀　　(b) 单向(控)电磁阀

图 7-11　电磁阀的外形

1) 电磁阀的工作原理

图 7-12 所示为四通电磁阀(简称电磁阀)的结构及电磁阀与气缸连接工作原理示意图。图中四通电磁阀有四个阀口，其中阀口 P 为压力气(油)口即进气(油)口；A、B 为工作气(油)口，接气(液)压缸右、左两个腔。图(a)所示位置为电磁阀在未通电时阀芯在弹簧作用下被推向左边的情况，阀口 P 与 A 通，B 与 O 通，即高压气(油)从孔 P 流入，经孔 A 进入气(油)缸右腔，推动活塞向左移动；左腔的气(油)则经过孔 B 送往孔 O 排除(进入储油罐)。

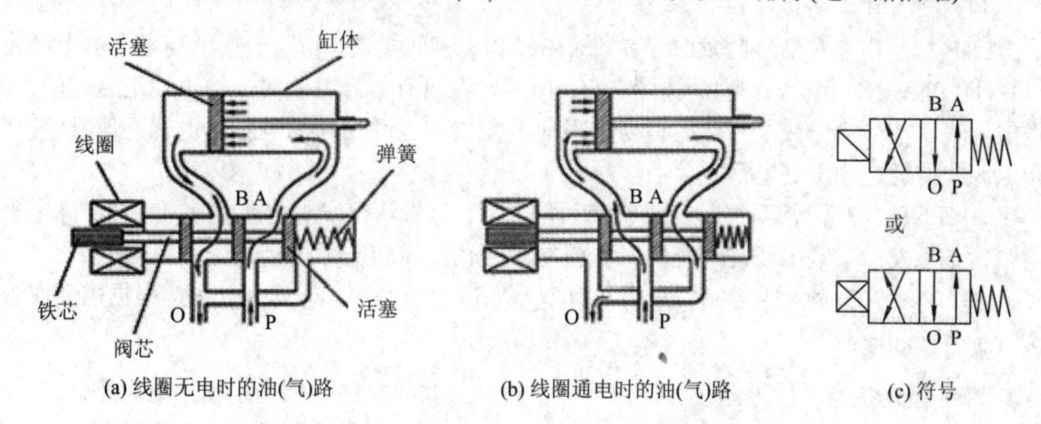

(a) 线圈无电时的油(气)路　(b) 线圈通电时的油(气)路　(c) 符号

图 7-12　四通电磁阀与液(气)压缸连接工作示意图

线圈通电时，铁芯在电磁力的作用下被吸向右方推动阀芯向右移动，改变阀门的开闭状态，如图 7-12(b)所示。由图可见电磁阀是靠阀体内弹簧复位，将铁芯和阀芯推到额定行程，使阀门处于相关位置的开闭状态及在电磁力的作用下使铁芯和阀芯移动，改变阀门的状态以接通或关断气(油)路，控制流体(液体、气体)流动方向，实现运动换向，完成自动控制。它在机械设备的液压、气压系统中得到广泛应用。

图 7-12(c)所示为电磁阀图形符号，符号中间的两个方格代表它的两个状态(也称为两位)，符号中靠近弹簧的方格为常态，即线圈无电时的状态；符号中靠近线圈的方格为线圈通电时的状态。各孔的相对位置一样，所以只在一个方格上标 P、O、A 和 B 即可。

图 7-13 所示为常用电磁阀的符号，图(a)、(b)、(c)均为两个方格，表示两位，它们只有一侧有线圈，为单向(控)电磁阀；图(d)、(e)为三个方格，表示三位，它们两侧有线圈，为双向(控)电磁阀。图中箭头表示电磁阀内流体流动方向；符号⊥表示电磁阀内通道堵塞。

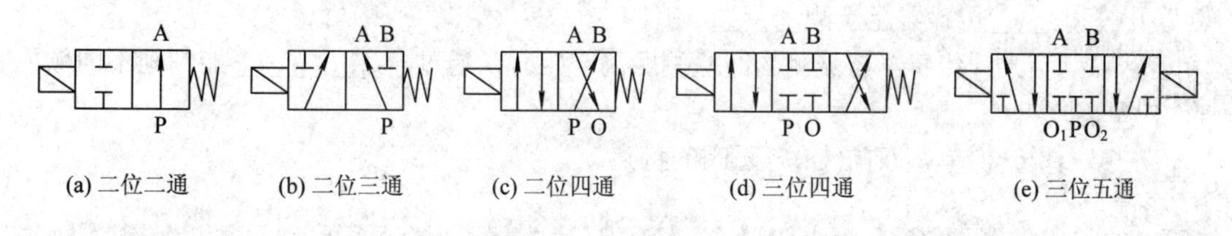

(a) 二位二通　(b) 二位三通　(c) 二位四通　(d) 三位四通　(e) 三位五通

图 7-13　电磁阀的符号

2) 实验

按图 7-12(a)所示分别将气缸与单控、双控电磁阀连接，手动与电动开启电磁阀，观察气缸的运动及单控、双控电磁阀的特点。

单向(控)与双向(控)电磁阀的区别：单向(控)电磁阀失电后，在弹簧的作用下复位，改变阀门的状态，它的失电状态是唯一的；双向(控)电磁阀失电后仍保持原状态，只有另一

侧的线圈获电才能改变阀门的状态，其失电状态是随意的。

【知识拓展】

接近开关分为 PNP 与 NPN 型两大类，它们一般都有三条引出线：电源线、公共线、信号输出线。

1. PNP 型

PNP 型是指当有信号触发时，信号输出线和电源线接通，相当于输出高电平的电源线。

(1) PNP-NO 型(常开型)。如图 7-6(b)所示，在没有信号触发时，输出线是悬空的，就是电源线和信号输出线断开；有信号触发时，发出与电源相同的电压，也就是信号输出线和电源线接通，输出高电平。

(2) PNP-NC 型(常闭型)。在没有信号触发时，信号输出线与电源线接通，输出高电平；当有信号触发后，输出线是悬空的，也就是信号输出线和电源线断开。

(3) PNP-NC+NO 型(常开、常闭共有型)。它其实就是多出一个输出线，根据需要取舍。

2. NPN 型

NPN 型是指当有信号触发时，信号输出线和公共线接通，相当于输出低电平。

(1) NPN-NO 型(常开型)。如图 7-6(a)所示，在没有信号触发时，输出线是悬空的，即信号输出线和公共线断开；有信号触发时，发出与公共线相同的电压，即信号输出线和公共线接通，输出低电平。

(2) NPN-NC 型(常闭型)。在没有信号触发时，信号输出线与公共线接通，输出低电平；当有信号触发后，输出线是悬空的，就是地线和信号输出线断开。

(3) NPN-NC+NO 型。和 PNP-NC+NO 型类似，它多出一个输出线，根据需要取舍。

【思考练习题】

7-1-1　三菱 PLC 为_____输入，一般选择__________型接近开关，一般来说，其电源线为______色，公共线为_____色，接 PLC 的输入端______端子，信号输出线为_____色，接 PLC_____端。

7-1-2　电感式接近开关只能检测_______物体，磁性开关只能检测_______物体，光电接近开关和_____传感器能检测_______物体。

7-1-3　当光纤传感器与被测物间检测距离一定时，通过____________能判别不同颜色的物体。

7-1-4　说一说单、双向(控)电磁阀的特点。

任务二　YL-235A 型光机电设备的组装与调试

【任务目标】

(1) 能按装配图的技术要求组装、调试 YL-235A 型光机电设备。

(2) 按材料分拣技术要求编写与输入 PLC 程序，能进行机械与程序的整机调试、修改。

(3) 提高应用 PLC 解决生产实际问题的能力。

【任务分析】

YL-235A 型光机电设备是模拟的一条工业生产线，可完成自动送料、搬运与输送、材料分拣、加工、统计等任务。它融合了机械装配、PLC 控制、变频调速、电路与气路控制和机电设备整机调试等技术。本任务主要是按装配图技术要求进行机械装配；按材料自动搬运、输送与分拣技术要求编写 PLC 程序；连接电路与气动控制回路，最后进行整机调试。

【任务实施】

为了提高工作效率，确保设备装配、调试成功，装配前须拟定一个可行的工作流程。

识读设备图样与技术文件，了解设备的功能→机械装配→气路连接→手动电磁阀调试→电路连接→传感器调试与双控电磁阀手动调试→程序编写与输入→变频器设置→设备联机调试→清理现场、交付验收等。

1. 识读 YL-235A 型光机电设备装配图

YL-235A 光机电设备布局图和装配图分别如图 7-14、图 7-15 所示，识别各器件与组件。该设备是送料机构、机械手搬运机构、物料传送与分拣机构的组合，这就要求物料转盘、出料口、机械手及传送带落料口之间的衔接准确，安装尺寸误差要小，以保证送料机构平稳送料、机械手准确抓料、放料。

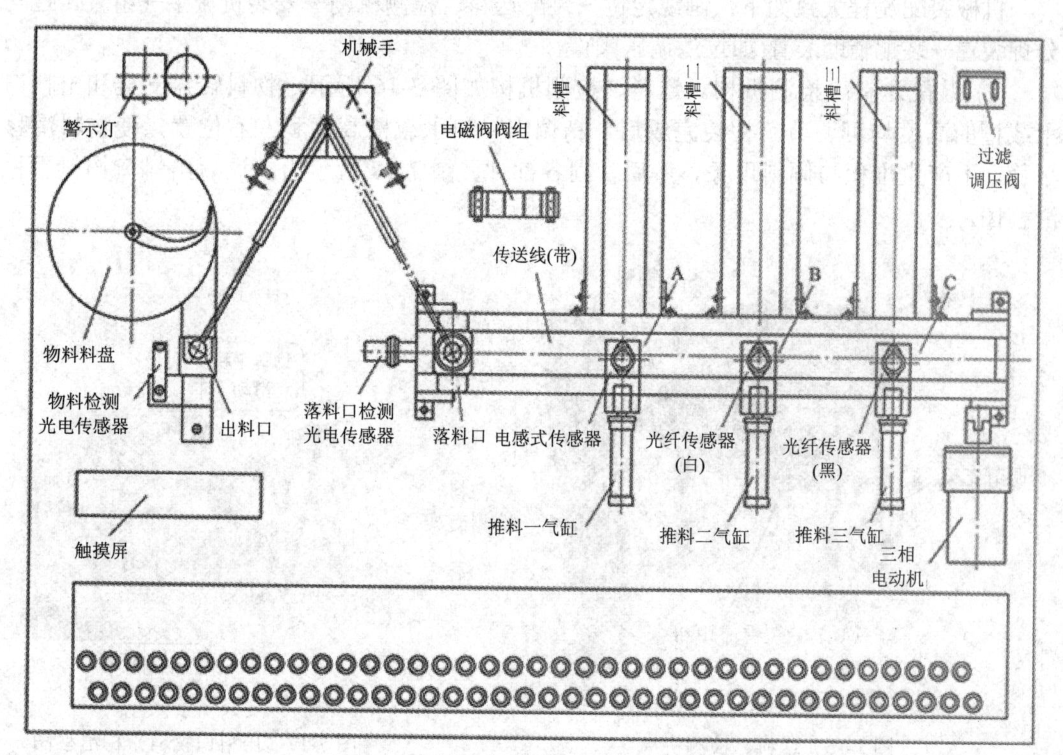

图 7-14　YL-235A 型光机电设备布局图

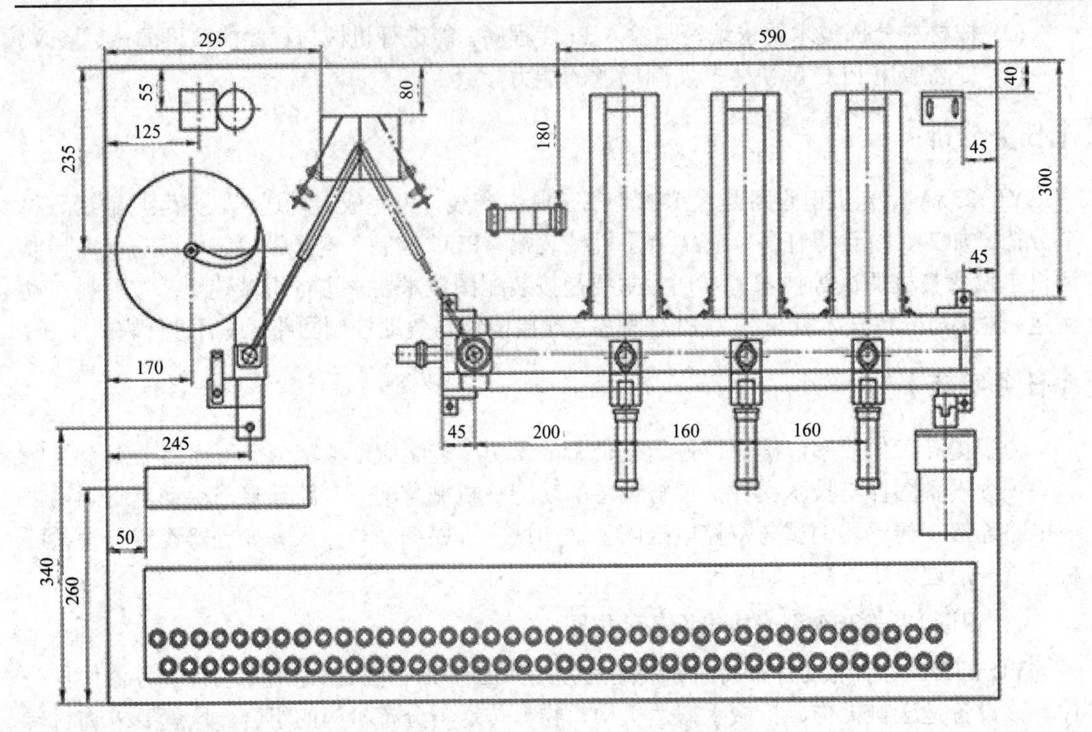

图 7-15　YL-235A 型光机电设备装配图

机械装配流程大致如下：画线定位→装配送料、检测机构→安装机械手→组装传送与分拣装置→装配辅助装置(如过滤调压阀)等。

(1) 装配送料、检测机构。送料、检测机构如图 7-16 所示，物料转盘支架和出料口承载槽的高度均可调节。初装完成后，精调出料口承载槽高度和左右位置，使物料滑移平稳，不产生堆积与倾斜现象，然后紧固各部件。图 7-17 所示为精调后出料口物料平稳滑移图。

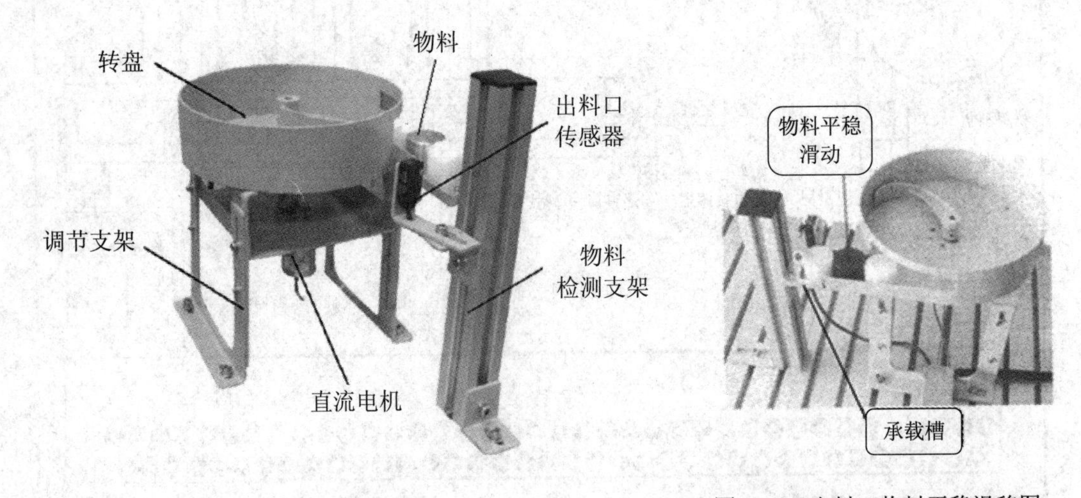

图 7-16　送料、检测机构　　　图 7-17　出料口物料平稳滑移图

调整出料口光电检测开关，使其高度和检测位置合适。光电开关检测点一般应位于承

载槽上圆柱体的中心稍偏向支架方向，调整位置如图 7-18 所示。

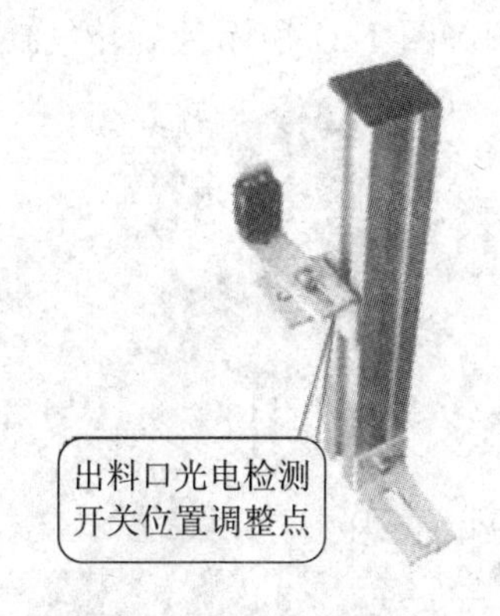

图 7-18　出料口光电检测开关的调整

警示灯的装配。组装警示灯，按图 7-19 的方法和尺寸进行固定。

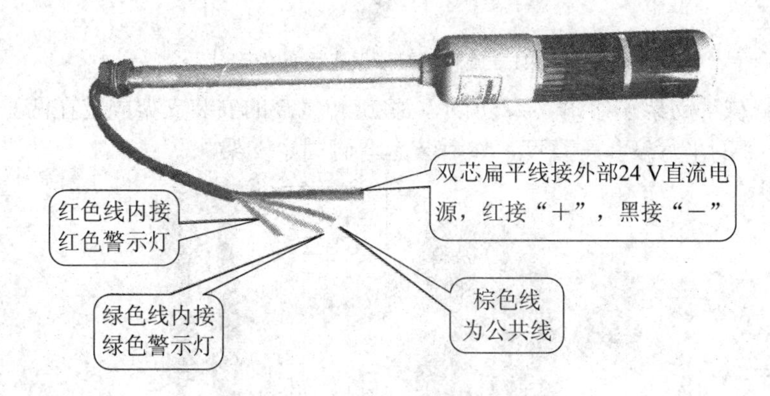

图 7-19　警示灯的组装图与接线说明

(2) 安装机械手。机械手的结构如图 7-20 所示。

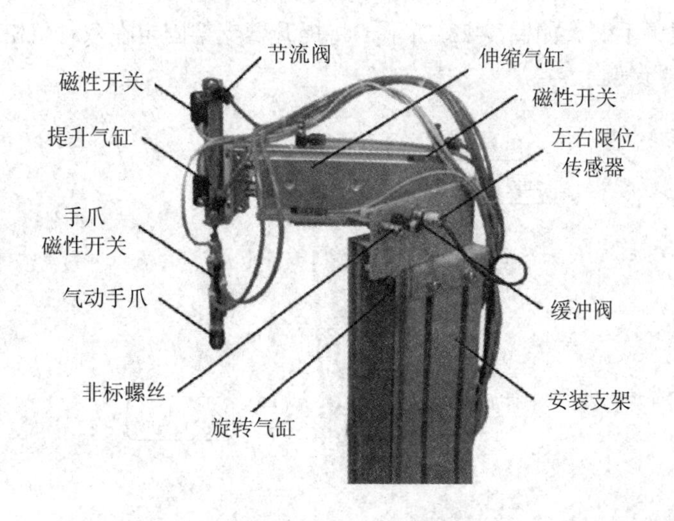

图 7-20　机械手的结构

其装配方法与步骤如下：

① 安装旋转气缸及其节流阀。图 7-21 所示为旋转气缸及其节流阀的安装方法。

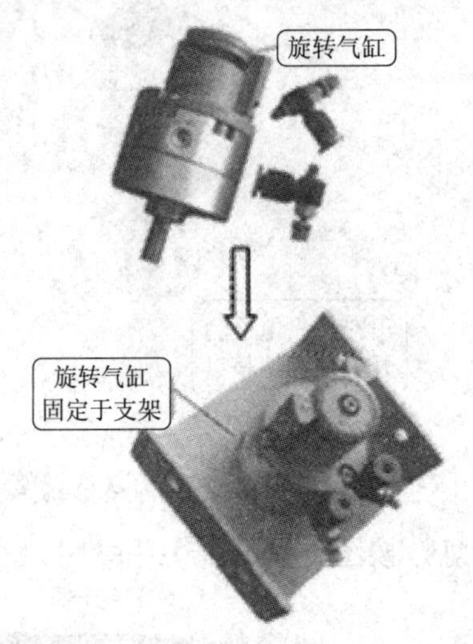

图 7-21　旋转气缸及其节流阀的安装

② 组装机械手支架。如图 7-22 所示，将旋转气缸的安装支架固定在两垂直支架上。注意两垂直支架的平行度和垂直度，然后装上弯脚固定支架。

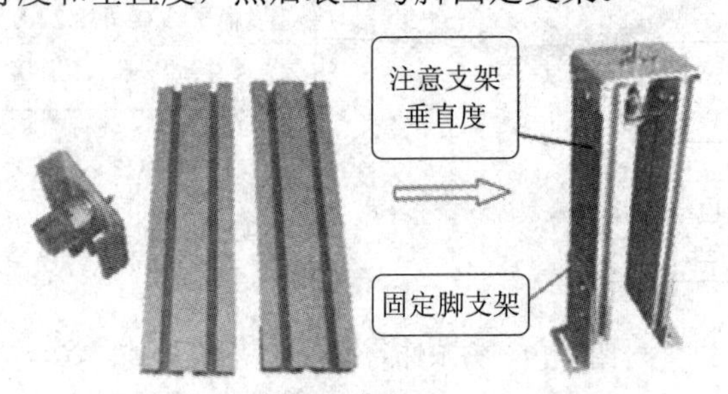

图 7-22　机械手支架的组装

③ 组装机械手手臂。如图 7-23 所示，将提升臂支架固定在双杆气缸的连杆构件上，再将其固定在手臂支架上。

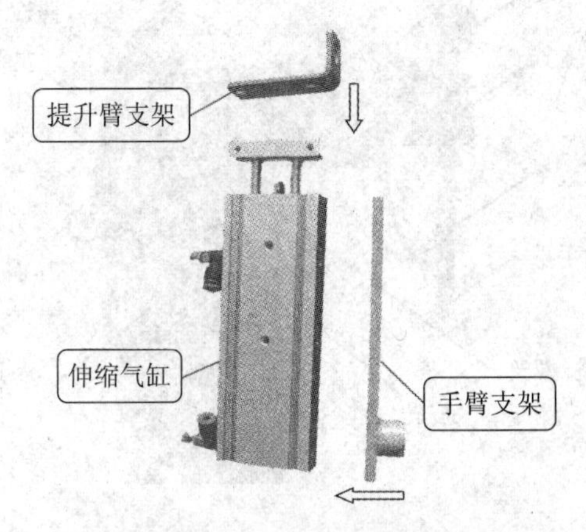

图 7-23　机械手手臂的组装

④ 组装提升臂。如图 7-24 所示，将装好节流阀的提升缸固定在提升臂支架上。

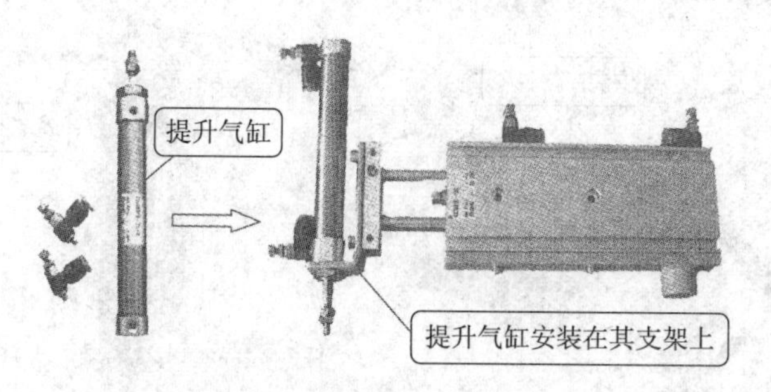

图 7-24　提升臂的组装

⑤ 安装手爪。如图 7-25 所示，将气动手爪固定在提升缸的活塞杆上。

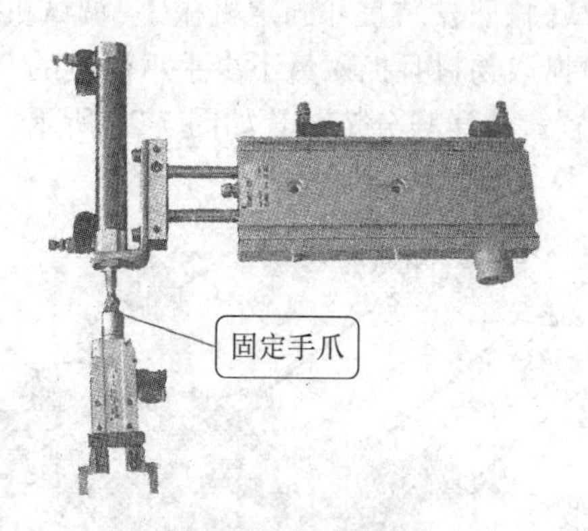

图 7-25　手爪的安装

⑥ 固定磁性开关与手臂。将图 7-26 所示的磁性开关固定在机械手相应的位置上；然后将手臂固定在旋转气缸上，如图 7-27 所示。

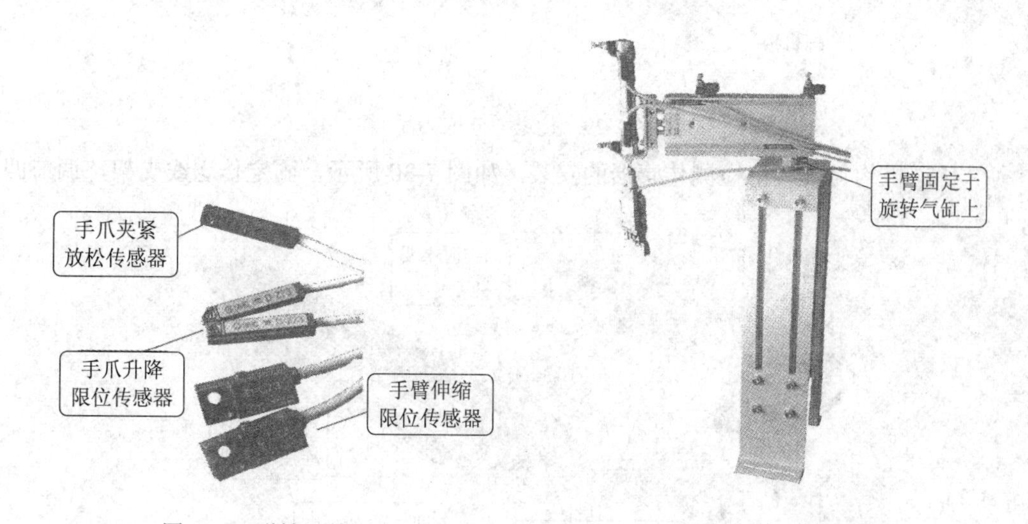

图 7-26　磁性开关　　图 7-27　在旋转气缸上固定手臂

⑦ 固定左/右限位装置。如图 7-28 所示，将左/右限位传感器、缓冲器及定位螺钉在其支架上装好后，将其固定于机械手垂直主支架的顶端。

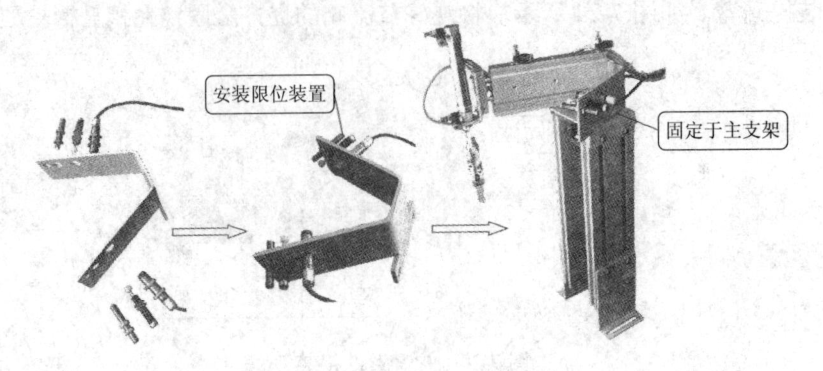

图 7-28　左/右限位装置的固定

⑧ 机械手的固定与调试。按照安装尺寸固定机械手。调试机械手的高度和左限位装置，确保机械手能准确从出料口抓取物料且抓入量不少手爪深度的 90%。

(3) 组装传送与分拣装置。传送与分拣装置如图 7-29 所示。

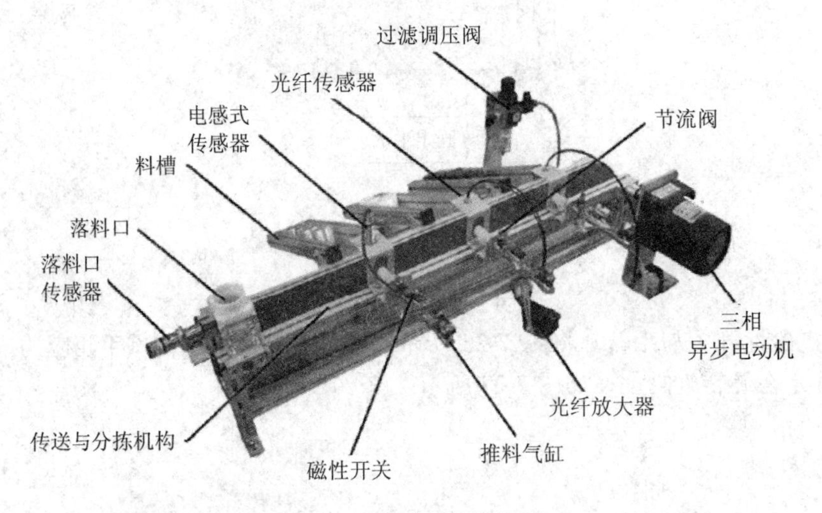

图 7-29　传送与分拣装置

① 传送机构与落料口检测传感器的安装。如图 7-30 所示，固定传送线支架，调节四

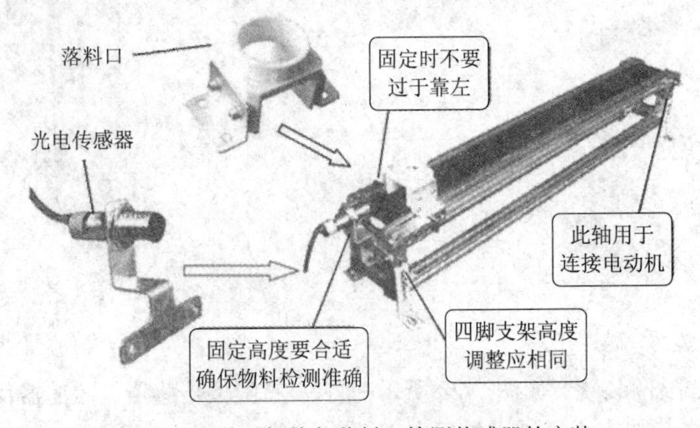

图 7-30　传送机构与落料口检测传感器的安装

只脚固定螺钉，使传送线平面与固定面平行。然后固定落料口，固定时不可将传送线左右颠倒，否则将无法安装三相异步电动机。落料口的位置相对于传送线的左侧需留有一定距离，以保证物料能平稳地落在传送带上，不致因物料与传送带接触面积过小而出现倾斜、翻滚或漏落现象。落料口固定完毕，调整机械手右限位装置和落料口的位置，确保机械手能准确地将物料放入落料口内，如图 7-31 所示。最后固定、调整落料口检测传感器即光电开关。

图 7-31　准确落料

② 安装电动机。如图 7-32 所示，三相异步电动机装好支架、柔性联轴器后，将其支架固定在定位处。固定前应调整好电动机的高度、垂直度，使电动机与传送带同轴。安装完成后，试运行电动机，观察两者连接、运转是否正常。

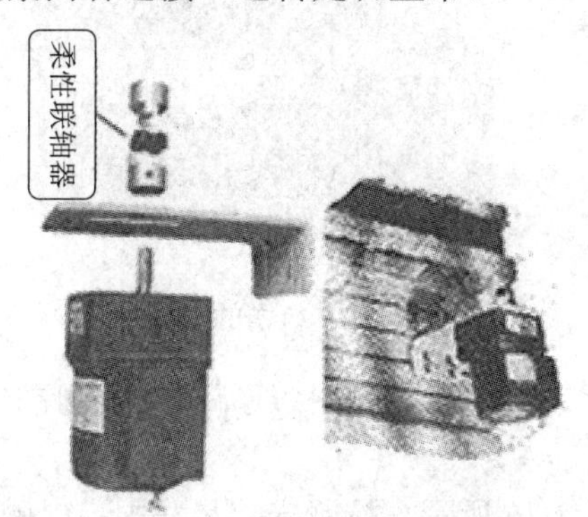

图 7-32　电动机装配

③ 组装传送线上物料识别传感器。以电感式接近开关为例，装配方法如图 7-33 所示。

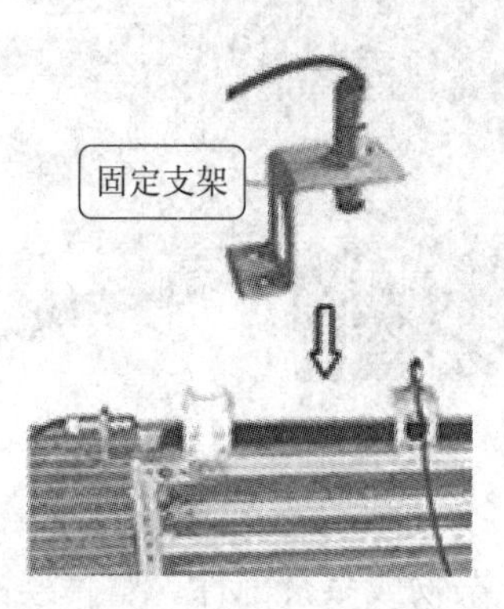

图 7-33　传送线上物料识别传感器的安装

④ 安装推料气缸。如图 7-34 所示，将已安装好磁性开关的气缸安装在固定支架上，然后固定在传送线上。

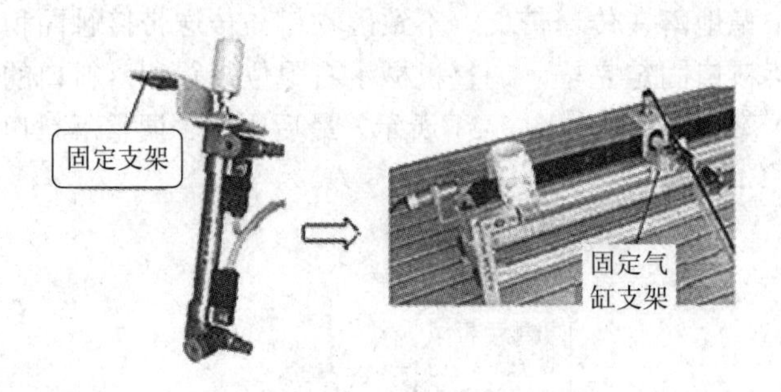

图 7-34　推料气缸的安装

⑤ 固定料槽。根据装配图将料槽一、二、三分别固定在传送线上，调整位置使其与对应的推料气缸保持在同一中心线，确保推料准确。图 7-35 所示为料槽一的安装图。

图 7-35　料槽的安装

(4) 装配辅助装置。安装过滤调压阀、接线端子等，可按安装尺寸安装空气过滤调压阀、接线端子等。

固定电磁阀阀组。如图 7-36 所示，按照安装尺寸固定电磁阀阀组。

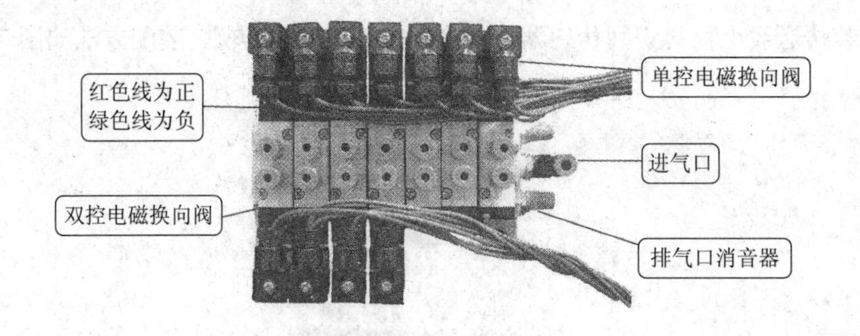

图 7-36　电磁阀阀组

清理设备台面，保持台面无杂物或多余部件。整体装配完成后的光机电设备如图 7-37 所示。

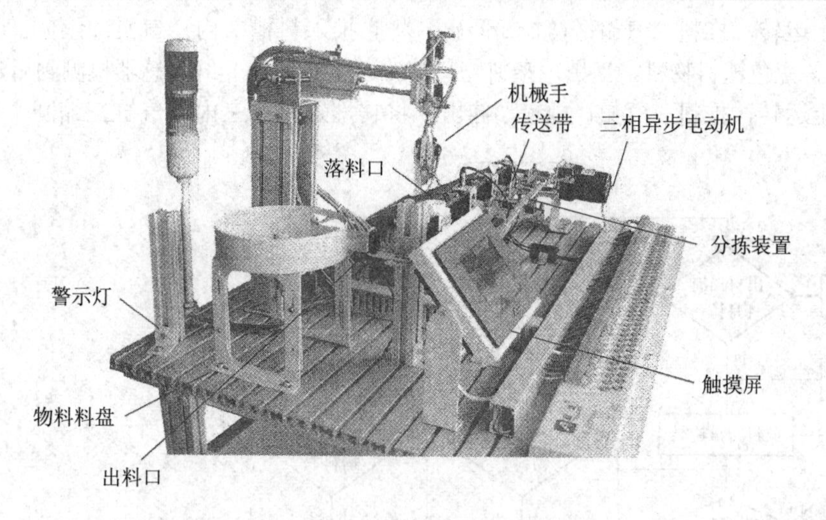

图 7-37　YL-235A 型光机电设备

2．识读设备运行技术要求

1) 功能简介

YL-235A 型光机电设备主要实现自动送料、搬运、传送、分拣及相应类型的存放功能，系统控制由 PLC 程序完成。该设备配有电源项目、控制按钮项目、指示灯项目、PLC、变频器和触摸屏等。

2) 控制要求

(1) 启停控制。按下启动按钮，YL-235A 型光机电设备开始工作，机械手复位：手爪放松、手爪缩回(上升到上限位)、手臂缩回、手臂左旋至左侧限位处停止，传送带上无物料且推料气缸均缩回。按下停止按钮，系统完成当前工作循环后停止。YL-235A 型光机电设备工作流程如图 7-38 所示。

(2) 送料功能。设备启动后，送料机构开始检测物料支架上的物料，警示灯绿灯亮。若无物料，PLC 启动送料电动机工作，驱动页扇杆旋转将物料从料盘中推挤移至出料口。当物料检测传感器检测到物料时，电动机停止运转。若送料电动机运行 10 s 后，物料检测传感器仍未检测到物料，则说明料盘内无物料，此时系统停止工作并报警，警示灯红灯灯亮。

(3) 搬运功能。物料检测传感器检测到送料机构出料口有物料时，机械手手臂伸出→手爪下降→手爪夹紧抓物→0.5 s 后手爪上升→手臂缩回→手臂右旋(正转)→手臂伸出→手爪下降→落料口光电传感器检测到落料口处无物料→则手爪放松、释放物料→手爪上升→手臂缩回→手臂左旋(反转)至左侧限位处停止(按下停止按钮后)或继续下一个循环。

(4) 传送功能。当传送带落料口的光电传感器检测到物料延时 0. 5 s 后，变频器启动，驱动三相异步电动机以 20Hz 的频率正转运行，传送带开始传送物料。

(5) 分拣功能：

① 分拣金属物料。当金属物料被传送至 A 点，电感式接近开关检测到后延时 0. 3 s，传送带停止运转，推料一气缸(简称气缸一，下同)伸出，将它推入料槽一内，气缸一缩回。

② 分拣白色塑料物料。当白色塑料物料被传送至 B 点，光纤传感器检测到后延时 0. 3 s

传送带停止运转，推料二气缸(气缸二)伸出，将它推入料槽二内，气缸二缩回。

③ 分拣黑色塑料物料。当黑色塑料物料被传送至C点，光纤传感器检测到后延时0.3 s，传送带停止运转，推料三气缸(气缸三)伸出，将它推入料槽三内，气缸三缩回。

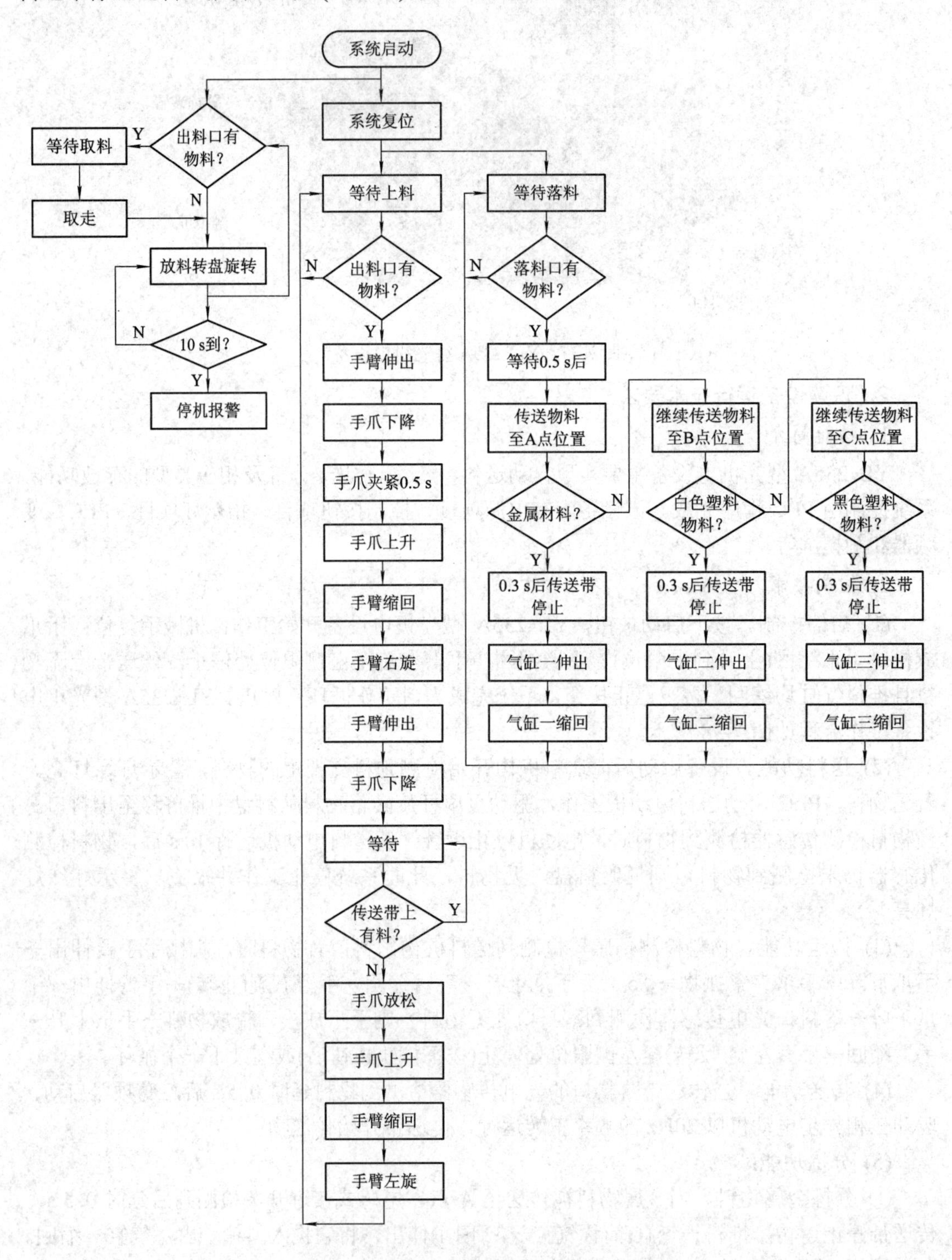

图7-38　YL-235A型光机电设备工作流程

3．气动回路连接与调试

识读气路图如图 7-39 所示，根据气路图先连接气源，再连接各执行元件。连接时，应避免直角或锐角弯曲，尽量平行布置，力求走向合理且气管最短。连接顺序如下：

连接气源→连接执行元件→整理、固定气管

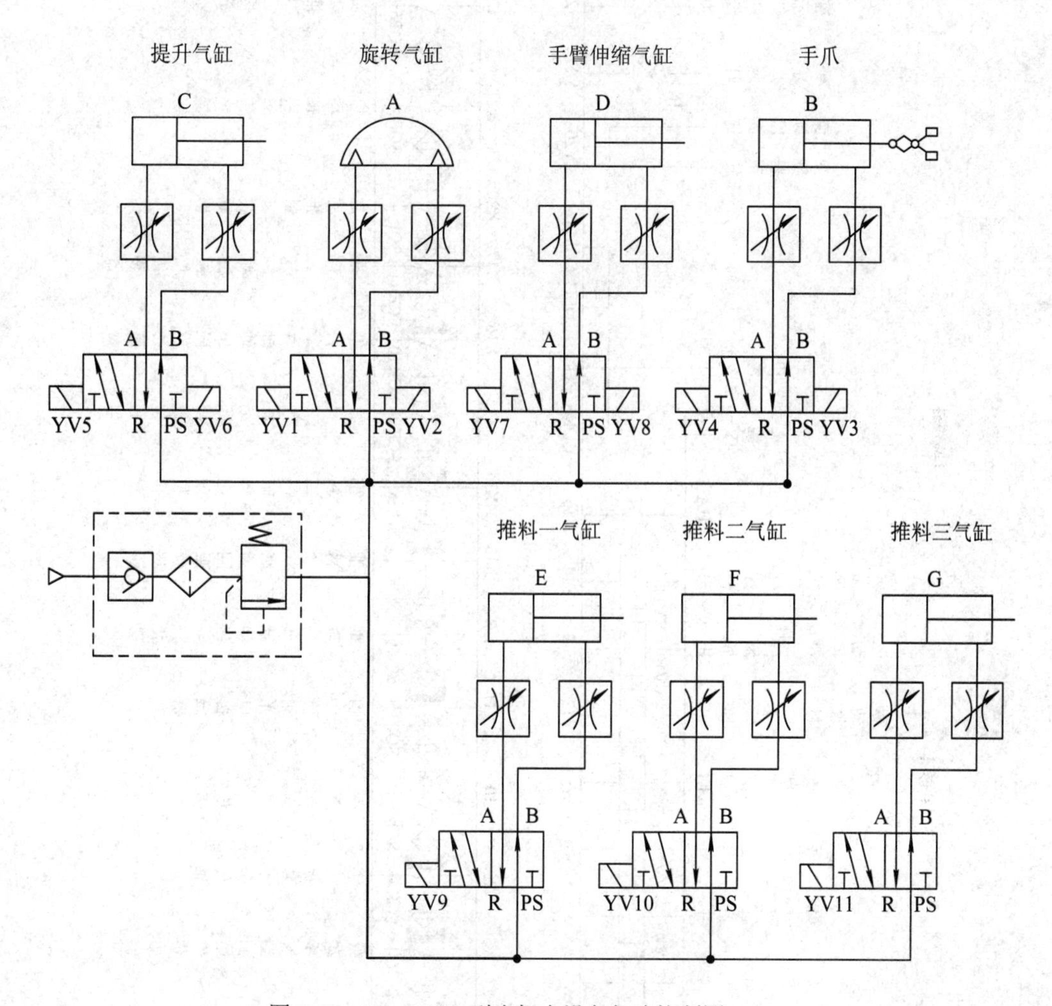

图 7-39　YL-235A 型光机电设备气路控制图

气动回路连接完成后将气源压力调整到 0. 4～0. 5 MPa 后，开启调压阀给机构供气，观察有无漏气现象，若有漏气，则关闭调压阀，立即解决。

在压力正常的情况下，用手按动电磁阀上手动试验按钮，调试机械动作与气动控制是否符合要求，并调试机械动作的准确度。

最后调整节流阀至合适的开度，使各气缸的运动速度趋于合理。

4．控制电路的连接

(1) YL-235A 型光机电设备的工作流程由 PLC 控制。PLC 的 I/O 地址分配参见表 7-1；YL-235A 型光机电设备接线图(电气控制图)如图 7-40 所示。

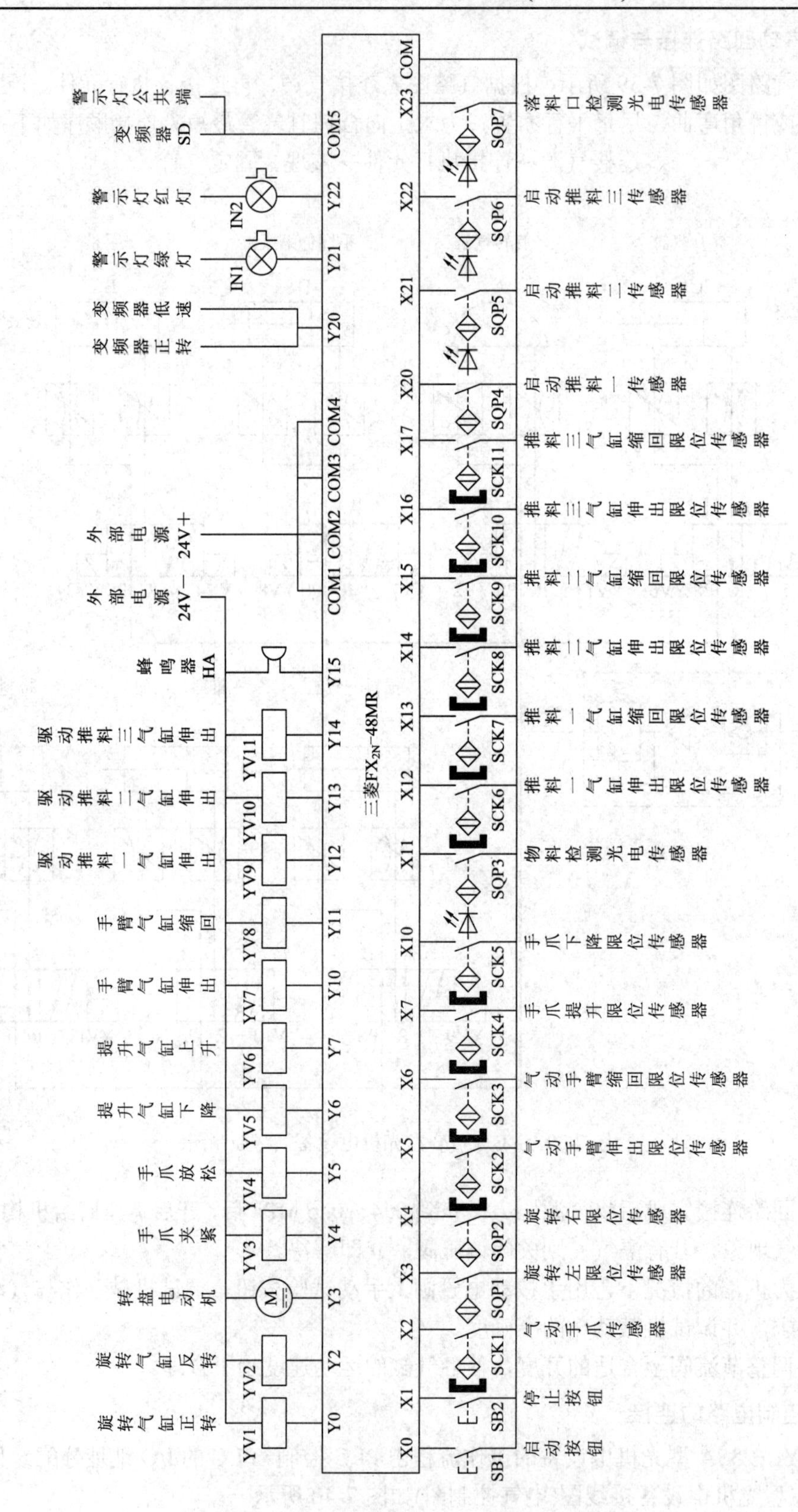

图 7-40　YL-235A 型光机电设备控制电路图

表 7-1　I/O 地址分配表

输入(I)		输出(O)	
地址编号	名称与代号	地址编号	名称与代号
X0	启动按钮 SB1	Y0	旋转气缸正转 YV1
X1	停止按钮 SB2	Y2	旋转气缸反转 YV2
X2	气动手爪传感器 SCK1	Y3	转盘电动机 M
X3	旋转左限位传感器 SQP1	Y4	手爪夹紧 YV3
X4	旋转右限位传感器 SQP2	Y5	手爪放松 YV4
X5	气动手臂伸出限位传感器 SCK2	Y6	提升气缸下降 YV5
X6	气动手臂缩回限位传感器 SCK3	Y7	提升气缸上升 YV6
X7	手爪提升限位传感器 SCK4	Y10	手臂气缸伸出 YV7
X10	手爪下降限位传感器 SCK5	Y11	手臂气缸缩回 YV8
X11	物料检测光电传感器 SQP3	Y12	驱动推料一气缸伸出 YV9
X12	推料一气缸伸出限位传感器 SCK6	Y13	驱动推料二气缸伸出 YVl0
X13	推料一气缸缩回限位传感器 SCK7	Y14	驱动推料三气缸伸出 YV11
X14	推料二气缸伸出限位传感器 SCK8	Y15	警示报警声(蜂鸣器)HA
X15	推料二气缸缩回限位传感器 SCK9	Y20	变频器低速/正转(STF/RL)
X16	推料三气缸伸出限位传感器 SCK10	Y21	警示灯绿灯 IN1
X17	推料三气缸缩回限位传感器 SCK11	Y22	警示灯红灯 IN2
X20	启动推料一传感器(电感式) SQP4		
X21	启动推料二传感器 SQP5		
X22	启动推料三传感器 SQP6		
X23	落料口检测光电传感器 SQP7		

(2) 电路连接的方法与步骤。电路连接应符合工艺、安全规范要求，所有导线应放入线槽内，通过接线端子排与电源项目、按钮项目、PLC 和变频器项目等相连接。接线前应熟悉端子排的特点，规定外接电源在端子排上的“+”、“−”极性，安排相应端子排的功能。导线与端子排连接时，应套编号线管，避免接线错误，方便查线。插入端子排的连接线必须接触良好且紧固。电路连接流程如图 7-41 所示。

在电路连接时应注意电磁阀的“+”、“−”极性，传感器的“+”、“−”极性与信号输出线的连接，不要错接。图 7-42 所示是电路组成模块，它包括电源模块、按钮模块、变频器模块和 PLC 模块等；图 7-43 所示是 PLC 输入端子的接线图。

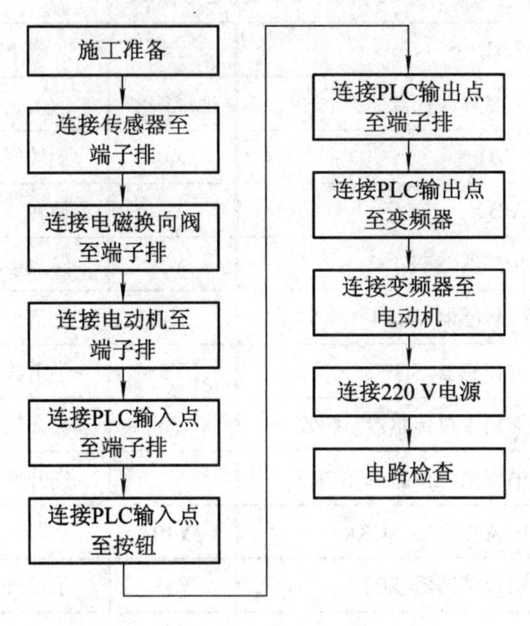

图 7-41　电路连接流程图

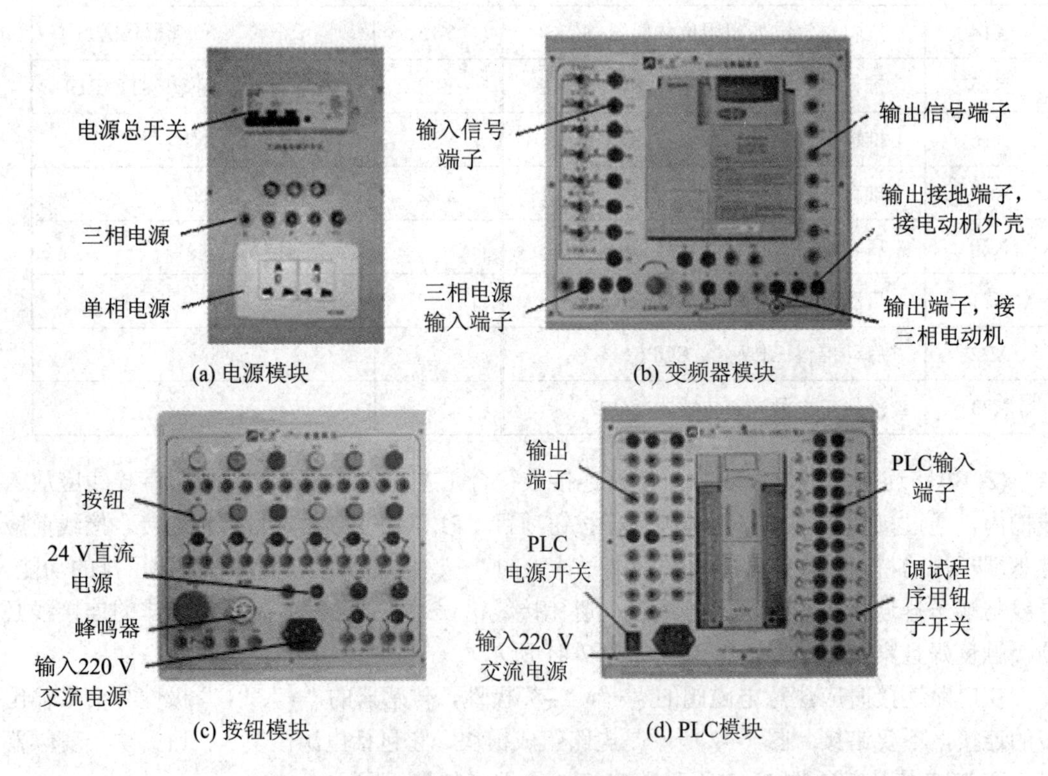

图 7-42　电路组成模块

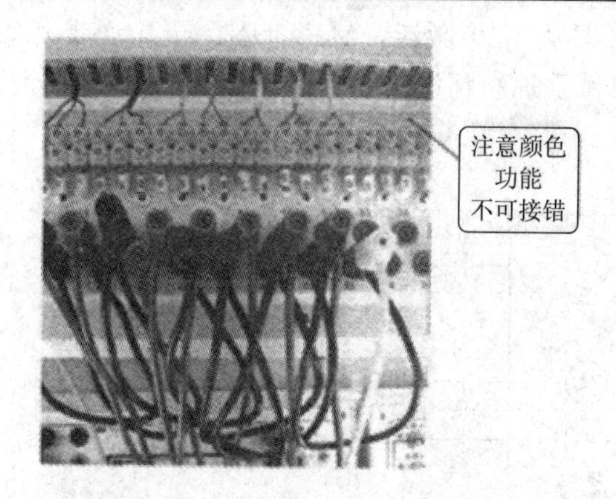

图 7-43　PLC 输入端子接线图

(3) 传感器调试。电路连接完成后，按设备动作要求调试传感器的检测距离和光纤传感器的放大器对颜色的灵敏度，观察 PLC 的输入信号 LED 情况。

① 出料口放置物料，调整物料检测传感器。

② 手动机械手，调整各限位传感器。

③ 在落料口中先后放置三类物料，调整落料口物料检测传感器。

④ 在 A 位置放置金属物料，调整金属传感器。

⑤ 分别在 B 和 C 位置放置白色塑料物料、黑色塑料物料，调整光纤传感器。

⑥ 手动推料气缸，调整磁性传感器。

(4) 手动调试电磁阀控制电路。按设备动作要求手动接通、调试双控电磁阀，使之符合控制要求。

5．程序编写/输入与调试

根据控制要求和 PLC 的 I/O 地址分配编写 PLC 程序。图 7-44 所示是 YL-235A 型光机电设备工作状态转移图；图 7-45 所示是其梯形图。

PLC 程序原理分析如下：

(1) 启停控制。按下启动按钮 SB1，X0 = ON，M1 = ON 且保持，为激活 S20、S30 状态提供必要条件。按下停止按钮，X1 = ON，M1 = OFF，使 S0 向 S20、S1 向 S31 状态转移的条件缺失，故程序执行完当前工作循环后停止。

(2) 送料控制。当 M1 = ON，Y21 = ON，警示灯绿灯闪烁。若出料口无物料，则物料检测传感器 SQP3 不动作，X11 = OFF，Y3 = ON，驱动转盘电动机旋转，物料挤压到料口。当 SQP3 检测到物料时，X11 = ON，Y3 = OFF，转盘电动机停转，一次上料结束。

(3) 报警控制。Y3 = ON 时，报警标志 M2 = ON 且保持，定时器 T0 开始计时 10 s。时间到，若传感器检测不到物料，T0 动作，Y21、Y3 为 OFF，绿灯熄灭，转盘电动机停转；同时 Y22、Y15 为 ON，警示灯红灯闪烁，蜂鸣器发出报警声。当 SQP3 动作或按下停止按钮时，M2 复位，报警停止。

(4) 机械手复位控制。设备启动后，M1 = ON，执行 S0 状态下的复位程序：机械手手爪放松、手抓上升、手臂缩回、手臂向左旋转至左侧限位处停止。同时执行 S1 状态下的气缸复位指令与传送带待命指令。

机械手开始搬运，即从 S20 激活，M3 = ON，至传送带开始工作，S30 激活止，M3 = 0FF，以保证在机械手抓料情况下，按下停止按钮后传送分拣机构继续完成当前分拣任务后停止。

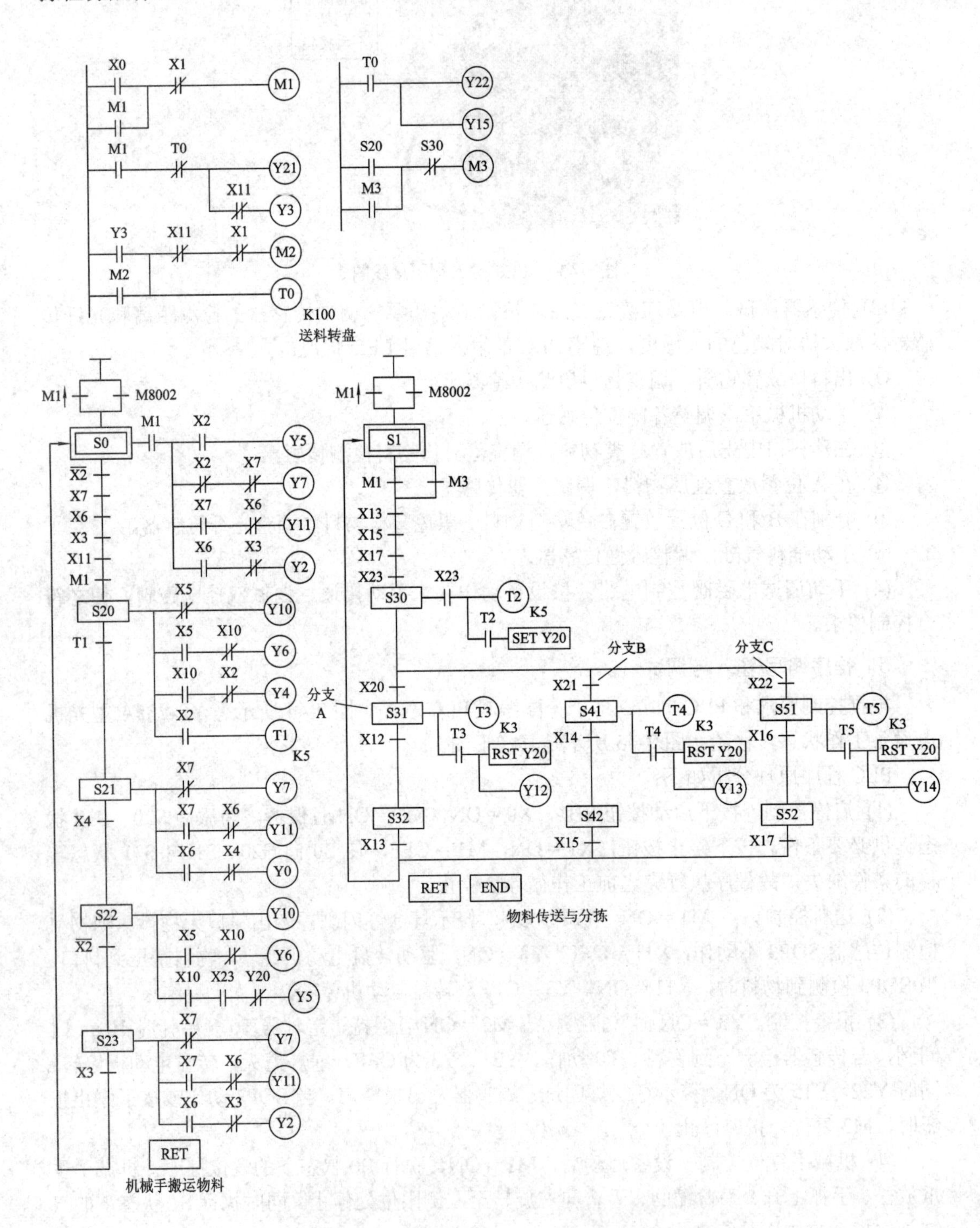

图 7-44　YL-235A 型光机电设备工作状态转移图

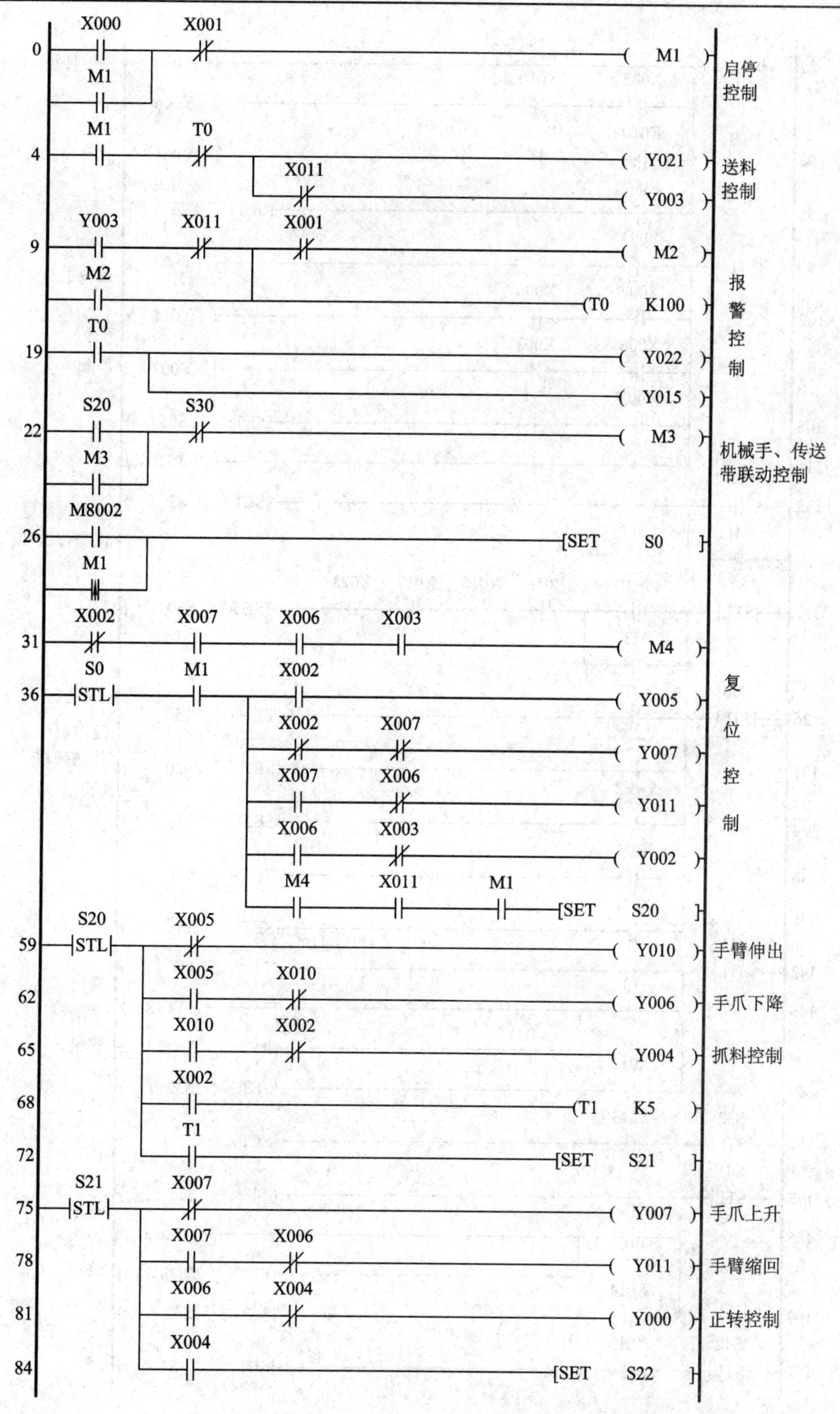

图 7-45　YL-235A 型光机电设备程序控制梯形图

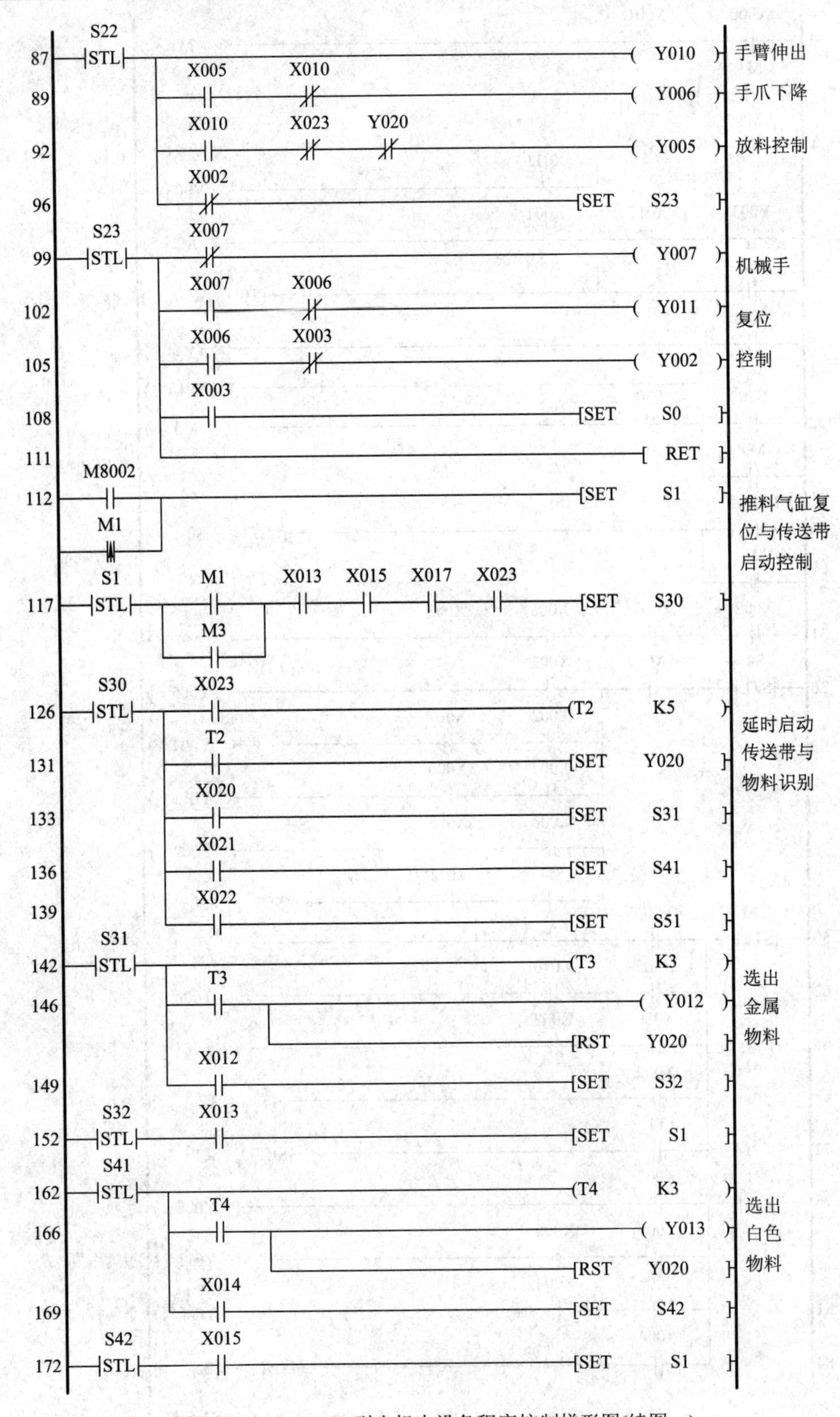

图 7-45　YL-235A 型光机电设备程序控制梯形图(续图一)

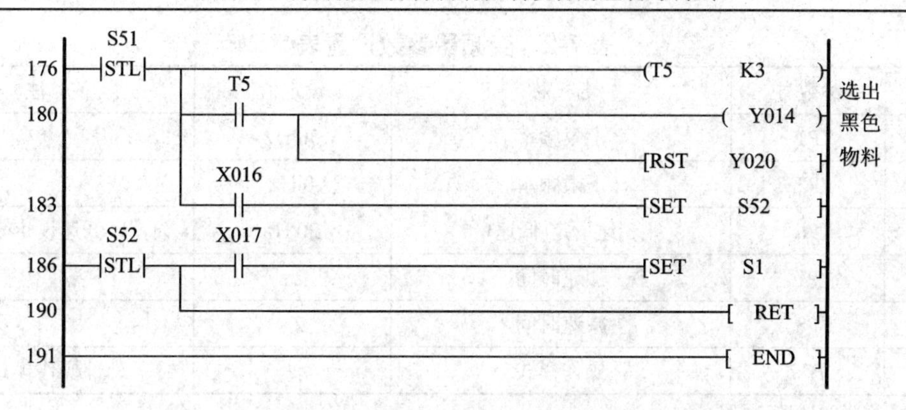

图 7-45　YL-235A 型光机电设备程序控制梯形图(续图二)

(5) 搬运物料。送料机构出料口有物料，X11 = ON，激活 S20 状态，Y10 = ON，手臂伸出→X5 = ON，Y6 = ON，手爪下降→X10 = ON，Y4 = ON，手爪夹紧→夹紧定时 0.5 s→激活 S21 状态→Y7 = ON，手爪上升→X7 = ON，Y11 = ON，手臂缩回→X6 = ON，Y0 = ON，手臂右旋→X4 = ON，激活 S22 状态，Y10 = ON，手臂伸出→X5 = ON，Y6 = ON，手爪下降→X10 = ON，等待落料口光电开关 X23 无料检测及传送带停止，X23、Y20 常闭接通→Y5 = ON，手爪放松→手爪放松到位，X2 = OFF，激活 S23 状态→Y7 = ON，手爪上升→X7 = ON，Y11 = ON，手臂缩回→X6 = ON，Y2 = ON，手臂左旋→手臂左旋到位，X3 = ON，激活 S0 状态，开始新的循环。

(6) 传送物料。PLC 上电瞬间或设备启动时，S1 状态激活。当落料口检测到物料时，X23 = ON，S30 状态激活，延时 0.5 s→Y20 置位，启动变频器，驱动传送带自左向右低速传送物料。

(7) 分拣物料。分拣物料的程序有三个分支，如图 7-44 所示。可根据物料的性质选择不同的分支执行。

若物料为金属物料，则传送至 A 点位置，执行分支 A，X20 = ON，S31 状态激活，延时 0.3 s→Y20 复位，变频器失电，传送带停止，Y12 = ON，推料一气缸伸出，将金属物料推入料槽一内。伸出到位后，X12 = ON，S32 激活，Y12 = OFF，推料一气缸缩回。

若物料为白色塑料物料，则传送至 B 点位置，执行分支 B，X21 = ON，S41 状态激活，延时 0.3 s→Y20 复位，变频器失电，传送带停止，Y13 = ON，推料二气缸伸出，将白色塑料物料推入料槽二内。伸出到位后，X14 = ON，S42 激活，Y13 = OFF，推料二气缸缩回。

若物料为黑色塑料物料，则传送至 C 点位置，执行分支 C，X22 = ON，S51 状态激活，延时 0.3 s→Y20 复位，变频器失电，传送带停止，Y14 = ON，推料三气缸伸出，将黑色塑料物料推入料槽三内。伸出到位后，X16 = ON．S52 激活，Y14 = OFF，推料三气缸缩回。

当任一分支执行完毕时，即推料气缸活塞杆缩回到位，X13 = ON、X15 = ON 或 X17 = ON，S1 状态激活，等待下次工作。

6．变频器参数设置

根据控制要求设置变频器参数，参见表 7-2。具体操作方法参阅本书项目六。

表 7-2　变频器参数设置表

序号	参数号	名　称	设定值	备　注
1	P1	上限频率	50 Hz	
2	P2	下限频率	0 Hz	
3	P6	3 速设定(低速)	20 Hz	低速设定
4	P7	加速时间	2 s	
5	P8	减速时间	2 s	
6	P79	操作模式	2	外部操作模式

7．设备联机调试

在前面各项调试成功的基础上，接通电源，观察设备运行情况，通过电脑监视 PLC 的运行是否与控制要求相符。如有问题，应立即切断控制电路的电源，进行检修或程序修改，然后进行调试。调试成功后，进行设备的试运行，观察一段时间，在运行稳定后，清理现场，可交付验收。

【思考练习题】

7-2-1　转盘出料口调整的要求是____________________________，调整方法____________________________。

7-2-2　机械手主要调整其______________使其在左限位处能______________，在右限位处能________________________。

7-2-3　安装传送带的四只固定脚时，应____________________________。安装电动机时应____________________________。

7-2-4　调整光纤传感器的____________能通过 PLC 识别不同的颜色。

7-2-5　机械手运行前必须复位，复位主要包括哪些内容？请写出其 PLC 程序。

7-2-6　传感器检测到物料时，为什么要延时 0.5 s 才让传送带停下来推出物料？

本 项 目 小 结

1．人们根据不同的原理和工艺制成各种不同类型的接近开关或传感器，以适应对不同特性物体的“感知”与检测。本项目中常用接近开关的特点参见表 7-3。

表 7-3　常用接近开关特点

接近开关类型	特　　点
电感式接近开关	被测物体必须是金属导体
霍尔接近开关	被测物体必须是磁性物体
光电接近开关	对环境要求严格，无粉尘，被测物对光的反射能力好
光纤式传感器	能区分不同颜色和微小变化

当被测对象是金属导体或是可以固定在一块金属物上的物体时，一般选用电感式接近

开关。若被测物为导磁材料，或者为了区别和它一同运动的物体而把磁钢埋在该被测物体内时，应选用霍尔接近开关。在环境条件比较好、无粉尘污染的场合，可采用光电接近开关或光纤式传感器。光电接近开关工作时对被测对象几乎无任何影响。因此，在要求较高的传真机、烟草机械上都被广泛地使用。

注意：各种接近开关的正确接线方式。

2．电磁阀线圈通电时，铁芯在电磁力的作用下改变阀门的开闭状态，实现液压或气压自动控制。电磁阀分为直流和交流两种；也可分为单向(控)和双向(控)电磁阀。单向(控)与双向(控)电磁阀的区别：单向(控)电磁阀失电后，在弹簧的作用下复位，改变阀门的状态，它的失电状态是唯一的；双向(控)电磁阀失电后仍保持原状态，只有另一侧的线圈获电，才能改变阀门的状态，其失电状态是随意的。

3．YL-235A 型光机电设备融合了机械装配、PLC 控制、变频调速、电路与气路控制、人机界面工程和机电设备整机调试等技术，能完成自动送料、搬运与传送、分拣、加工、统计等任务。

附　录

附录一　FX 系列 PLC 的指令表

附表 1-1　基本指令表

助记符与名称	功　能	梯形图和对象软元件	助记符与名称	功　能	梯形图和对象软元件
LD 取	运算开始 常开触点	XYMSTC	OUT 输出	线圈 驱动指令	XYMSTC
LDI 取反	运算开始 常闭触点	XYMSTC	SET 置位	线圈动作 保持指令	SET　Y, M, S
LDP 取脉冲	上升沿检出 运算开始	XYMSTC	RST 复位	解除线圈动作 保持指令	SET　Y, M, S, T, C, D, V, Z
LDF 取脉冲	下降沿检出 运算开始	XYMSTC	PLS上升 沿脉冲	线圈上升沿 输出指令	PLS　Y, M
OR 或	并联 常开触点	XYMSTC	PLF下降 沿脉冲	线圈下降沿 输出指令	PLF　Y, M
ORI 或非	并联 常闭触点	XYMSTC	MC 主控	公共串联接点 用线圈指令	MC　N, Y, M
ORP 或脉冲	上升沿 检出并联	XYMSTC	MCR 主控复 位	公共串联接点 解除指令	MCR　N
0RF 或脉冲	下降沿 检出并联	XYMSTC			

附表 1-2 步进指令表

助记符与名称	功 能	梯形图和对象软元件	助记符与名称	功 能	梯形图和对象软元件
STL 步进接点	步进梯形图开始	S	RET 步进返回	步进梯形图结束	S RST

附表 1-3 功能指令(部分)

类别	FNC N0	指令助记符	指令功能说明	系 列				
				FX_{OS}	FX_{ON}	FX_{1S}	FX_{1N}	FX_{2N} FX_{2NC}
程序流程	00	CJ	条件跳转	○	○	○	○	○
	01	CALL	子程序调用	×	×	○	○	○
	02	SRET	子程序返回	×	×	○	○	○
	03	IRET	中断返回	○	○	○	○	○
	04	EI	开中断	○	○	○	○	○
	05	DI	关中断	○	○	○	○	○
	06	FEND	主程序结束	○	○	○	○	○
	07	WDT	监视定时器刷新	○	○	○	○	○
	08	FOR	循环的起点与次数	○	○	○	○	○
	09	NEXT	循环的终点	○	○	○	○	○
传送与比较	10	CMP	比较	○	○	○	○	○
	11	ZCP	区间比较	○	○	○	○	○
	12	MOV	传送	○	○	○	○	○
	13	SMOV	位传送	×	×	×	×	○
	14	CML	取反传送	×	×	×	×	○
	15	BMOV	成批传送	×	○	○	○	○
	16	FMOV	多点传送	×	×	×	×	○
传送与比较	17	XCH	交换	×	×	×	×	○
	18	BCD	二进制转换成 BCD 码	○	○	○	○	○
	19	BIN	BCD 码转换成二进制	○	○	○	○	○
	20	ADD	二进制加法运算	○	○	○	○	○
	21	SUB	二进制减法运算	○	○	○	○	○
	22	MUL	二进制乘法运算	○	○	○	○	○

续表一

类别	FNC N0	指令助记符	指令功能说明	系列				
				FX_{0S}	FX_{0N}	FX_{1S}	FX_{1N}	FX_{2N} FX_{2NC}
算术与逻辑运算	23	DIV	二进制除法运算	○	○	○	○	○
	24	INC	二进制加1运算	○	○	○	○	○
	25	DEC	二进制减1运算	○	○	○	○	○
	26	WAND	字逻辑与	○	○	○	○	○
	27	WOR	字逻辑或	○	○	○	○	○
	28	WXOR	字逻辑异或	○	○	○	○	○
	29	NEG	求二进制补码	×	×	×	×	○
循环与移位	30	ROR	循环右移	×	×	×	×	○
	31	ROL	循环左移	×	×	×	×	○
	32	RCR	带进位右移	×	×	×	×	○
	33	RCL	带进位左移	×	×	×	×	○
	34	SFTR	位右移	○	○	○	○	○
	35	SFTL	位左移	○	○	○	○	○
	36	WSFR	字右移	×	×	×	×	○
	37	WSFL	字左移	×	×	×	×	○
	38	SFWR	FIFO(先入先出)写入	×	×	○	○	○
	39	SFRD	FIFO(先入先出)读出	×	×	○	○	○
数据处理	40	ZRST	区间复位	○	○	○	○	○
	41	DECO	解码	○	○	○	○	○
	42	ENCO	编码					○
	43	SUM	统计ON位数	×	×	×	×	○
	44	BON	查询位某状态	×	×	×	×	○
	45	MEAN	求平均值	×	×	×	×	○
	46	ANS	报警器置位	×	×	×	×	○
	47	ANR	报警器复位	×	×	×	×	○
	48	SQR	求平方根	×	×	×	×	○
	49	FLT	整数与浮点数转换	×	×	×	×	○

续表二

<table>
<tr><th rowspan="2">类别</th><th rowspan="2">FNC N0</th><th rowspan="2">指令
助记符</th><th rowspan="2">指令功能说明</th><th colspan="6">系 列</th></tr>
<tr><th>FX_{0S}</th><th>FX_{0N}</th><th>FX_{1S}</th><th>FX_{1N}</th><th>FX_{2N}</th><th>FX_{2NC}</th></tr>
<tr><td rowspan="10">方便指令</td><td>60</td><td>IST</td><td>状态初始化</td><td>○</td><td>○</td><td>○</td><td>○</td><td colspan="2">○</td></tr>
<tr><td>61</td><td>SER</td><td>数据查找</td><td>×</td><td>×</td><td>×</td><td>×</td><td colspan="2">○</td></tr>
<tr><td>62</td><td>ABSD</td><td>凸轮控制(绝对式)</td><td>×</td><td>×</td><td>○</td><td>○</td><td colspan="2">○</td></tr>
<tr><td>63</td><td>INCD</td><td>凸轮控制(增量式)</td><td>×</td><td>×</td><td>○</td><td>○</td><td colspan="2">○</td></tr>
<tr><td>64</td><td>TTMR</td><td>示教定时器</td><td>×</td><td>×</td><td>×</td><td>×</td><td colspan="2">○</td></tr>
<tr><td>65</td><td>STMR</td><td>特殊定时器</td><td>×</td><td>×</td><td>×</td><td>×</td><td colspan="2">○</td></tr>
<tr><td>66</td><td>ALT</td><td>交替输出</td><td>○</td><td>○</td><td>○</td><td>○</td><td colspan="2">○</td></tr>
<tr><td>67</td><td>RAMP</td><td>斜波信号</td><td>○</td><td>○</td><td>○</td><td>○</td><td colspan="2">○</td></tr>
<tr><td>68</td><td>ROTC</td><td>旋转工作台控制</td><td>×</td><td>×</td><td>×</td><td>×</td><td colspan="2">○</td></tr>
<tr><td>69</td><td>SORT</td><td>列表数据排序</td><td>×</td><td>×</td><td>×</td><td>×</td><td colspan="2">○</td></tr>
<tr><td rowspan="10">外部I/O设备</td><td>70</td><td>TKY</td><td>10 键输入</td><td>×</td><td>×</td><td>×</td><td>×</td><td colspan="2">○</td></tr>
<tr><td>71</td><td>HKY</td><td>16 键输入</td><td>×</td><td>×</td><td>×</td><td>×</td><td colspan="2">○</td></tr>
<tr><td>72</td><td>DSW</td><td>BCD 数字开关输入</td><td>×</td><td>×</td><td>○</td><td>○</td><td colspan="2">○</td></tr>
<tr><td>73</td><td>SEGD</td><td>七段码译码</td><td>×</td><td>×</td><td>×</td><td>×</td><td colspan="2">○</td></tr>
<tr><td>74</td><td>SEGL</td><td>七段码分时显示</td><td>×</td><td>×</td><td>○</td><td>○</td><td colspan="2">○</td></tr>
<tr><td>75</td><td>ARWS</td><td>方向开关</td><td>×</td><td>×</td><td>×</td><td>×</td><td colspan="2">○</td></tr>
<tr><td>76</td><td>ASC</td><td>ASCII 码转换</td><td>×</td><td>×</td><td>×</td><td>×</td><td colspan="2">○</td></tr>
<tr><td>77</td><td>PR</td><td>ASCII 码打印输出</td><td>×</td><td>×</td><td>×</td><td>×</td><td colspan="2">○</td></tr>
<tr><td>78</td><td>FROM</td><td>BFM 读出</td><td>×</td><td>○</td><td>×</td><td>○</td><td colspan="2">○</td></tr>
<tr><td>79</td><td>TO</td><td>BFM 写入</td><td>×</td><td>○</td><td>×</td><td>○</td><td colspan="2">○</td></tr>
<tr><td rowspan="5">触点比较</td><td>224</td><td>LD =</td><td>(S1) = (S2)时起始触点接通</td><td>×</td><td>×</td><td>○</td><td>○</td><td colspan="2">○</td></tr>
<tr><td>225</td><td>LD ></td><td>(S1) > (S2)时起始触点接通</td><td>×</td><td>×</td><td>○</td><td>○</td><td colspan="2">○</td></tr>
<tr><td>226</td><td>LD <</td><td>(S1) < (S2)时起始触点接通</td><td>×</td><td>×</td><td>○</td><td>○</td><td colspan="2">○</td></tr>
<tr><td>228</td><td>LD <></td><td>(S1)<>(S2)时起始触点接通</td><td>×</td><td>×</td><td>○</td><td>○</td><td colspan="2">○</td></tr>
<tr><td>229</td><td>LD <=</td><td>(S1) ≤ (S2) 时起始触点接通</td><td>×</td><td>×</td><td>○</td><td>○</td><td colspan="2">○</td></tr>
</table>

续表三

类别	FNC N0	指令助记符	指令功能说明	系列				
				FX_{0S}	FX_{0N}	FX_{1S}	FX_{1N}	FX_{2N} FX_{2NC}
触点比较	230	LD >=	(S1)≥(S2)时起始触点接通	×	×	○	○	○
	232	AND =	(S1)=(S2)时串联触点接通	×	×	○	○	○
	233	AND >	(S1)>(S2)时串联触点接通	×	×	○	○	○
	234	AND <	(S1)<(S2)时串联触点接通	×	×	○	○	○
	236	AND <>	(S1)<>(S2)时串联触点接通	×	×	○	○	○
	237	AND <=	(S1)≤(S2)时串联触点接通	×	×	○	○	○
	238	AND >=	(S1)≥(S2)时串联触点接通	×	×	○	○	○
	240	OR =	(S1)=(S2)时并联触点接通	×	×	○	○	○
	241	OR >	(S1)>(S2)时并联触点接通	×	×	○	○	○
	242	OR <	(S1)<(S2)时并联触点接通	×	×	○	○	○
	244	OR <>	(S1)<>(S2)时并联触点接通	×	×	○	○	○
	245	OR <=	(S1)≤(S2)时并联触点接通	×	×	○	○	○
	246	OR >=	(S1)≥(S2)时并联触点接通	×	×	○	○	○

附录二 三菱 FR-E740 系列变频器的常用参数一览表

- 有◎标记的参数表示的是简单模式参数。
- V/F —U/f控制；先进磁通 —先进磁通矢量控制。
- 通用磁通 —通用磁通矢量控制(无标记的功能表示所有控制都有效)。
- “参数复制”等栏中的“×”表示不可以，“○”表示可以。

附表 2-1

功能	参数	关联参数	名称	单位	初始值	范围	内容
手动转矩提升 V/F	0	◎	转矩提升	0.1%	6/4/3% *	0～30%	0 Hz时的输出电压以%设定；*根据容量不同而不同(6%：0.75K以下/4%：1.5K～3.7K/3%：5.5K、7.5K)
		46	第2转矩提升	0.1%	9999	0～30%	RT信号为ON时的转矩提升
						9999	无第2转矩提升
上下限频率	1	◎	上限频率	0.01 Hz	120 Hz	0～120 Hz	输出频率的上限
	2	◎	下限频率	0.01 Hz	0 Hz	0～120 Hz	输出频率的下限
		18	高速上限频率	0.01 Hz	120 Hz	120～400 Hz	在120 Hz以上运行时设定
基准频率、电压 V/F	3	◎	基准频率	0.01 Hz	50 Hz	0～400 Hz	电机的额定频率(50/60 Hz)
		19	基准频率电压	0.1 V	9999	0～1000 V	基准电压
						8888	电源电压的95%
						9999	与电源电压一样
		47	第2 V/F (基准频率)	0.01 Hz	9999	0～400 Hz	RT信号ON时的基准频率
						9999	第2 U/f 无效
通过多段速设定运行	4	◎	多段速设定(高速)	0.01 Hz	50Hz	0～400 Hz	RH—ON时的频率
	5	◎	多段速设定(中速)	0.01 Hz	30Hz	0～400 Hz	RM—ON时的频率
	6	◎	多段速设定(低速)	0.01 Hz	10Hz	0～400 Hz	RL—ON时的频率
		24～27	多段速设定(4速～7速)	0.01 Hz	9999	0～400 Hz、9999	可以用RH、RM、RL、REX信号的组合来设定；4速～15速的频率；9999：不选择
		232～239	多段速设定(8速～15速)	0.01 Hz	9999	0～400 Hz、9999	

续表一

功能	参数	关联参数	名称	单位	初始值	范围	内容
加减速时间的设定	7	◎	加速时间	0.1/0.01 s	5/10 s*	0～3600 s/0～360 s	电机加速时间； *根据变频器容量不同而不同(3.7K 以下/5.5K、7.5K)
	8	◎	减速时间	0.1/0.01 s	5/10 s*	0～3600 s/0～360 s	电机减速时间； *根据变频器容量不同而不同(3.7K 以下/5.5K、7.5K)
		20	加减速基准频率	0.01 Hz	50 Hz	1～400 Hz	成为加减速时间基准的频率； 加减速时间在停止～Pr.20 间的频率变化时间
		21	加减速时间单位	1	0	0	单位：0.1 s 范围：0～3600 s　可以改变加减速时间的设定与设定范围
						1	单位：0.01 s 范围：0～360 s
		44	第 2 加减速时间	0.1/0.01 s	5/10 s*	0～3600 s/0～360 s	RT 信号 ON 时的加减速时间； *根据变频器容量不同而不同(3.7K 以下/5.5K、7.5K)
		45	第 2 减速时间	0.1/0.01 s	9999	0～3600/360 s	RT 信号 ON 时的减速时间
						9999	加速时间=减速时间
		147	加减速时间切换频率	0.01 Hz	9999	0～400 Hz	Pr.44、Pr.45 的加减速时间的自动切换为有效的频率
						9999	无功能
电动机过热保护(电子过电流保护)	9	◎	电子过电流保护	0.01 A	变频器额定电流*	0～500 A	设定电机的额定电流； *对于 0.75K 以下的产品，应设定为变频器额定电流的 85%
		51	第 2 电子过电流保护	0.01 A	9999	0～500 A	RT 信号 ON 时有效； 设定电机的额定电流
						9999	第 2 电子过电流保护无效
直流制动预备励磁	10		直流制动动作频率	0.01 Hz	3 Hz	0～120 Hz	直流制动的动作频率
	11		直流制动动作时间	0.1 s	0.5 s	0	无直流制动
						0.1～10 s	直流制动的动作时间
	12		直流制动动作电压	0.1%	4%	0	无直流制动
						0.1%～30%	直流制动电压(转矩)

续表二

功能	参数	关联参数	名称	单位	初始值	范围	内容
启动频率	13		启动频率	0.01 Hz	0.5 Hz	0～60 Hz	启动时频率
		571	启动时维持时间	0.1 s	9999	0.0～10 s	Pr.13 启动频率的维持时间
						9999	启动时的维持功能无效
适合用途的 *U*/*f* 线 V/F	14		适用负载选择	1	0	0	用于恒转矩负载
						1	用于低转矩负载
						2	恒转矩升降用：反转时提升 0%
						3	恒转矩升降用：正转时提升 0%
点动运行	15		点动频率	0.01Hz	5Hz	0～400 Hz	点动运行时的频率
	16		点动加减速时间	0.1/0.01 s	0.5 s*	0～3600 s/0～360 s	点动运行时的加减速时间，加减速时间是指加、减速到 Pr.20 加减速频率中设定的频率(初始值为 50 Hz)的时间，加减速时间不能分别设定
输出停止信号 MRS 逻辑选择	17		MRS 输入选择	1	0	0	常开输入
						2	常闭输入(b 接点输入规格)
						4	外部端子：常闭输入(b 接点输入规格)；通信：常开输入
失速防止动作	22		失速防止动作水平	0.1%	150%	0	失速防止动作无效
						0.1%～200%	失速防止动作开始的电流值
	23		倍速时失速防止动作水平补偿系数	0.1%	9999	0～200%	可降低额定频率以上的高速运行时的失动作水平
						9999	一律 Pr.22
		48	第 2 失速防止动作水平	0.1%	9999	0	第 2 失速防止动作无效
						0.1%～200%	第 2 失速防止动作水平
						9999	与 Pr.22 同一水平
		66	失速防止动作水平降低开始频率	0.01 Hz	50 Hz	0～400 Hz	失速动作水平开始降低时的频率
		156	失速防止动作选择	1	0	0～31 100、101	根据加减速的状态选择是否防止失速

续表三

功能	参数	关联参数	名称	单位	初始值	范围	内容
失速防止动作		157	OL 信号输出延时	0.1 s	0 s	0～25 s	失速防止动作时输出的 OL 信号开始输出时间
						9999	无 OL 信号输出
		277	失速防止电流切换	1	0	0	输出电流超过限制水平时，通过限制输频率来限制电流； 限制水平以变频器额定电流为基准
						1	输出转矩超过限制水平时，通过限制输频率来限制转矩； 限制水平以电机额定转矩为基准
加减速曲线	29		加减速曲线选择	1	0	0	直线加减速
						1	S 曲线加减速 A
						2	S 曲线加减速 B
再生单元的选择	30		再生制动功能选择	1	0	0	无再生功能、制动单元(FR- BU2)、高功率因数变流器(FR-HC)、电源再生共通变流器(FR-CV)
						1	高频度用制动电阻器(FR- ABR)
						2	高功率因数变流器(FR-HC) (选择瞬时停电再启动时)
		70	特殊再生制动使用率	0.1%	0%	0～30%	使用高频度用制动电阻器(FR-ABR)时的制动器使用率
转速显示	37		转速显示	0.001	0	0	频率的显示及设定
						0.01～9998	50 Hz 运行时的机械速度
RUN 键旋转方向选择	40		RUN 键旋转方向的选择	1	0	0	正转
						1	反转
输出频率和电机转数检测信号 SU、FU	41		频率到达动作范围	0.1%	10%	0～100%	SU 信号为 ON 时的水平
	42		输出频率检测	0.01 Hz	6Hz	0～400 Hz	FU 信号为 ON 时的频率
	43		反转时输出频率检测	0.01 Hz	9999	0～400 Hz	反转时 FU 信号为 ON 时的频率
						9999	与 Pr.42 的设定值一致

附表 2-2

功能	参数	关联参数	名称	单位	初始值	范围	内容		参数复制	参数清除	参数全部消除
从端子AM输出监视基准	55		频率监视基准	0.01 Hz	50 Hz	0～400 Hz	输出频率监视值输出到端子 AM 时的最大值		○	○	○
	56		电流监视基准	0.01 A	额定电流	0～500 A	输出电流监视值输出到端子 AM 时的最大值		○	○	○
遥控设定功能	59		遥控功能选择	1	0		RH、RM、RL信号功能	频率设定记忆功能	○	○	○
						0	遥控设定	有			
						1	遥控设定	有			
						2	遥控设定	无			
						3	遥控设定	无(用 STF/STR- OFF 来清除遥控设定频率)			
节能控制选择 V/F	60		节能控制选择	1	0	0	通常运行模式		○	○	○
						9	最佳励磁控制模式				
自动加减速	61		基准电流	0.01A	9999	0～500 A	以设定值(电机额定电流)为基准		○	○	○
						9999	以变频器额定电流为基准				
	62		加速时基准值	1%	9999	0～200%	以设定值为限制值		○	○	○
						9999	以 150%为限制值				
	63		减速时基准值	1%	9999	0～200%	以设定值为限制值		○	○	○
						9999	以 150%为限制值				
		292	自动加减速	1	0	0	通常模式		○	○	○
						1	最短加减速模式	无制动器			
						11	最短加减速模式	有制动器			
						7	制动器顺控模式 1				
						8	制动器顺控模式 2				
		293	加减速个别动作选择模式	1	0	0	对于最短加减速模式的加速、减速均计算；加减速时间		○	○	○
						1	仅对最短加减速模式的加速时间进行计算				
						2	仅对最短加减速模式的减速时间进行计算				

续表一

功能	参数	关联参数	名称	单位	初始值	范围	内容		参数复制	参数清除	参数全部消除
电机的选择(适用电机)	71		适用电机	1	0	0	适合标准电机的热特性		○	○	○
						1	适合三菱恒转矩电机的热特性				
						40	三菱高効率电机(SF-HR)的热特性				
						50	三菱恒转矩电机(SF-HRCA)的热特性				
						3	标准电机	选择“离线自动调谐设定”			
						13	恒转矩电机				
						23	三菱标准电机(SF-JR 4P 1.5 kW 以下)				
						43	三菱高效率电机(SF-HR)				
						53	三菱恒转矩电机(SF- HRCA)				
						4	标准电机	可以进行自动调谐数据读取以及变更设定			
						14	恒转矩电机				
						24	三菱标准电机(SF-JR4P 1.5 kW 以下)				
						44	三菱高效率电机(SF-HR)				
						54	三菱恒转矩电机(SF-HRCA)				
						5	标准电机	星形接线可进行电机常数的直接输入			
						15	恒转矩电机				
						6	标准电机	三角形接线可进行电机常数的直接输入			
						16	恒转矩电机				
		450	第 2 适用电机	1	9999	0	适合标准电机的热特性		○	○	○
						1	适合三菱恒转矩电机的热特性				
						9999	第 2 电机无效；第 1 电机 Pr.71 的热特性				

续表二

功能	参数	关联参数	名称	单位	初始值	范围	内容		参数复制	参数清除	参数全部消除
模拟量输入选择	73		模拟量输入选择	1	1	0	端子2输入	极性可逆	○	×	○
							0~10 V	无			
						1	0~5 V				
						10	0~10 V	有			
						11	0~5 V				
		267	端子4输入选择	1	0	0	端子4输入4~20 mA		○	×	○
						1	端子4输入0~5 V				
						2	端子4输入0~10 V				
模拟量输入的响应性或噪音消除	74		输入滤波时间常数	1	1	0~8	对于模拟量输入的1次延时滤波器时间常数，设定值越大过滤效果越明显		○	○	○
防止参数值被意外写	77		参数写入选择	1	0	0	仅限于停止时可以写入		○	○	○
						1	不可写入参数				
						2	可以在所有运行模式中不受运行状态限制地写入参数				
电机的反转防止	78		反转防止选择	1	0	0	正转和反转均可		○	○	○
						1	不可反转				
						2	不可正转				
运行模式的选择	79 ◎		运行模式选择	1	0	0	外部PU切换模式		○	○	○
						1	PU运行模式固定				
						2	外部运行模式固定				
						3	外部/PU组合运行模式1				
						4	外部/PU组合运行模式2				
						6	切换模式				
						7	外部运行模式(PU运行互锁)				
		340	通信启动模式选择	1	0	0	根据Pr.79的设定		○	○	○
						1	以网络运行模式启动				
						10	网络运行模式启动，可通过操作面板切换PU与网络运行模式				

续表三

功能	参数	关联参数	名称	单位	初始值	范围	内容	参数复制	参数清除	参数全部消除
控制方法的选择	80		电机容量	0.01 kW	9999	0.1～15 kW	适用电机容量	○	○	○
						9999	*U*/*f* 控制			
	81		电机极数	1	9999	2、4、6、8、10	设定电机极数	○	○	○
先进磁通						9999	*U*/*f* 控制			
		89	速度控制增益(先进磁通矢量)	0.1%	9999	0～200%	在先进磁通矢量控制时，调整由负载变动，造成的电机速度变动基准为100%	○	×	○
通用磁通						9999	Pr.71 中设定的电机所对应增益			
		800	控制方法选择	1	20	20	先进磁通矢量控制；设定为 Pr.80、Pr.81≠“9999”时	○	○	○
						30	通用磁通矢量控制；设定为 Pr.80、Pr.81≠“9999”时			
	117		PU通信站号	1	0	0～31 (0～247)	变频器站号指定；1台个人电脑连接多台变频器时要设定变频器的站号当Pr.549 = “1” (Modbus-RTU 协议)时设定范围为括号内的数值	○	○	○
	118		PU通信速率	1	192	48、96、192、384	通信速率设定值 x100(例如，如果设定值是 192 通信速率则为19200b/s)	○	○	○
	119		PU通信停止位长	1	1	0	停止位长：1 bit 数据长：8 bit	○	○	○
						1	停止位长：2 bit 数据长：8 bit			
						10	停止位长：1 bit 数据长：7 bit			
						11	停止位长：2 bit 数据长：7 bit			
	120		PU通信奇偶校验	1	2	0	无奇偶校验 (Modbus—RTU 时：停止位长：2 bit)	○	○	○
						1	奇校验 (Modbus—RTU 时：停止位长：ibit)			
						2	偶校验 (Modbus—RTU 时：停止位长：ibit)			
	121		PU通信再试次数	1	1	0～10	发生数据接收错误时的再试次数容许值，连续发生错误次数超过容许值时，变频器将通过 E.PUE 计算机链接)/E.ESR(Modbus-RTU)报警并停止	○	○	○
						9999	即使发生通信错误变频器也不会报警并停止			

续表四

功能	参数	关联参数	名　称	单位	初始值	范围	内　容	参数复制	参数清除	参数全部消除
通信初始设定	122		PU通信校验时间间隔	0.1 s	0	0	可进行RS-485通信，但是，有操作权的运行模式启动的瞬间将发生通信错误(E.PUE)	○	○	○
						0.1～999.8 s	通信校验(断线检测)时间间隔无通信状态超过容许时间以上时，变频器将报警并停止。(根据Pr.502)			
						9999	不进行通信检测(断线检测)			
	123		PU通信等待时间设定	1	9999	0～150 ms	设定向变频器发出数据后信息返回的等待时间	○	○	○
						9999	用通信数据进行设定			
	124		PU通信有无OR/LF选择	1	1	0	无CR、LF	○	○	○
						1	有CR			
						2	有CR、LF			
		342	通信EEPROM写入选择	1	0	0	通过通信写入参数时，写入至EEPROM、RAM	○	○	○
						1	通过通信写入参数时，写入到RAM			
		343	通信错误计数	1	0	—	显示Modbus-RTU通信时的通信错误次数(仅读取)在选择Modbus-RTU协议时显示	×	×	×
		502	通信异常时停止模式选择	1	0	0、3	通信异常发生时的变频器动作选择：自由运行停止	○	○	○
						1、2	通信异常发生时的变频器动作选择：减速停止			
		549	协议选择	1	0	0	三菱变频器(计算机链接)协议 Modbus-RTU协议；变更设定后请复位(切断电源后再供给电源)，变更的设定在复位后起作用	○	○	○

续表五

功能	参数	关联参数	名称	单位	初始值	范围	内容		参数复制	参数清除	参数全部消除
PID控制/储线器控制	127		PID控制自动切换频率	0.01 Hz	9999	0～400 Hz	自动切换至IPID控制频率		○	○	○
						9999	无PID控制自动切换功能				
	128		PID动作选择	1	0	0	PID控制无效		○	○	○
						20	PID负作用	测量值输入(端子4)，目标值(端子2或Pr.133)			
						21	PID正作用				
						40～43	储线器控制				
						50	PID负作用	偏差值信号输入(Low works通信、CC-link通信)			
						51	PID正作用				
						60	PID负作用	测定值、目标值输入(Low works通信、CC-link通信)			
						61	PID正作用				
	129		PID比例带	0.1%	100%	0.1%～1000%	比例带狭窄(参数的设定值小)时，测量值的微小变化可以带来大的操作量变化，随着比例带的变小，响应灵敏度(增益)会变得更好，但可能会引起振动等，降低稳定性增益 K_P = 1/比例带		○	○	○
						9999	无比例控制				
	130		PID积分时间	0.1 s	1 s	0.1～3600 s	在偏差步进输入时，仅在积分(I)动作中得到与比例(P)动作相同的操作量所需要的时间(Ti)随着积分时间变小，到达目标值的速度会加快，但是容易发生振动现象		○	○	○
						9999	无积分控制				
	131		PID上限	0.1%	9999	0～100%	上限值； 反馈量超过设定值的情况下输出FUP信号测量值(端子4)的最大输入(20 mA/5 V/10 V)相当于100%		○	○	○
						9999	无功能				

续表六

功能	参数	关联参数	名称	单位	初始值	范围	内容		参数复制	参数清除	参数全部消除
PID控制/储线器控制	132		PID下限	0.1%	9999	0～100%	下限值； 测定值低于设定值范围的情况下输出 FDN 信号测量值(端子 4)的最大输入(20mA/5V/10V)相当于100%		○	○	○
						9999	无功能				
	133		PID动作目标值	0.01%	9999	0～100%	PID控制时的目标值		○	○	○
						9999	PID控制	端子2输入电压为目标值			
							储线器控制	固定于50%			
	134		PID微分时间	0.01 s	9999	0.01～10 s	在偏差指示灯输入时，仅得到比例动作(P)的操作量所需要的时间(Td)随微分时间的增大，对偏差变化的反应也越大		○	○	○
						9999	无微分控制				
		44	第2加减速时间	0.1/0.01 s	5/10 s*	0～3600/360 s	储线器控制时，变成主速度的加速时间第2加减速时间无效；* 根据变频器容量不同而不同(3.7K以下/5.5K、7.5K)		○	○	○
		45	第2减速时间	0.1/0.01 s	9999	0～3600/360 s，9999	储线器控制时，变成主速度的减速时间第2减速时间无效		○	○	○
操作面板的动作选择	161		频率设定/键盘锁定操作选择	1	0	0	M旋钮频率设定模式	键盘锁定模式无效	○	×	○
						1	M旋钮电位器模式				
						10	M旋钮频率设定模式	键盘锁定有效			
						11	M旋钮电位器模式				

续表七

功能	参数		名　称	单位	初始值	范围	内　容	参数复制	参数清除	参数全部消除
		关联参数								
输入端子的功能分配	178		STF 端子功能选择	1	60	0～5、7、8、10、12、14～16、18、24、25、60、62、65～67、9999	0：低速运行指令； 1：中速运行指令； 2：高速运行指令； 3：第二功能选择； 4：端子 4 输入选择； 5：点动运行选择； 7：外部热继电器输入	○	×	○
	179		STR, 端子功能选择	1	61	0～5、7、8、10、12、14～16、18、24、25、61、62、65～67、9999	8：15 速选择； 10：变频器运行许可信号(FR-HC/FR-CV 连接)； 12：PU 运行外部互锁； 14：PID 控制有效端子； 15：制动器开放完成信号； 16：PU—外部运行切换； 18：*U/f* 切换； 24：输出停止； 25：启动自保持选择； 60：正转指令(只能分配给 STF 端子，Pr.178)； 61：反转指令(只能分配给 STR 端子(Pr.179)、)； 62：变频器复位； 65：PU—NET 运行切换； 66：外部—网络运行切换； 67：指令权切换； 9999：无功能	○	×	○
	180		RL 端子功能选择	1	0	0～5、7、8、10、12、14～16、18、9.4、25、62、65～67、9999		○	×	○
	181		RM 端子功能选择	1	1			○	×	○
	182		RH 端子功能选择	1	2			○	×	○
	183		MRS 端子功能选择	1	24			○	×	○
	184		RES 端子功能选择	1	62			○	×	○

续表八

<table>
<tr><th rowspan="2">功能</th><th colspan="2">参数</th><th rowspan="2">名称</th><th rowspan="2">单位</th><th rowspan="2">初始值</th><th rowspan="2">范围</th><th rowspan="2">内容</th><th rowspan="2">参数复制</th><th rowspan="2">参数清除</th><th rowspan="2">参数全部消除</th></tr>
<tr><th></th><th>关联参数</th></tr>
<tr><td rowspan="3">输入端子的功能分配</td><td>190</td><td></td><td>RUN 端子功能选择</td><td>1</td><td>0</td><td rowspan="2">0、1、3、4、7、8、11～16、20、25、26、46、47、64、90、91、93、95、96、98、99、100、101、103、104、107、108、111～116、120、125、126、146、147、164、190、191、193、195、196、198、199、9999</td><td rowspan="3">0、100：变频器运行中；
1、101：频率到达；
3、103：过负载警报；
4、104：输出频率检测；
7、107：再生制动预报警；
8、108：电子过电流保护预报警；
11、111：变频器运行准备完毕；
12、112：输出电流检测；
13、113：零电流检测；
14、114：PID 下限；
15、115：PID 上限；
16、116：PID 正反转动作输出；
20、120：制动器开放请求；
25、125：风扇故障输出；
26、126：散热片过热预报警；
46、146：停电减速中(保持到解除)；
47、147：PID 控制动作中；
54、164：再试中；
90、190：寿命警报；
91、191：异常输出 3(电源切断信号)；
93、193：电流平均值监视信号；
95、195：维修时钟信号；
96、196：远程输出；
98、198：轻故障输出；
99、199：异常输出；
9999、—：无功能；
0～99：正逻辑；
100～199：负逻辑</td><td>○</td><td>×</td><td>○</td></tr>
<tr><td>191</td><td></td><td>FU 端子功能选择</td><td>1</td><td>4</td><td>○</td><td>×</td><td>○</td></tr>
<tr><td>192</td><td></td><td>ABC 端子功能选择</td><td>1</td><td>99</td><td>0、1、3、4、7、8、11～16、20、25、26、46、47、64、90、91、95、96、98、99、100、101、103、104、107、108、111～116、120、125、126、146、147、164、190、191、195、196、198、199、9999</td><td>○</td><td>×</td><td>○</td></tr>
</table>

续表九

<table>
<tr><th rowspan="2">功能</th><th colspan="2">参数</th><th rowspan="2">名称</th><th rowspan="2">单位</th><th rowspan="2">初始值</th><th rowspan="2">范围</th><th rowspan="2" colspan="2">内容</th><th rowspan="2">参数复制</th><th rowspan="2">参数清除</th><th rowspan="2">参数全部消除</th></tr>
<tr><th></th><th>关联参数</th></tr>
<tr><td rowspan="7">转差补偿
通用磁通
V/F</td><td rowspan="2" colspan="2">245</td><td rowspan="2">额定转差</td><td rowspan="2">0.01%</td><td rowspan="2">9999</td><td>0～50%</td><td colspan="2">电机额定转差</td><td rowspan="2">○</td><td rowspan="2">○</td><td rowspan="2">○</td></tr>
<tr><td>9999</td><td colspan="2">无转差补偿</td></tr>
<tr><td colspan="2">246</td><td>转差补偿时间常数</td><td>0.01 s</td><td>0.5 s</td><td>0.01～10 s</td><td colspan="2">转差补偿的响应时间
值设定越小响应速度越快，但负载惯性越大越容易发生再生过电压(E.0V 口)错误</td><td>○</td><td>○</td><td>○</td></tr>
<tr><td rowspan="3" colspan="2">247</td><td rowspan="3">恒功率区域转差补偿选择</td><td rowspan="3">1</td><td rowspan="3">9999</td><td>0</td><td colspan="2">恒功率区域(比 Pr.3 中设定的频率还高的频率领域)中不进行转差补偿</td><td rowspan="3">○</td><td rowspan="3">○</td><td rowspan="3">○</td></tr>
<tr><td>9999</td><td colspan="2">恒功率区域的转差补偿</td></tr>
<tr><td>1</td><td colspan="2">有接地检测</td></tr>
<tr><td rowspan="4">电机停止方法和启动信号的选择</td><td rowspan="4" colspan="2">250</td><td rowspan="4">停止选择</td><td rowspan="4">0.1 s</td><td rowspan="4">9999</td><td>0～100 s</td><td>启动信号OFF,经过设定的时间后以自由运行停止</td><td>STF 信号：正转启动；
STR 信号：反转启动</td><td rowspan="4">○</td><td rowspan="4">○</td><td rowspan="4">○</td></tr>
<tr><td>1000～1100 s</td><td>启动信号OFF，经过(Pr.250～1000) s 后以自由运行停止</td><td>STF 信号：启动信号；
STR 信号：启动、反转信号</td></tr>
<tr><td>9999</td><td rowspan="2">启动信号OFF 后减速停止</td><td>STF 信号：正转启动；
STR 信号：反转启动</td></tr>
<tr><td>8888</td><td>STF 信号：启动信号；STR 信号：正转、反转信号</td></tr>
<tr><td rowspan="4">输入输出缺相保护选择</td><td rowspan="2" colspan="2">251</td><td rowspan="2">输出缺相保护选择</td><td rowspan="2">1</td><td rowspan="2">1</td><td>0</td><td colspan="2">无输出缺相保护</td><td rowspan="2">○</td><td rowspan="2">○</td><td rowspan="2">○</td></tr>
<tr><td>1</td><td colspan="2">有输出缺相保护</td></tr>
<tr><td rowspan="2"></td><td rowspan="2">872</td><td rowspan="2">输入缺相保护选择</td><td rowspan="2">1</td><td rowspan="2">1</td><td>0</td><td colspan="2">无输入缺相保护</td><td rowspan="2">○</td><td rowspan="2">○</td><td rowspan="2">○</td></tr>
<tr><td>1</td><td colspan="2">有输入缺相保护</td></tr>
</table>

续表十

功能	参数	关联参数	名称	单位	初始值	范围	内容	参数复制	参数清除	参数全部消除
制动器顺控功能	278		制动开启频率	0.01 Hz	3 Hz	0～30 Hz	设定电机的额定转差频率+1.0 Hz 左右，仅 Pr.278≤Pr.282 时可以设定	○	○	○
	279		制动开启电流	0.1%	130%	0～200%	设定值过低，会造成启动时易于滑落，所以一般设定在50～90%左右以变频器额定电流为100%	○	○	○
	280		制动开启电流检测时间	0.1 s	0.3 s	0～2 s	一般设定为 0.1～0.3 s 左右	○	○	○
	281		制动操作开始时间	0.1 s	0.3 s	0～5 s	Pr.292 = 7：制动器缓解之前的机械延迟时间； Pr.292 = 8：设定制动器缓解之前的机械延迟时间+0.1～0.2 s 左右	○	○	○
通用磁通 先进磁通	282		制动操作频率	0.01 Hz	6Hz	0～30Hz	使制动器开放请求信号(BOF)为 OFF 的频率；一般设定为 Pr.278 的设定值+3～4 Hz，仅 Pr.282≥Pr.278 时可以设定	○	○	○
	283		制动操作停止时间	0.1 s	0.3 s	0～5 s	Pr.292～7：设定制动器关闭之前的机械延迟时间 + 0.1 s； Pr.292 = 8：设定制动器关闭之前机械延迟时间 + 0.2～0.3s 左右	○	○	○
		292	自动加减速	1	0	0、1、7、8、11	设定值为“7、8”时，制动器顺控功能有效			
通过 M 旋钮设定频率变化量	295		频率变化量设定	0.01	0	0	无效	○	○	○
						0.01、0.10、1.00、10.00	通过 M 旋钮变更设定频率时的最小变化幅度			

续表十一

功能	参数	关联参数	名称	单位	初始值	范围	内容	参数复制	参数清除	参数全部消除
使用了USB通信的变频器的安装	547		USB通信站号	1	0	0～31	变频器站号指定	○	○	○
	548		USB通信检查时间间隔	0.1s	9999	0	可进行USB通信；设为PU运行模式时报警停止E.USB)	○	○	○
						0.1～999.8s	通信检查时间间隔			
						9999	无通讯检查			
端子AM输出的调整(校正)	C1 (901)		AM端子校正	—	—	—	校正接在端子AM上的模拟仪表的标度。	○	×	○
		645	AM端子OV调整	1	1000	970～1200	模拟量输出为0时的仪表刻度校正	○	×	○
操作面板的蜂鸣器音控制	990		PU蜂鸣器音控制	1	1	0	无蜂鸣器音	○	○	○
						1	有蜂鸣器音			

附录三　机电设备中常用元器件(节选)图形符号

附表 3-1　电气元件图形符号

图形符号	说　明	图形符号	说　明
*	电机的一般符号，符号内的星号用下述字母之一代替：C—旋转变流机，G—发电机，M—电动机，MG—能作为发电机或电动机使用的电机，MS—同步电动机		接近传感器器件方框符号，操作方法可以表示出来。 示例：固体材料接近时操作的电容的接近检测器
M 3～	三相笼型感应电动机		接触传感器

续表

图形符号	说　明	图形符号	说　明
M 1～	单相笼型感应电动机		接触敏感开关合触点
	动合(常开)触点 (开关的一般符号(以下同))		接近开关动合触点
	动合(常开)触点		磁铁接近动作的接近开关，动合触点
	动断(常闭)触点	Fe	铁接近动作的接近开关，动合触点
	有自动返回的动合触点		光电开关动合触点 (光纤传感器借用此符号)
	无自动返回的动合触点		操作器件一般符号； 继电器线圈一般符号
	有自动返回的动断触点		操作器件一般符号； 继电器线圈一般符号
	具有动合触点不能自动复位的按钮开关		灯，一般符号； 信号灯，一般符号
	具有正向操作的动断触点且有保持功能的紧急停车开关(操作蘑菇头)		闪光型信号灯
	接近传感器		电铃
			蜂鸣器

附表 3-2　气动元件图形符号(节选自 GB 786.1—1993)

名　称	图形符号	名　称	图形符号
单向阀		二位五通单线圈电磁方向控制阀	
溢流阀(外控溢流阀)		二位五通双线圈电磁方向控制阀	
溢流阀(内控溢流阀)		双作用单出单杆气缸	
降压阀		双作用单出双杆气缸	
节流阀		※　气手指气缸(组委会指定)	
气动摆动马达(组委会指定)		气动双向定量马达	
气动双向变量马达		空气过滤器	
组合元件	由单向阀、空气过滤器和降压阀组成的器件		

参 考 文 献

[1] 岳庆来. 变频器、可编程序控制器及触摸屏综合应用技术. 北京：机械工业出版社，2006.

[2] 黄净. 电器及 PLC 控制技术. 北京：机械工业出版社，2006.

[3] 王金娟，周建清. 机电设备组装与调试技能训练. 北京：机械工业出版社，2005.

[4] 庞广信. 可编程控制器应用技术. 北京：化学工业出版社，2006.

[5] 张伟林. 电气控制与 PLC 应用. 北京：人民邮电出版社，2007.

[6] 张运刚，宋小春，等. 三菱 FX_{2N} PLC 技术与应用. 北京：人民邮电出版社，2007.

[7] 刘伦富. PLC 与触摸屏应用技术. 北京：机械工业出版社，2012.

[8] 亚龙科技集团有限公司. 亚龙 YL-235A 型光机电一体化实训考核装置实训指导书.

[9] 三菱电机(中国)有限公司. 三菱 FX_{2N} 系列可编程序控制器编程手册.

[10] 三菱电机(中国)有限公司. 三菱变频器 FR-E540、E700 使用手册.